21世纪全国高职高专土建立体化系列规划教材

建筑工程造价管理

主 编 柴 琦 冯松山

副主编 吴莉莉 张 骞 张 璐

张亦永

参 编 郑金玲 郭 圆 于付锐

曹 越 于秀娟

主 审 贾宏俊 唐建华

北京大学出版社
PEKING UNIVERSITY PRESS

内 容 简 介

本书反映了国内外建筑工程造价管理的最新动态，结合大量工程实例，系统地阐述了建筑工程造价管理的主要内容，主要包括工程造价管理的基本知识以及工程项目投资决策、设计、招投标、施工直到竣工验收等阶段的工程造价管理。另外，本书还增加了知识链接、特别提示等模块，每个单元还附有选择题、简答题、案例分析题等多种题型供读者练习。通过对本书的学习，读者可以掌握建筑工程造价管理的基本技能，具备进行工程建设各个阶段造价案例分析的能力。

本书内容通俗易懂、图表丰富、可操作性强，既可作为高职高专院校建筑工程类相关专业的教材和指导书，也可作为土建施工类及工程管理类各专业职业资格考试的培训教材，还可为备考从业和执业资格考试人员提供参考。

图书在版编目(CIP)数据

建筑工程造价管理/柴琦，冯松山主编. —北京：北京大学出版社，2012.3

(21 世纪全国高职高专土建立体化系列规划教材)

ISBN 978-7-301-20360-6

Ⅰ. ①建… Ⅱ. ①柴… ②冯… Ⅲ. ①建筑造价管理—高等职业教育—教材 Ⅳ. ①TU723.3

中国版本图书馆 CIP 数据核字(2012)第 034108 号

书　　名：建筑工程造价管理
著作责任者：柴　琦　冯松山　主编
策 划 编 辑：赖　青　杨星璐
责 任 编 辑：杨星璐
标 准 书 号：ISBN 978-7-301-20360-6/TU・0225
出　版　者：北京大学出版社
地　　址：北京市海淀区成府路 205 号　100871
网　　址：http://www.pup.cn　http://www.pup6.cn
电　　话：邮购部 62752015　发行部 62750672　编辑部 62750667　出版部 62754962
电 子 邮 箱：pup_6@163.com
印　刷　者：北京鑫海金澳胶印有限公司
发　行　者：北京大学出版社
经　销　者：新华书店
787 毫米×1092 毫米　16 开本　14.25 印张　327 千字
2012 年 3 月第 1 版　2016 年 7 月第 6 次印刷
定　　价：27.00 元

北大版·高职高专土建系列规划教材
专家编审指导委员会专业分委会

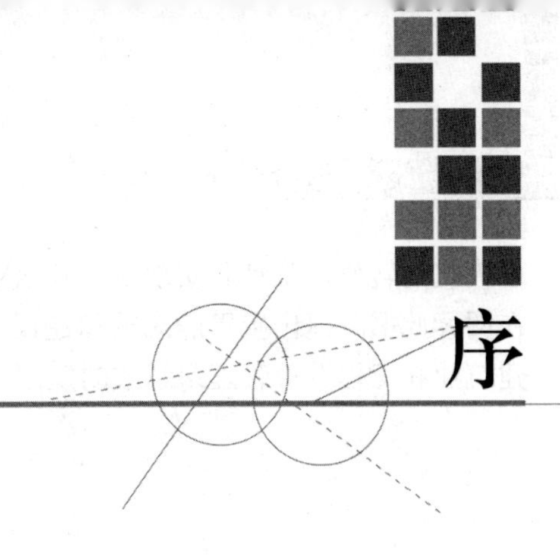

序

随着经济全球化、工程管理国际化，特别是国家扩大内需政策的全面实施，工程建设日益复杂、建设周期逐渐缩短以及严格控制造价的压力为新时期工程管理的发展带来了新的机遇和挑战。目前，我国建设工程管理已呈现出了既规范又多样化的发展态势。工程建设中，既有融资、投资、带资建设的BT管理形式，又有设计、施工、采购一体化的BOT融资管理模式，还有专业化公司代替业主进行项目管理等新模式。尤其是北京奥运工程建设中多层次、高规格、大范围运用新技术、新工艺、新方法、新模式的成功经验，进一步推动了我国工程管理理论研究和实践应用的创新与跨越式发展。

2003年，建设部发布了工程量清单计价规范，明确提出“无标底招标、清单计量、市场定价、企业竞耗”的市场模式，企业的竞争开始集中在以降低消耗和减少费用来提高效益为目标的单一市场竞争层面上。这一模式的实行虽为企业注重抓现场管理，以原材料、劳动力投入和机械台班节约为管理主线提供了原动力，但由于将各类措施费用全部按费率以项为单位粗略计取，片面强调低标价中标，致使个别工程在质量安全方面存在隐患，不能也不利于体现企业的核心竞争力。

2008年，新的工程量清单计价规范实施以后，提出了招标控制价和成本价之间的报价游离范围，使得价格竞争的空间相对大幅减少。同时，调整了技术措施和管理措施项目，优化了分部、分项项目和措施项目综合单价构成，并对工程风险费和措施费的计价方式进行了改进。从而促使企业把竞争的优势突出体现在强化管理、优化技术方案的改进上。通过改造工艺，大胆改革，使用新技术和新模式，以项目管理的高端化和效益提高综合化，来体现企业自身的竞争实力。特别是随着建筑业生产方式的深层次变革，政府大力引导推行工程总承包和代建制的市场运作模式，进一步促进了企业向管理创新、技术领先的竞争延伸。这一切都向建筑工程造价管理提出了更为艰巨的挑战，从而使得造价管理模式“百花齐放、百家争鸣”，这就需要我们专业人员更好地去探索和研究。

该书的编者多年从事工程造价管理教学研究和实践工作，尤其是主编柴琦同志具备丰富的专业实践经验，重视培养学生的实际技能。他们在总结现有文献的基础上，从高职高专院校建筑类相关专业学生和工程技术人员需求和实用的角度，编写了《建筑工程造价管理》一书。该书坚持“理论够用、应用为主”的原则，为造价管理专业人员提供了清晰的思路和方法，尤其以大量实用的案例举一反三、触类旁通，为初学人员的业务实践提供了参考依据。该书可作为高职高专院校相关专业的教材和指导用书，也可作为工程造价从业人员资格考试的指导用书和参考资料。

面对建筑业发展的大好形势，我们工程建设管理人员更应当强化造价管理意识，逐步完善造价管理知识体系，进一步提升和更新造价管理理论和实践水平，加快建筑业造价管理模式的转变，推动和实现我国建筑业改革与发展的新跨越。衷心地希望各位专家和同行在阅读此书时提出宝贵的意见和建议，共同把建筑行业的工作推向新的高度，为实现我国建筑业和工程造价管理跨越式的发展做出新的、更大的贡献。

贾宏俊

2012年2月

前言

“建筑工程造价管理”是工程造价、工程管理等专业的核心课程，具有综合性和实践性强的特点。本书针对以上特点，根据社会对专业人才的知识和实践要求编写而成。本书讲述了工程造价管理的基本知识，系统阐述了工程项目投资决策、设计、招投标、施工直到竣工验收等阶段工程建设的全过程中工程造价的有效确定和控制。

本书的编写以工程建设全过程造价管理为线索，以国家最新颁布的行业法规、规范和标准为依据。另外，在编写过程中，坚持以“理论够用、培养应用型人才”为原则，案例教学贯穿全书，同时所选案例与注册造价师、造价员考试内容密切结合，为读者通过注册造价师、造价员考试奠定基础。本书在每单元介绍了理论与方法后，都有一个课题分析案例。案例评析中，详细分析了每个案例的背景条件，强调了知识点，给出了较为客观的答案，目的是引导读者巩固所学知识，并能在实践中得到应用。理论概念的阐述、实际操作的要点及工程案例的介绍，都尽量反映工程造价管理的新内容。

本书可参照 60～88 学时安排教学，推荐学时分配如下：单元 0 为 2～4 学时，单元 1 为 14～22 学时，单元 2 为 14～20 学时，单元 3 为 12～16 学时，单元 4 为 16～24 学时，单元 5 为 2 学时。

本书可作为高职高专院校建筑类相关专业的教材和指导用书，也可作为工程造价从业人员资格考试的指导用书和培训教材，还可作为工程技术人员的参考资料。

本书由山东城市建设职业学院柴琦和冯松山担任主编；山东城市建设职业学院吴莉莉，淄博职业学院张骞和张璐，济南市审计局孙亦永担任副主编。本书具体章节编写分工如下：柴琦编写单元 0 和单元 2 部分内容，吴莉莉编写单元 1，张骞编写单元 3 部分内容，孙亦永、冯松山编写单元 4 部分内容，张璐编写单元 5 部分内容。山东城市建设职业学院郑金玲、于付锐、郭圆，德州职业技术学院曹越、于秀娟也参与了本书的编写。柴琦撰写大纲并对全书进行统稿。

本书在编写过程中得到了有关专家、学者的指导。山东科技大学贾宏俊教授和山东省工程咨询院唐建华高级工程师对本书进行了审读，并提出了许多宝贵意见。山东科技大学王祖和、德州职业技术学院张金波为本书的编写工作也提供了很大的帮助，在此一并表示感谢！

本书在编写过程中参阅了大量的国内教材和造价工程师执业资格考试应考用书，在此对有关作者一并表示感谢。限于编者水平有限，书中难免有不足之处，欢迎读者批评指正。

编者

2012 年 2 月

目 录

单元0

工程造价管理基础知识

教学目标

通过本单元的学习，应明确建设项目工程造价管理的基本内容；掌握工程造价管理的含义及其基本内容；了解工程造价管理的发展及其管理系统，以及工程造价人员从业制度；熟悉工程造价咨询管理制度。

教学要求

能 力 目 标	知 识 要 点	权　重
掌握工程造价管理的含义	建设工程投资费用管理；建设工程价格管理	30%
掌握工程造价管理的基本内容，能够合理确定和有效控制工程造价，知晓工程造价管理各阶段的任务	工程造价的合理确定；工程造价管理各阶段的任务；工程造价的有效控制	30%
了解工程造价管理的发展及其管理系统，知晓全面造价管理的基本内容	工程造价管理体制的历史沿革；工程造价管理体制的深化改革；全面造价管理	10%
了解注册造价师从业制度和造价员从业制度	工程造价人员从业制度的基本内容	10%
熟悉工程造价咨询管理制度，了解工程造价咨询企业资质管理	工程造价咨询企业资质等级标准；工程造价咨询企业资质申请与审批；工程造价咨询管理；工程造价咨询企业的法律责任	20%

在实际工作中，我们往往需要参与建设项目从决策阶段、设计阶段、招投标阶段、施工阶段、工程竣工验收阶段等全过程的造价管理，如制订造价控制方案、审核工程造价、办理工程变更索赔、办理竣工结算等。本单元对工程造价管理的基本内容，政府与行业协会的管理，注册造价师、造价员从业制度以及我国工程造价咨询管理等做了详细介绍，后面单元则陆续介绍决策阶段、设计阶段、招投标阶段、施工阶段、工程竣工验收阶段的造价管理。工程造价人员只有掌握全过程的造价管理，才能有效控制工程造价。

课题 0.1 工程造价管理概述

0.1.1 工程造价管理的含义

工程造价管理有两个含义：一是建设工程投资费用管理；二是建设工程价格管理。

1. 建设工程投资费用管理

建设工程投资费用管理是指为实现投资的预期目标，在拟订的规划方案的条件下预测、确定和控制工程造价的系统活动。建设工程投资费用管理属于投资管理范畴，它既涵盖了宏观层次的项目投资管理，又涵盖了微观层次的项目投资管理。

2. 建设工程价格管理

建设工程价格管理属于价格管理范畴。在市场经济条件下，价格管理一般分为微观和宏观两个层次。微观层次上，价格管理是指生产企业在掌握市场价格信息的基础上，为实现管理目标而进行的成本控制计价、定价和竞价的系统活动。宏观层次上，价格管理是指政府根据社会经济发展的实际需要，利用法律、经济和行政的手段，对价格进行管理和调控，以及通过市场管理规范市场主体价格行为的系统活动。

政府授资或国有资金投资的公共项目和公益性项目，关系到国计民生和公共安全，因此国家(或政府)对公共项目和公益性项目的工程造价管理，不仅反映调控一般商品价格的职能，也反映了管理微观主体的职能。这种双重角色的管理职能，是工程造价管理的一大特色。

0.1.2 工程造价管理的基本内容

工程造价管理的基本内容就是合理确定并有效地控制工程造价。

1. 工程造价的合理确定

工程造价的合理确定，就是在工程建设的各个阶段，采用一定的计算方法、现行的计价依据和批准的设计文件等资料，合理确定投资估算、概算造价、预算造价、承包合同价、结算价、竣工决算价。各阶段工程造价的任务及目的见表 0-1。

表0-1　工程造价在各阶段的任务与目的

阶　段	任务与目的
项目建议书阶段	按照有关规定，应编制初步投资估算。经有关部门批准，作为拟建项目列入国家中长期计划和开展前期工作的控制造价
可行性研究阶段	按照有关规定编制的投资估算，经有关部门批准，即为该项目造价控制的目标限制
初步设计阶段	按照有关规定编制的初步设计总概算，经有关部门批准，即作为拟建项目工程造价的最高限额。如果在初步设计阶段，实行建设项目招标承包制签订承包合同协议的，其合同价也应在最高限价(总概算)相应的范围以内
技术设计阶段	进一步解决初步设计的重大技术问题，按规定编制修正总概算
施工图设计阶段	编制施工图预算，用以核实施工图阶段预算造价是否超过批准的初步设计概算。施工图预算经承发包双方共同确认、有关部门审查后，即可作为结算工程价款的依据
工程招标阶段	对以施工图预算为基础招标投标的工程，承包合同价也是以经济合同形式确定的建筑安装工程造价
工程施工阶段	在工程施工阶段要按照承包方实际完成的工程量，以合同价为基础，同时考虑因物价上涨所引起的造价变更，以及设计中难以预计的而在实施阶段实际发生的工程和费用，合理确定结算价
竣工验收阶段	全面汇集在工程建设过程中实际花费的全部费用，编制竣工决算，如实体现该建设工程的实际造价

2．工程造价的有效控制

工程造价的有效控制，就是在优化建设方案、设计方案的基础上，在建设程序的各个阶段，采用一定的方法和措施把工程造价的发生控制在合理的范围和核定的造价限额以内。具体地说，就是用投资估算价控制设计方案的选择和初步设计概算造价；用概算造价控制技术设计和修正概算造价；用概算或修正概算造价控制施工图设计和预算造价，以求合理使用人力、物力和财力，取得较好的投资效益。

有效控制工程造价的3项原则如下。

(1) 以设计阶段为重点的建设全过程造价控制。

工程造价控制贯穿于项目建设全过程，但是必须重点突出。很显然，工程造价控制的关键在于建设项目的投资决策和设计阶段，而在项目作出投资决策后，控制工程造价的关键在于设计。建设工程全寿命费用包括工程造价和工程交付使用后的经常开支费用(含经营费用、日常维护修理费用、使用期内大修理和局部更新费用)，以及该项目使用期满后的报废拆除费用等。相关数据显示，设计费一般不到建设工程全寿命费用的1%，但这少于1%的费用对工程造价的影响度达75%以上。由此可见，设计质量对整个工程建设的效益是至关重要的。

长期以来，我国普遍忽视工程建设项目前期工作阶段的造价控制，而往往把控制工程造价的主要精力放在施工阶段——审核施工图预算、结算建安工程价款。因此，要有效地控制建设工程造价，就要将工程造价管理的重点转移到工程建设前期。

(2) 实施工程造价的主动控制。

工程造价的控制类型分为被动控制和主动控制。所谓被动控制，是指当工程造价按计划目标进行时，管理人员对计划目标的实施进行跟踪，并进行目标值与实际值的比较，当实际值偏离目标值时，分析其产生偏差的原因，并确定下一步的对策。这是一种立足于调查—分析—决策基础之上的偏离—纠偏—再偏离—再纠偏的控制方法，只能发现偏离，不能使已产生的偏离消失，不能预防可能发生的偏离，因而只能说是被动控制。所谓主动控制，就是预先分析目标偏离的可能性，并制定和采取各种预防措施，尽可能地减少乃至避免目标值与实际值的偏离。这是主动的、积极的控制方法，将“控制”立足于事先主动地采取决策措施，因此被称为主动控制。也就是说，工程造价的控制，不仅要反映投资决策，反映设计、发包和施工，被动地控制工程造价，更要能动地影响投资决策，影响设计、发包和施工，主动地控制工程造价。

(3) 技术与经济相结合是控制工程造价最有效的手段。

要有效地控制工程造价，应从组织、技术、经济等多方面采取措施。从组织上采取的措施，包括明确项目组织结构，明确造价控制者及其任务，明确管理职能分工；从技术上采取的措施，包括重视设计多方案选择，严格监督初步设计、技术设计、施工图设计、施工组织设计，深入技术领域研究节约投资的可能性；从经济上采取的措施，包括动态地比较造价的计划值和实际值，严格审核各项费用支出，采取有力的奖励措施等。

可见，技术与经济相结合是控制工程造价最有效的手段。长期以来，在我国工程建设领域，技术与经济相分离。因此，需要以提高工程造价效益为目的，在工程建设过程中使技术与经济有机结合，通过技术比较、经济分析和效果评价，正确处理技术先进与经济合理两者之间的对立统一关系，力求在技术先进条件下的经济合理，在经济合理基础上的技术先进，把控制工程造价观念渗透到各项设计和施工技术措施之中。

课题 0.2　我国工程造价管理的发展及其管理系统

0.2.1　工程造价管理体制的历史沿革

新中国成立后，工程造价管理体制经历了以下几个发展阶段。

1. 工程造价管理体制的建设初级阶段(1950—1957 年)

此阶段主要是工程造价管理机构与概预算定额体系的建立阶段。

知识链接

新中国成立之初，全国面临着大规模的恢复重建工作，特别是实施第一个五年计划后，为合理确定工程造价，用好有限的基本建设资金，引进和吸收了前苏联工程建设的经验，逐步形成了工程定额管理制度。我国相继颁布了多项规章制度和定额。例如，国务院和国家建设委员会先后颁布了《基本建设工程设计和预算文件审核批准暂行办法》、《工业与民用建设设计及预算编制暂行办法》、《工业与民用建设预算编制暂行细则》等文件。这些文件的颁布，逐步建立了概预算工作制度，确立了概预算在基本建设工作中的地位，对概预算的编制原则、内容、方法和审批、修正办法、程序等工程造价管理做了规定，确立了对概预算编制依据实行集中管理为主的分级管理原则。1957 年颁布的《关于编制工业与民用建设预算的若干规定》，规定各设计阶段都应编制概算和预算，并明确了概预算的作用。

此阶段所有工程项目均按照国家统一颁布的各项工程建设定额标准进行工程概预算，体现了政府对工程项目的投资管理。在这一阶段，我国的工程造价管理机构也逐步建立。为了加强概预算的管理工作，国家综合管理部门先后成立预算组、标准定额处、标准定额局，1956 年单独成立建筑经济局。从 1953 年到 1958 年，工程造价管理制度的建立主要表现为适应计划经济需要的概预算制度的建立。概预算制度的建立，有效地促进了建设资金的合理和节约使用，为国民经济恢复和第一个五年计划的顺利完成起到了积极的作用。但是，这个时期的造价管理只局限于建设项目的概预算管理。

2．工程造价管理体制的削弱和破坏阶段(1958—1976年)

1958—1967年，概预算定额管理逐渐被削弱。1958年开始，“左”的错误指导思想统治了国家的政治、经济生活。在中央放权的背景下，概预算与定额管理权限也全部下放。1958年6月，基本建设预算编制办法、建筑安装工程预算定额和间接费用定额交各省、自治区、直辖市负责管理，其中有关专业性的定额由中央各部委负责修订、补充和管理，因而造成现在全国工程量计量规则和定额项目在各地区不统一的现象。各级基建管理机构的概预算部门被精简，设计单位概预算人员减少，只算政治账，不讲经济账，概预算控制投资作用被削弱，投资大撒手之风逐渐滋长。尽管在短时期内也有过重整定额管理迹象，但总的趋势并未改变。

1966—1976年，概预算定额管理工作遭到严重破坏。概预算和定额管理机构被撤销，预算人员改行，大量基础资料被销毁。定额被说成是“管、卡、压”的工具。造成设计无概算，施工无预算，竣工无决算，投资大敞口。1967年，建筑工业部直属企业实行经常费制度，工程完工后向建设单位实报实销，从而使施工企业变成了行政事业单位。这一制度实行了6年，于1973年1月1日被迫停止，恢复建设单位与施工单位施工图预算结算制度。1973年制定了《关于基本建设概算管理办法》，但未能施行。

3．工程造价管理体制的恢复与发展阶段(1977—1990年)

从1977年起，国家恢复重建造价管理机构，进一步组织制定了工程建设概预算定额、费用标准等。1983年，国家计划委员会成立了基本建设标准定额研究所、基本建设标准定额局，加强对这项工作的组织领导，各有关部门、各地区也陆续成立了相应的管理机构，这项管理工作于1988年划归建设部，成立标准定额司。各省(自治区、直辖市)、国务院有关部委相继建立了定额管理站，并在全国颁布了一系列推动工程概预算和定额管理发展的文件。1990年，经建设部同意成立了唯一代表我国工程造价管理行业的行业协会——中国建设工程造价管理协会，同时，它还提出了全过程、全方位进行工程造价控制和动态管理的思路，这标志着我国工程造价管理从单一的概预算管理向工程造价全过程管理的转变。

4．工程造价管理体制的完善与发展阶段(1990—2003年)

20世纪90年代，除了继续按照全过程控制和动态管理的思路对工程造价进行改革外，为了适应社会主义市场经济发展的需要，还进行了计价方式的改革，提出了“量价分离”的新思想，改变了国家对定额管理的方式，即由国务院建设行政主管部门制定符合国家有关标准、规范并能反映一定时期施工水平的人工、材料、使用机械等消耗量标准，实现国家对消耗量标准的宏观管理；由工程造价管理部门依据市场价格的变化发布工程造价相关信息和指数，将过去完全由政府计划统一管理的定额计价改变为“控制量、指导价、竞争费”。但是在这一阶段改革中，对建筑产品是商品的认识还不够，改革主要围绕定额计价制度的一些具体操作等局部问题展开，并没有涉及本质内容。工程造价依然停留在政府定价和政府指导价阶段，没有真正实现“市场形成价格”这一工程造价管理体制改革的最终目标。近年来，国家主管部门，国务院各有关部门、各地区对建立健全工程造价管理制度，以及改进工程造价计价依据做了大量工作。

5. 工程造价管理体制继续改革完善阶段(2003年至今)

我国加入WTO以后，工程造价管理改革日渐加速。随着《中华人民共和国招标投标法》的颁布，建设工程承发包主要通过招投标方式来实现。为了适应我国建筑市场发展的要求和国际市场竞争的需要，2003年，建设部推出了《建设工程工程量清单计价规范》(GB 50500—2003)，这是建设工程计价依据第一次以国家强制性标准的形式出现，初步实现了从传统的定额计价模式到工程量清单计价模式的转变，同时也进一步确立了建设工程计价依据的法律地位。推行工程量清单计价是深化工程造价管理的改革，将有利于建立以市场形成造价为主的价格机制，也标志着一个崭新阶段的开始。

2008年，住房和城乡建设部在总结经验的基础上，通过进一步完善和补充，又发布了《建设工程工程量清单计价规范》(GB 50500—2008)，并于2008年12月1日实施。

0.2.2 工程造价管理体制的深化改革

随着我国市场经济体制的逐步建立，工程造价管理模式发生了一系列的变革，并将继续深化，主要表现在以下几方面。

(1) 重视和加强项目决策阶段的投资估算工作，努力提高政府投资工程或国有投资的重点、大中型建设项目的可行性研究报告投资估算的准确度，切实发挥其控制建设项目总造价的作用。

(2) 进一步明确工程概预算工作的重要作用。工程概预算工作不仅要计算工程造价，更要能动地影响设计、优化设计，并发挥控制工程造价、促进合理使用建设资金的作用。工程设计人员要做好多方案的技术经济比较，通过优化设计来保证设计的技术经济合理性。要把工程造价控制的重点转移到项目的前期，尤其是设计阶段。

(3) 推行工程量清单计价模式，以适应我国市场经济和国际市场竞争的需要，逐渐与国际惯例接轨。

(4) 把竞争机制引入工程造价管理体制，通过招标方式选择工程承包公司和设备材料供应单位，以促使这些单位改善经营管理，提高应变能力和竞争能力，降低工程造价。

(5) 提出用“动态”方法研究和管理工程造价。研究体现项目投资额时间价值的方法，要求各地区、各部门工程造价管理机构定期公布各种设备、材料、人工、机械台班的价格指数以及各类工程造价指数，要求尽快建立地区、部门乃至全国的工程造价管理信息系统。

(6) 提出要对工程造价的估算、概算、预算、承包合同价、结算价、竣工决算实行“一体化”管理，并研究如何建立一体化的管理制度，改变过去分段管理的状况。

(7) 进一步完善和加强对造价工程师执业资格制度的管理，健全法律，强化个人执业责任。

特别提示

工程造价管理体制改革的最终目标是建立市场形成价格的机制，实现工程造价管理市场化，形成社会化的工程造价咨询服务业，与国际惯例接轨。

0.2.3 建设工程造价管理发展的新阶段——建设工程全面造价管理

知识链接

工程造价管理的发展，是随着生产力、社会分工及商品经济的发展而逐渐形成和发展的。16世纪，英国诞生了工料测量师(Quantity Surveyor，QS)，现代工程造价管理的雏形基本形成。1886年英国成立了“皇家特许测量师协会”(Royal Institution of Chartered Surveyors，RICS)，标志着现代工程造价管理专业的正式诞生，这使得专业人员开始了有组织的工程造价管理理论和方法的研究与实践，工程造价管理走出了传统管理阶段，进入了现代工程造价管理阶段。20世纪60年代以来，国际上工程造价管理的理论和实践发展迅速。尤其是20世纪90年代以来，全面造价管理理论的提出，使工程造价管理的发展进入一个崭新的阶段。

按照国际工程造价管理促进会给出的定义，全面造价管理(Total Cost Management，TCM)是指有效地利用专业知识与技术，对资源、成本、盈利和风险进行筹划和控制。建设工程全面造价管理包括全过程造价管理、全寿命期造价管理、全要素造价管理和全方位造价管理。

1．全过程造价管理

全过程造价管理是指覆盖建设工程决策及建设实施各个阶段的造价管理。它包括前期决策阶段的项目策划、投资估算、项目经济评价、项目融资方案分析；设计阶段的限额设计、方案比选、概预算编制与控制；投标、招标阶段的标段划分、承包发包模式及合同形式的选择、招标控制价、投标报价的编制；施工阶段的工程计量与结算、工程变更控制、索赔管理；竣工验收阶段的竣工结算与决算等。

2．全寿命期造价管理

建设工程全寿命期造价是指建设工程初始建造费用和建成后的日常使用费用之和，它包括建设前期、建设期、使用期及拆除期4个阶段的费用。工程项目在初期投资建设完毕后，进入使用维护阶段，紧接着就会发生一系列的使用营运费用，而这笔费用有时会因前期设计施工的不同选择或失误等各种原因造成费用剧增，甚至超过初期投资。由于在实际管理过程中，在工程建设及使用的不同阶段，工程造价存在诸多不确定性，因此，全寿命期造价管理至今只能作为一种实现建设工程全寿命期造价最小化的指导思想，指导建设工程的投资决策及设计方案的选择。

3．全要素造价管理

影响建设工程造价的因素有很多，如工期、质量、安全等。为此，控制建设工程造价不仅仅是控制建设工程本身的建造成本，还应同时考虑工期成本、质量成本、安全与环境成本的控制，从而实现工程成本、工期、质量、安全、环境等的集成化管理。全要素造价管理的核心是按照优先性的原则，协调和平衡工期、质量、安全、环保与成本之间的对立统一关系，使建设工程造价控制在合理限度内。

4．全方位造价管理

全方位工程造价管理首先是与建设项目有关各方的管理，包括发包方、承包方、设计方、采购方以及政府建设主管部门、行业协会、有关咨询机构等的共同管理。尽管各方的地位、利益、角度等有所不同，但必须建立完善的协同工作机制，才能实现建设工程造价的有效控制。其次是参与项目建设的各专业人员的管理，包括发包方管理人员、监理工程师、造价咨询单位的造价工程师及造价员、承包方的一级(或二级)建造师、施工技术人员和管理人员、设计单位的结构工程师和造价人员等的管理。

课题 0.3 我国工程造价管理的组织系统

工程造价管理的组织系统，是指为了实现工程造价管理目标而进行的有效组织活动，以及与造价管理功能相关的有机群体。为了实现工程造价管理目标和任务而开展有效的组织活动，我国设置了多部门、多层次的工程造价管理机构，并规定了各自的管理权限和职责范围。

知识链接

工程造价管理的目标是按照经济规律的要求，根据社会主义市场经济的发展形势，利用科学管理方法和先进管理手段，合理确定和有效控制工程造价，以提高投资效益和建筑安装企业的经营效果。

工程造价管理的任务是加强工程造价全过程的动态管理，强化了工程造价的约束机制，维护了有关各方的经济利益，规范了价格行为，促进了微观效益和宏观效益的统一。

0.3.1 政府行政管理系统

政府在工程造价管理中既是宏观管理主体，也是政府投资项目的微观管理主体。从宏观管理的角度，政府对工程造价管理设置了多层管理机构，主要有国务院建设主管部门、国务院其他部门、省(自治区、直辖市)和市地的 4 级管理机构，并规定了其各自的管理权限和职责范围。

国务院建设主管部门造价管理机构，其工程造价管理的主要职责包括以下几个方面的内容。

(1) 组织制定工程造价管理有关法规、制度并组织贯彻实施。

(2) 组织制定全国统一经济定额并监督其执行。

(3) 制定和负责全国工程造价咨询企业资质标准和管理工作。

(4) 制定工程造价管理专业人员执业资质准入标准，并监督执行。

国务院其他部门的工程造价管理机构主要包括水利、水电、电力、石油、石化、冶金、机械、铁路、煤炭、建材、林业、有色金属、核工业、公路等行业的造价管理机构，其主要职责是编制、修订和解释本行业相应的工程建设标准定额，有的还担负本行业大型或重点建设项目的概算审批、概算调整等职责。省、自治区、直辖市工程造价管理机构的主要职责是编制、修订及解释当地定额、收费标准和计价制度等，此外还有审核国家投资工程的标底、结算、处理合同纠纷等职责。市地工程造价管理部门的主要职责是贯彻国家、省、市有关建设工程造价管理方面的方针、政策和法律法规等，并结合市地实际，制定具体实施办法或措施；指导市地建设工程计价工作，对建设工程计价活动进行监督检查；收集、整理和发布建材(设备)价格信息及各类工程造价数据；负责工程造价咨询单位的行业管理等。

0.3.2 行业协会管理系统

中国建设工程造价管理协会(简称中价协)，是经原建设部和民政部批准并于 1990 年 7 月成立的，是具有法人资格的全国性社会团体。该协会是由从事工程造价咨询服务与工程造价管理的单位及具有注册资格的造价工程师和资深专家、学者自愿组成的全国性工程造价行业协会，是代表我国建设工程造价管理的全国性行业协会，是亚太地区测量师协会(PAQS)和国际工程造价联合会(ICEC)等相关国际组织的正式成员。在各国造价管理协会和相关学会团体的不断共同努力下，目前，联合国已将造价管理这个行业列入国际组织认可行业，这对于造价咨询行业的可持续发展和进一步提高造价专业人员的社会地位将起到积极的促进作用。

为了增强对各地工程造价咨询工作和造价工程师的行业管理，近年来，我国先后成立了各省、自治区、直辖市所属的地方工程造价管理协会。全国性造价管理协会与地方造价管理协会是平等、协商、相互扶持的关系，地方协会接受全国性协会的业务指导，共同促进全国工程造价行业管理水平的整体提升。

知识链接

中国建设工程造价管理协会的主要业务范围如下。

(1) 研究工程造价咨询与管理改革和发展的理论、方针、政策，参与相关法律法规、行业政策及行业标准规范的研究制定。

(2) 制定并组织实施工程造价咨询行业的规章制度、职业道德准则、咨询业务操作规程等行规、行约，推动工程造价行业诚信建设，开展工程造价咨询成果文件质量检查等活动，建立和完善工程造价行业自律机制。

(3) 研究和探讨工程造价行业改革与发展中的热点、难点问题，开展行业的调查研究工作，倾听会员的呼声，向政府有关部门反映行业和会员的建议和诉求，维护会员的合法权益，发挥联系政府与企业的桥梁和纽带作用。

(4) 接受政府部门委托，协助开展工程造价咨询行业的日常管理工作，开展注册造价工程师考试、注册、继续教育及造价员队伍建设等具体工作。

(5) 组织行业培训，开展业务交流，推广工程造价咨询与管理方面的先进经验。

(6) 维护行业的社会形象和会员的合法权益，协调会员和行业内外关系，受理工程造价咨询行业中执业违规的投诉，对违规者实行行业惩戒或提请政府主管部门进行行政处罚。

(7) 经政府有关部门批准，代表中国工程造价咨询行业和中国注册造价工程师与国际组织及各国同行建立联系，履行相关国际组织成员应尽的职责和义务，为会员开展国际交流与合作提供服务。

0.3.3 企事业单位管理系统

企事业单位对工程造价的管理，属微观管理的范畴，通常是针对具体的建设工程项目而实施工程造价管理活动。企事业单位管理系统根据主体的不同分为中介服务方工程造价

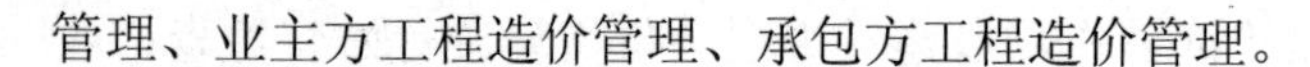

管理、业主方工程造价管理、承包方工程造价管理。

1．中介服务方工程造价管理

中介服务方主要有设计单位和工程造价咨询单位。设计单位、工程造价咨询单位等按照业主或委托方的意图，在可行性研究和规划设计阶段合理确定和有效控制建设工程造价，通过限额设计等手段实现设定的造价管理目标；在招标、投标工作中编制招标文件、招标控制价，参加评标、合同谈判等工作；在项目实施阶段，通过对设计变更、工期、索赔和结算等管理进行造价控制。设计单位、工程造价咨询单位通过在全过程造价管理中的业绩，赢得自己的信誉，提高市场竞争力。

2．业主方工程造价管理

业主方的主要职责是选择服务质量高、信誉好的中介服务机构，完成对建设项目的全过程工程造价管理；在可行性研究和规划设计阶段根据中介服务机构提供的造价，对建设项目进行决策并审定设计方案；在招标、投标阶段组织招标、评标、合同谈判、签订合同等工作；在施工阶段，确定设计变更和索赔，及时拨付工程进度款和结算款；竣工验收阶段编制竣工决算等。

3．承包方工程造价管理

工程承包企业的造价管理是企业自身管理的重要内容。工程承包企业设有自己专门的职能机构参与企业的投标决策，并通过对市场的调查研究，利用过去积累的经验，研究报价策略，确定报价；在施工过程中，进行工程造价的动态管理，注意各种调价因素的发生和工程价款的结算，避免收益的流失，以促进企业盈利目标的实现。

课题 0.4 工程造价人员从业制度

在我国建设工程造价管理活动中，从事建设工程造价管理的专业人员分为两大类，即注册造价工程师和造价员。

0.4.1 注册造价工程师执业资格制度

注册造价工程师是指通过全国造价工程师执业资格统一考试或者资格认定、资格互认，取得中华人民共和国造价工程师执业资格，并按照有关办法注册，取得中华人民共和国造价工程师注册执业证书和执业印章，从事工程造价活动的专业人员。

造价工程师实行注册执业管理制度。取得造价工程师职业资格的人员，经过注册才能以注册造价工程师的名义执业。未取得注册证书和执业印章的人员，不得以注册造价工程师的名义从事工程造价活动。

造价工程师的工作关系到国家和社会公众利益，对其专业素质、身体素质的要求如下。

1．专业素质

造价工程师专业素质集中表现在以专业知识和技能为基础的工程造价管理方面的实际

工作能力和工作素质。其专业素质体现在以下4个方面。

(1) 造价工程师应是复合型专业管理人才。

造价工程师作为建设领域工程造价的管理者，应是具备工程技术、经济和管理知识与实践经验的高素质复合型专业人才。

(2) 造价工程师应具备技术技能。

技术技能是指能使用由经验、教育及训练中得到的知识、方法、技能及设备来达到特定任务的能力。造价工程师应掌握与工程经济管理相关的工程金融投资、相关法律法规和政策，工程造价管理及相关计价依据的应用，工业与民用建筑施工技术和组织知识，信息化管理的知识等。同时，在实际工作中能运用以上知识与技能，进行方案的经济比选，编制投资估算、设计概算和施工图预算，编制招标控制价和投标报价，编制补充定额和造价指数，进行合同价结算和竣工决算，并对工程项目造价变动规律和趋势进行分析和预控，具有项目后评估的能力。

(3) 造价工程师应具备人文技能。

人文技能是指与人共事的能力和判断力。造价工程师应具有高度的责任心与团结协作精神，善于与业务有关的各方面人员沟通、协作，共同完成对工程项目目标的造价控制与管理。

(4) 造价工程师应具备观念技能。

观念技能是指了解整个组织及自己在组织中地位的能力，使自己不仅能按本身所属的群体目标行事，而且能按整个组织的目标行事。造价工程师应有一定的预测、判断和概括技能，有一定的组织管理能力，同时具有面对各种机遇与挑战积极进取、勇于开拓的精神。

2．身体素质

造价工程师要有健康的身体和宽广的胸怀，应能适应紧张、繁忙和错综复杂的管理和技术工作。

3．职业道德

造价工程师的职业道德素质，不仅关系到国民经济发展的速度和规模，而且也关系到各方的经济利益。为了规范造价工程师的职业道德行为，提高行业声誉，中国建设工程造价管理协会在2002年正式颁布了《造价工程师职业道德行为准则》，造价工程师在工作中应信守以下职业道德行为准则。

(1) 遵守国家法律法规和政策，执行行业自律性规定，珍惜职业声誉，自觉维护国家和社会公共利益。

(2) 遵守“诚信、公正、精业、进取”的原则，以高质量的服务和优秀的业绩赢得社会和客户对造价工程师职业的尊重。

(3) 勤奋工作，独立、客观、公正、正确地出具工程造价成果文件，使客户满意。

(4) 诚实守信，尽职尽责，不得有欺诈、伪造、作假等行为。

(5) 尊重同行，公平竞争，处理好同行之间的关系，不得采取不正当的手段损害、侵犯同行的权益。

(6) 廉洁自律，不得索取、收受委托合同约定以外的礼金和其他财物，不得利用职务之便谋取其他不正当的利益。

(7) 造价工程师与委托方有利害关系的应当回避，委托方有权要求其回避。

(8) 知悉客户的技术和商务秘密，负有保密义务。

(9) 接受国家和行业自律性组织对其职业道德行为的监督检查。

4．资格考试

为了加强建设工程造价专业技术人员的执业准入控制和管理，确保建设工程造价管理工作质量，维护国家和社会公共利益，1996 年 8 月，人力资源和社会保障部、建设部联合发布了《造价工程师执业资格制度暂行规定》，明确了国家在建设工程造价领域实施造价工程师执业资格准入制度。凡从事工程建设活动的建设、设计、施工、工程造价咨询、工程造价管理等单位和部门，必须在计价、评估、审查(核)、控制及管理等岗位配备有造价工程师职业资格的专业技术人员。

造价工程师执业资格考试实行全国统一大纲、统一命题、统一组织的办法，原则上每年举行一次。

1) 报名条件

凡中华人民共和国公民，工程造价或相关专业大专及以上学历，从事工程造价业务工作一定年限后，均可申请参加造价工程师执业资格考试。

2) 考试科目

造价工程师执业资格考试分为 4 个科目："工程造价管理基础理论与相关法规"、"工程造价计价与控制"、"建设工程技术与计量"(土建或安装专业)、"工程造价案例分析"。

对于长期从事工程造价管理业务工作的专业技术人员，符合一定的学历和专业年限条件的，可免试"工程造价管理基础理论与相关法规"、"建设工程技术与计量"两个科目，只参加"工程造价计价与控制"、"工程造价案例分析"两个科目的考试。

4 个科目分别单独考试、单独计分。参加全部科目考试的人员，必须在连续的两个考试年度通过；参加免试部分考试科目的人员，必须在一个考试年度内通过应试科目。

3) 证书取得

造价工程师执业资格考试合格者，由省、自治区、直辖市人力资源和社会保障部门颁发统一印制、人力资源和社会保障部和住房和城乡建设部统一用印的造价工程师执业资格证书，该证书全国内有效，并作为造价工程师注册的凭证。

为了加强对注册造价工程师的管理，规范注册造价工程师的执业行为，建设部颁布了《注册造价工程师管理办法》(建设部令第 150 号)，中国建设工程造价管理协会制定了《造价工程师继续教育实施办法》和《造价工程师职业道德行为准则》，使造价工程师执业资格制度得到逐步完善。

5．注册

1) 注册管理部门

国务院建设主管部门作为造价工程师注册机关，负责对全国注册造价工程师的注册、执业活动实施统一的监督管理工作。各省、自治区、直辖市人民政府建设主管部门作为注册造价工程师的省级注册、执业活动初审机关，对其行政区域内注册造价工程师的注册、执业活动实施监督管理。国务院铁道、交通、水利、信息产业等有关专业部门作为注册造价工程师的部门注册初审机关，负责对有关专业注册造价工程师的注册、执业活动实施监督管理。

2) 注册条件

(1) 取得执业资格。

(2) 受聘于工程造价咨询企业或者工程建设领域的建设、勘察设计、施工、招标代理、工程监理、工程造价管理等单位。

(3) 有下列情形之一的不予注册：①不具有完全民事行为能力的；②申请在两个或者两个以上单位注册的；③未达到造价工程师继续教育合格标准的；④前一个注册期内工作业绩达不到规定标准或未办理暂停执业手续而脱离工程造价业务岗位的；⑤受刑事处罚，刑事处罚尚未执行完毕的；⑥因工程造价业务活动受刑事处罚，自刑事处罚执行完毕之日起至申请注册之日止不满 5 年的；⑦因前项规定以外原因受刑事处罚，自处罚决定之日起至申请注册之日止不满 3 年的；⑧被吊销注册证书，自被处罚决定之日起至申请注册之日止不满 3 年的；⑨以欺骗、贿赂等不正当手段获准注册被撤销，自被撤销注册之日起至申请注册之日止不满 3 年的；⑩法律法规规定不予注册的其他情形。

3) 初始注册

取得造价工程师资格证书的人员，可自资格证书签发之日起 1 年内申请初始注册。逾期未申请者，必须符合继续教育的要求后方可申请初始注册。初始注册的有效期为 4 年。

申请初始注册的，应当提交下列材料：①初始注册申请表；②执业资格证件和身份证件复印件；③与聘用单位签订的劳动合同复印件；④工程造价岗位工作证明；⑤取得资格证书的人员，自资格证书签发之日起 1 年后申请初始注册的，应当提供继续教育合格证明；⑥受聘于具有工程造价咨询资质的中介机构的，应当提供聘用单位为其交纳的社会基本养老保险凭证、人事代理合同复印件，或者劳动、人事部门颁发的离退休证复印件；⑦外国人、台港澳人员应当提供外国人就业许可证书、台港澳人员就业证书复印件。

4) 延续注册

注册造价工程师注册有效期满需继续执业的，应当在注册有效期满 30 日前，按照规定的程序申请延续注册。延续注册的有效期为 4 年。

申请延续注册的，应当提交下列材料：①延续注册申请表；②注册证书；③与聘用单位签订的劳动合同复印件；④前一个注册期内的工作业绩证明；⑤继续教育合格证明。

5) 变更注册

在注册有效期内，注册造价工程师变更执业单位的，应当与原聘用单位解除劳动合同，并按照规定的程序办理变更注册手续。变更注册后延续原注册有效期。

申请变更注册的，应当提交下列材料：①变更注册申请表；②注册证书；③与新聘用单位签订的劳动合同复印件；④与原聘用单位解除劳动合同的证明文件；⑤受聘于具有工程造价咨询资质的中介机构的，应当提供聘用单位为其交纳的社会基本养老保险凭证、人事代理合同复印件，或者劳动、人事部门颁发的离退休证复印件；⑥外国人、台港澳人员应当提供外国人就业许可证书、台港澳人员就业证书复印件。

6. 执业

造价工程师执业范围包括以下几个方面。

(1) 建设项目建议书、可行性研究投资估算的编制和审核，项目经济评价，工程概算、预算、结算和竣工结(决)算的编制和审核。

(2) 工程量清单、标底(或者控制价)、投标报价的编制和审核，工程合同价款的签订及变更、调整、工程款支付与工程索赔费用的计算。

(3) 建设项目管理过程中设计方案的优化、限额设计等工程造价分析与控制，工程保险理赔的核查。

(4) 工程经济纠纷的鉴定。

注册造价工程师应当在本人承担的工程造价成果文件上签字并盖章。修改经注册造价工程师签字盖章的工程造价成果文件，应当由签字盖章的注册造价工程师本人进行；注册造价工程师本人因特殊情况不能进行修改的，应当由其他注册造价工程师修改，并签字盖章；修改工程造价成果文件的注册造价工程师对修改部分承担相应的法律责任。

7. 权利和义务

1) 造价工程师享有的权利

(1) 使用注册造价工程师名称。

(2) 依法独立执行工程造价业务。

(3) 在本人执业活动中形成的工程造价成果文件上签字并加盖执业印章。

(4) 发起设立工程造价咨询企业。

(5) 保管和使用本人的注册证书和执业印章。

(6) 参加继续教育。

2) 造价工程师履行的义务

(1) 遵守法律法规及行业管理规定，遵守职业道德。

(2) 保证执业活动成果的质量。

(3) 接受继续教育，提高执业水平。

(4) 执行工程造价计价标准和计价方法。

(5) 与当事人有利害关系的，应当主动回避。

(6) 保守在执业中知悉的国家秘密和他人的商业、技术秘密。

8. 继续教育

注册造价工程师在每一注册期内应当达到注册机关规定的继续教育要求。注册造价工程师继续教育分为必修课和选修课，每一注册有效期各为60学时。经继续教育达到合格标准的，颁发继续教育合格证明。注册造价工程师继续教育由中国建设工程造价管理协会负责组织。

0.4.2 造价员从业资格制度

造价员是指通过考试，取得《建设工程造价员资格证书》，从事工程造价业务的人员。为加强对建设工程造价员的管理，规范建设工程造价员的从业行为和提高其业务水平，中国建设工程造价管理协会制定并发布了《建设工程造价员管理暂行办法》(中价协[2006]013号)。

1. 资格考试

造价员资格考试实行全国统一考试大纲、通用专业和考试科目，各造价管理协会或归口管理机构和中国建设工程造价管理协会专业委员会负责组织命题和考试。通用专业分土建工程和安装工程两个专业，通用考试科目包括：①工程造价基础知识；②土建工程或安装工程(可任选一门)；③其他专业和考试科目由各管理机构、专业委员会根据本地区、本行业的需要设置，并报中国建设工程造价管理协会备案。

凡遵守国家法律、法规，恪守职业道德，具备下列条件之一者，均可申请参加造价员资格考试：①工程造价专业，中专及以上学历；②其他专业，中专及以上学历，工作满一年。工程造价专业大专及以上应届毕业生，可向管理机构或专委会申请免试“工程造价基础知识”考试科目。

造价员资格考试合格者，由各管理机构、专委会颁发由中国建设工程造价管理协会统一印制的“全国建设工程造价员资格证书”及专用章。“全国建设工程造价员资格证书”是造价员从事工程造价业务的资格证明。

2．从业

造价员可以从事与本人取得的“全国建设工程造价员资格证书”专业相符合的建设工程造价工作。造价员应在本人承担的工程造价业务文件上签字、加盖专用章，并承担相应的岗位责任。造价员跨地区或行业变动工作，并继续从事建设工程造价工作的，应持调出手续、“全国建设工程造价员资格证书”和专用章，到调入所在地管理机构或专委会申请办理变更手续，换发资格证书和专用章。

造价员不得同时受聘在两个或两个以上单位。

3．资格证书的管理

1) 证书的检验

“全国建设工程造价员资格证书”原则上每3年验证一次，由各管理机构和各专委会负责具体实施。验证的内容为本人从事工程造价工作的业绩、继续教育情况、职业道德等。

2) 检验不合格的处理

有下列情形之一者，验证不合格或注销“全国建设工程造价员资格证书”和专用章：①无工作业绩的；②脱离工程造价业务岗位的；③未按规定参加继续教育的；④以不正当手段取得“全国建设工程造价员资格证书”的；⑤在建设工程造价活动中有不良记录的；⑥涂改“全国建设工程造价员资格证书”和转借专用章的；⑦在两个或两个以上单位以造价员名义执业的。

4．继续教育

造价员每3年参加继续教育的时间原则上不得少于30学时，各管理机构和各委员会可根据需要进行调整。各管理机构和各专委会负责本地区或本行业的继续教育教材的编制及组织培训工作。

5．自律管理

中国建设工程造价管理协会负责全国建设工程造价员的行业自律管理工作。各地区造价管理协会或归口管理机构应在本地区建设行政主管部门的指导和监督下，负责本地区造价员的自律管理工作。建设工程造价管理协会各专业委员会负责本行业造价员的自律管理工作。全国建设工程造价员行业自律工作受建设部标准定额司指导和监督。

造价员职业道德准则包括以下几个方面。

(1) 应遵守国家法律法规，维护国家和社会公共利益，忠于职守，恪守职业道德，自觉抵制商业贿赂。

(2) 应遵守工程造价行业的技术规范和规程，保证工程造价业务文件的质量。

(3) 应保守委托人的商业秘密。

(4) 不准许他人以自己的名义执业。

(5) 与委托人有利害关系时，应当主动回避。

(6) 接受继续教育，提高专业技术水平。

(7) 对违反国家法律法规的计价行为，有权向国家有关部门举报。

各管理机构和各专委会应建立造价员信息管理系统和信用评价体系，并向社会公众开放查询造价员资格、信用记录等信息。

课题 0.5　工程造价咨询管理制度

工程造价咨询是指工程造价咨询机构面向社会接受委托，承担建设工程项目可行性研究、投资估算，项目经济评价，工程概算、预算、结算、竣工决算，工程招标标底、招标控制价的编制和审核，对工程造价进行监控，以及提供有关工程造价信息资料等业务工作。

特别提示

工程造价咨询服务可能是单项的，也可能是从建设前期到工程决算的全过程服务。工程造价咨询是一个为社会委托方提供决策和智力服务的独立行业。

我国对工程造价咨询企业管理实行分级管理制度，国务院建设主管部门负责对全国工程造价咨询企业的统一监督管理工作。省、自治区、直辖市人民政府建设主管部门负责对本行政区域内工程造价咨询企业的监督管理工作。特殊行业的管理部门经国务院建设主管部门认可，负责对从事本行业工程造价业务的工程造价咨询企业实施监督管理。

0.5.1　我国工程造价咨询业的发展

我国工程造价咨询业是随着社会主义市场经济体制建立逐步发展起来的。在计划经济时期，国家以指令性的方式进行工程造价管理，并且培育和造就了一大批工程概预算人员。进入 20 世纪 90 年代以来，随着中国建立社会主义市场经济体制目标的逐步确立，政府管理经济及社会分配资源的方式发生了变化。20 世纪 90 年代中期后，随着投资多元化以及《中华人民共和国招标投标法》的颁布实施，工程造价更多的是通过招标投标竞争定价。在这种市场经济环境下，客观上要求有专门从事工程造价管理咨询的机构为建设方或投资方提供专门化的咨询服务。为了规范工程造价管理中介机构的行为，保障其依法进行经营活动，维护市场秩序，住建部先后发布了《工程造价咨询单位资质管理办法(试行) 》、《工程造价咨询单位管理办法》、《工程造价咨询企业管理办法》，中国建设工程造价管理协会发布了《工程造价咨询业务操作指导规程》等一系列文件。

0.5.2 工程造价咨询企业资质管理

工程造价咨询企业，是指接受委托，对建设项目投资、工程造价的确定与控制提供专业咨询服务的企业。工程造价咨询企业从事工程造价咨询活动，应当遵循独立、客观、公正、诚实信用的原则，不得损害社会公共利益和他人的合法权益。任何单位和个人不得非法干预依法进行的工程造价咨询活动。

特别提示

工程造价咨询企业应当依法取得工程造价咨询企业资质，并在其资质等级许可的范围内从事工程造价咨询活动。

1. 工程造价咨询企业资质等级标准

工程造价咨询企业资质等级分为甲级、乙级。

1) 甲级资质标准

(1) 已取得乙级工程造价咨询企业资质证书满3年。

(2) 企业出资人中，注册造价工程师人数不低于出资人总人数的60%，且其出资额不低于企业注册资本总额的60%。

(3) 技术负责人已取得造价工程师注册证书，并具有工程或工程经济类高级专业技术职称，且从事工程造价专业工作15年以上。

(4) 专职从事工程造价专业工作的人员(以下简称专职专业人员)不少于20人，其中，具有工程或者工程经济类中级以上专业技术职称的人员不少于16人；取得造价工程师注册证书的人员不少于10人，其他人员具有从事工程造价专业工作的经历。

(5) 企业与专职专业人员签订劳动合同，且专职专业人员符合国家规定的职业年龄(出资人除外)。

(6) 专职专业人员人事档案关系由国家认可的人事代理机构代为管理。

(7) 企业注册资本不少于人民币100万元。

(8) 企业近3年工程造价咨询营业收入累计不低于人民币500万元。

(9) 具有固定的办公场所，人均办公建筑面积不少于10m^2。

(10) 技术档案管理制度、质量控制制度、财务管理制度齐全。

(11) 企业为本单位专职专业人员办理的社会基本养老保险手续齐全。

(12) 在申请核定资质等级之日前3年内无违规行为。

2) 乙级资质标准

(1) 企业出资人中，注册造价工程师人数不低于出资人总人数的60%，且其出资额不低于注册资本总额的60%。

(2) 技术负责人已取得造价工程师注册证书，并具有工程或工程经济类高级专业技术职称，且从事工程造价专业工作10年以上。

(3) 专职专业人员不少于12人，其中具有工程或者工程经济类中级以上专业技术职称的人员不少于8人，取得造价工程师注册证书的人员不少于6人，其他人员具有从事工程造价专业工作的经历。

(4) 企业与专职专业人员签订劳动合同，且专职专业人员符合国家规定的职业年龄(出资人除外)。

(5) 专职专业人员人事档案关系由国家认可的人事代理机构代为管理。

(6) 企业注册资本不少于人民币 50 万元。

(7) 具有固定的办公场所，人均办公建筑面积不少于 $10m^2$。

(8) 技术档案管理制度、质量控制制度、财务管理制度齐全。

(9) 企业为本单位专职专业人员办理的社会基本养老保险手续齐全。

(10) 暂定期内工程造价咨询营业收入累计不低于人民币 50 万元。

(11) 申请核定资质等级之日前无违规行为。

2．工程造价咨询企业资质申请与审批

1) 资质许可程序

(1) 甲级许可程序。申请甲级工程造价咨询企业资质的，应当向申请人工商注册所在地省、自治区、直辖市人民政府建设主管部门或者国务院有关专业部门提出申请。省、自治区、直辖市人民政府建设主管部门、国务院有关专业部门应当自受理申请材料之日起 20 日内审查完毕，并将初审意见和全部申请材料报国务院建设主管部门；最终由国务院建设主管部门自受理之日起 20 日内作出是否给予审批的决定。

(2) 乙级许可程序。申请乙级工程造价咨询企业资质的，由省、自治区、直辖市人民政府建设主管部门审查决定。其中，申请有关专业乙级工程造价咨询企业资质的，由省、自治区、直辖市人民政府建设主管部门与同级有关专业部门共同审查决定。

乙级工程造价咨询企业资质许可的实施程序由省、自治区、直辖市人民政府建设主管部门依法确定。省、自治区、直辖市人民政府建设主管部门应当自作出决定之日起 30 日内，将准予资质许可的决定报国务院建设主管部门备案。

2) 申请材料的要求

申请工程造价咨询企业资质，应当提交下列材料并同时在网上申报。

(1) 工程造价咨询企业资质等级申请书。

(2) 专职专业人员(含技术负责人)的造价工程师注册证书、造价员资格证书、专业技术职称证书和身份证。

(3) 专职专业人员(含技术负责人)的人事代理合同和企业为其交纳的本年度社会基本养老保险费用的凭证。

(4) 企业章程、股东出资协议并附工商部门出具的股东出资情况证明。

(5) 企业缴纳营业收入的营业税发票或税务部门出具的缴纳工程造价咨询营业收入的营业税完税证明；企业营业收入含其他业务收入的，还需出具工程造价咨询营业收入的财务审计报告。

(6) 工程造价咨询企业资质证书。

(7) 企业营业执照。

(8) 固定办公场所的租赁合同或产权证明。

(9) 有关企业技术档案管理、质量控制、财务管理等制度的文件。

(10) 法律法规规定的其他材料。

新申请工程造价咨询企业资质的，不需要提交前款第(5)项、第(6)项所列材料。其资质等级按照乙级资质标准中的相关条款进行审核，合格者应核定为乙级，设暂定期1年。

当暂定期届满需继续从事工程造价咨询活动的，应当在暂定期届满30日前，向资质许可机关申请换发资质证书。符合乙级资质条件的，由资质许可机关换发资质证书。工程造价咨询企业资质有效期为3年。

0.5.3 工程造价咨询管理

工程造价咨询企业应当依法取得工程造价咨询企业资质，并在资质等级许可的范围内从事工程造价咨询活动，不受行政区域限制。甲级工程造价咨询企业可以从事各类建设项目的工程造价咨询业务。乙级工程造价咨询企业可以从事工程造价5000万元人民币以下的各类建设项目的工程造价咨询业务。

1. 业务范围

工程造价咨询业务范围包括以下几个方面。

(1) 建设项目建议书及可行性研究投资估算、项目经济评价报告的编制和审核。

(2) 建设项目概预算的编制与审核，并配合设计方案比选、优化设计、限额设计等工作进行工程造价分析与控制。

(3) 建设项目合同价款的确定(包括招标工程工程量清单和招标控制价、标底、投标报价的编制和审核)；合同价款的签订与调整(包括工程变更、工程洽商和索赔费用的计算)及工程款支付，工程结算及竣工结(决)算报告的编制与审核等。

(4) 工程造价经济纠纷的鉴定和仲裁的咨询。

(5) 提供工程造价信息服务等。

工程造价咨询企业可以对建设项目的组织实施进行全过程或者若干阶段的管理和服务。

2. 咨询合同及其履行

工程造价咨询企业在承接各类建设项目的工程造价咨询业务时，应当写委托人订立书面工程造价咨询合同。工程造价咨询企业与委托人可以参照《建设工程造价咨询合同(示范文本)》订立合同。

工程造价咨询企业从事工程造价咨询业务，应当按照有关规定的要求出具工程造价成果文件。工程造价成果文件应当由工程造价咨询企业加盖有企业名称、资质等级及证书编号的执业印章，并由执行咨询业务的注册造价工程师签字、加盖执业印章。

3. 企业分支机构

工程造价咨询企业设立分支机构的，应当自领取分支机构营业执照之日起30日内，持下列材料到分支机构工商注册所在地省、自治区、直辖市人民政府建设主管部门备案。

(1) 分支机构营业执照复印件。

(2) 工程造价咨询企业资质证书复印件。

(3) 拟在分支机构执业的不少于3名注册造价工程师的注册证书复印件。

(4) 分支机构固定办公场所的租赁合同或产权证明。

省、自治区、直辖市人民政府建设主管部门应当在接受备案之日起20日内，报国务院建设主管部门备案。

分支机构从事工程造价咨询业务，应当由设立该分支机构的工程造价咨询企业负责承接工程造价咨询业务、订立工程造价咨询合同、出具工程造价成果文件。分支机构不得以自己的名义承接工程造价咨询业务、订立工程造价咨询合同、出具工程造价成果文件。

4. 跨省区承接业务

工程造价咨询企业跨省、自治区、直辖市承接工程造价咨询业务的，应当自承接业务之日起30日内到建设工程所在地省、自治区、直辖市人民政府建设主管部门备案。

0.5.4 工程造价咨询企业的法律责任

1. 资质申请或取得的违规责任

申请人隐瞒有关情况或者提供虚假材料申请工程造价咨询企业资质的，不予受理或者不予资质许可，并给予警告，申请人在1年内不得再次申请工程造价咨询企业资质。

以欺骗、贿赂等不正当手段取得工程造价咨询企业资质的，由县级以上地方人民政府建设主管部门或者有关专业部门给予警告，并处以1万元以上3万元以下的罚款，申请人3年内不得再次申请工程造价咨询企业资质。

2. 经营违规的责任

未取得工程造价咨询企业资质从事工程造价咨询活动或者超越资质等级承接工程造价咨询业务的，出具的工程造价成果文件无效，由县级以上地方人民政府建设主管部门或者有关专业部门给予警告，责令限期改正，并处以1万元以上3万元以下的罚款。

工程造价咨询企业不及时办理资质证书变更手续的，由资质许可机关责令限期办理；逾期不办理的，可处以1万元以下的罚款。

有下列行为之一的，由县级以上地方人民政府建设主管部门或者有关专业部门给予警告，责令限期改正；逾期未改正的，可处以5000元以上2万元以下的罚款。

(1) 新设立分支机构不备案的。

(2) 跨省、自治区、直辖市承接业务不备案的。

(3) 其他违规责任。

工程造价咨询企业有下列行为之一的，由县级以上地方人民政府建设主管部门或者有关专业部门给予警告，责令限期改正，并处以1万元以上3万元以下的罚款。

(1) 涂改、倒卖、出租、出借资质证书，或者以其他形式非法转让资质证书。

(2) 超越资质等级业务范围承接工程造价咨询业务。

(3) 同时接受招标人和投标人或两个以上投标人对同一工程项目的工程造价咨询业务。

(4) 以给予回扣、恶意压低收费等方式进行不正当竞争。

(5) 转包承接的工程造价咨询业务。

(6) 法律法规禁止的其他行为。

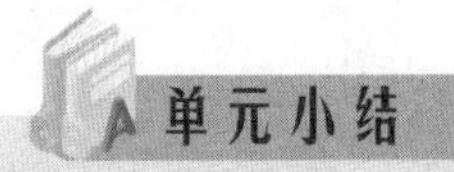

本单元主要对工程造价管理的含义、工程造价管理的基本内容、工程造价管理的发展及其管理系统，以及注册造价师、造价员的从业制度，造价管理咨询制度，造价咨询企业的资质管理等内容进行了阐述。

工程造价管理有两种含义：一是建设工程投资费用管理；二是建设工程价格管理。工程造价管理的基本内容就是合理确定和有效地控制工程造价。工程造价管理体制经历了以下几个发展过程：①工程造价管理体制的建设初级阶段；②工程造价管理体制的削弱和破坏阶段；③工程造价管理体制的恢复与发展阶段；④工程造价管理体制的完善与发展阶段；⑤工程造价管理体制继续改革完善阶段。

工程造价管理的组织系统，是指为了实现工程造价管理目标而进行的有效组织活动，以及与造价管理功能相关的有机群体。

工程造价从业人员从业制度主要有注册造价工程师执业资格制度和造价员从业资格制度。工程造价咨询是指工程造价咨询机构面向社会接受委托，承担建设工程项目可行性研究、投资估算，项目经济评价，工程概算、预算、结算、竣工决算，工程招标标底、招标控制价的编制和审核，对工程造价进行监控，以及提供有关工程造价信息资料等业务工作。工程造价咨询企业资质等级标准分为甲级、乙级。

通过本单元的学习，作为工程造价人员应该知道要掌握全过程的造价管理，才能有效控制造价。

习　　题

1. 简述工程造价管理的含义。
2. 简述工程造价管理的基本内容。
3. 简述有效控制工程造价的 3 项原则。
4. 简述全面造价管理的概念。
5. 简述全过程造价管理。
6. 简述全方位造价管理。
7. 简述中介服务方工程造价管理的内容。
8. 简述承包方工程造价管理。
9. 工程造价咨询主要包括哪些工作？

单元 1

投资决策阶段的工程造价管理

教学目标

通过对本单元的学习，了解投资决策阶段影响工程造价的主要因素；了解可行性研究的含义及作用；掌握可行性研究的主要内容及编制依据；了解投资决策阶段的投资估算的含义、作用及主要内容；掌握投资决策阶段的投资估算的方法；了解财务评价的含义、内容及指标；掌握财务评价指标及其计算方法。

教学要求

能力目标	知识要点	权重
了解投资决策阶段影响工程造价的主要因素	建设项目投资决策的含义；该阶段影响工程造价管理的主要因素	5%
熟悉可行性研究的含义、作用、编制依据及主要内容	可行性研究的作用和内容，可行性研究的编制和审批	25%
掌握投资决策阶段投资估算的方法；能够编制项目固定资产投资、流动资金、项目总投资估算表	固定资产投资估算方法	30%
掌握财务评价指标体系及计算方法；通过计算相关指标，能够进行建设项目盈利能力和清偿能力分析	建设项目盈利能力指标和清偿能力指标	25%
掌握基本的财务报表的编制，如建设项目贷款还本付息表、现金流量表(自有资金、全部投资)；了解损益表、资金来源与运用表、资产负债表	现金流量表、损益表、资金来源与运用表、资产负债表	15%

案例导入

现实中由于决策失败而给国家、社会和人民造成了巨大损失的建设项目比比皆是。

案例 1：内蒙古自治区呼和浩特市清水河县是一个财力只有3000多万元的贫困县，计划斥资60多亿元建新城；经过一场历时十年的造新城运动，结果是留下了一堆"烂尾楼"(见图1.1)。当地一位干部对记者说，新区建设本来就是某些领导"拍脑袋"的结果，缺乏可行性调查研究。这项脱离实际劳民伤财的"瞎折腾"工程，危害极大，教训极其深刻。

图 1.1　清水河县王贵窑乡山坡上的烂尾楼

案例 2：珠海巨人大厦，始建于1993年，史玉柱由于决策失误，将巨人大厦的规划从18层不断"加高"到72层，要建全国最高的楼宇。72层楼所需建设资金约12亿元，当时史玉柱手中只有1亿元现金，但他不用银行贷款，主要以集资和卖"楼花"的方式筹资，由于外部经济环境等因素的改变，最终导致资金链断裂，巨人大厦烂尾。

巨人大厦烂尾工地长期被各种违章搭建占据，严重困扰周围居民。2011年4月26日，由珠海市梅华街道办牵头，城管部门依法对该工地内的违章搭建实施强制拆除。

点评：正确决策是合理确定与控制工程造价的前提。项目决策正确，意味着对项目建设作出科学的决断，优选出最佳投资行动方案，达到资源的合理配置。这样才能合理地估计和计算工程造价，并且在实施最佳方案过程中，有效地控制工程造价。项目决策失误主要体现在对不该建设的项目进行投资建设，或者项目建设地点的选择错误，或者投资方案的确定不合理等决策失误，这会直接带来不必要的资金投入和人力、物力及财力的浪费，甚至造成不可弥补的损失。在这种情况下，合理地进行工程造价的计价与控制已经毫无意义了。因此项目决策正确与否，直接关系到项目建设的成败，也关系到工程造价的高低及投资效果的好坏。

课题 1.1 概 述

1.1.1 建设项目投资决策的含义

建设项目投资决策是选择和决定投资行动方案的过程，是对拟建项目的必要性和可行性进行技术经济论证，对不同建设方案进行技术经济比较及作出判断和决定的过程。正确的建设项目投资行动来源于正确的项目投资决策。

建设工程造价管理工作贯穿项目建设的全过程，而投资决策阶段各项技术经济的决策，对项目的工程造价有重大影响，特别是建设标准水平的确定、建设地点的选择、工艺的选择、设备选用等，都直接关系到工程造价。据有关资料统计，在项目建设各阶段中，投资决策阶段对工程造价的影响程度最高，可达到 80%～90%。因此，项目投资决策阶段的造价控制是决定工程造价的基础，它直接影响着各个建设阶段工程造价的控制是否科学合理。

在项目建设各阶段，即投资决策阶段、初步设计阶段、技术设计阶段、施工图设计阶段、工程招标及承发包工程阶段、施工阶段以及竣工验收阶段，通过工程造价的控制，相应形成了投资估算、设计概算、修正概算、施工图预算、标底价、承包合同价及竣工决算，这些造价形式之间存在着前者控制后者、后者补充前者的相互作用关系。按照“前者控制后者”的制约关系，意味着投资估算对其后面的各种形式造价起着制约作用，作为限额目标。因此，只有加强项目决策的深度，采用科学的估算方法和可靠的数据资料，合理、细致地做好投资估算，才能保证其他阶段的造价被控制在合理范围内，使投资控制目标能够实现，避免“三超”现象的发生。因此，必须加强项目投资决策阶段工程造价的管理。

1.1.2 建设项目投资决策阶段影响工程造价管理的主要因素

1. 项目合理规模的确定

项目合理规模的确定，就是要合理选择拟建项目的生产规模，解决“生产多少”的问题。每一个建设项目都存在着一个合理规模的选择问题。项目规模的合理选择关系着项目的成败，决定着工程造价合理与否。

在确定项目规模时，不仅要考虑项目内部各因素之间的数量匹配、能力协调，还要使所有生产力因素共同形成的经济实体(如项目)在规模上大小适应。这样可以合理确定和有效控制工程造价，提高项目的经济效益。但同时也应注意，规模扩大所产生的效益不是无限的，它受技术水平、管理水平、项目经济技术环境等多种因素的制约。项目规模合理化的制约因素有以下几方面。

1) 市场因素

市场因素是项目规模确定中需考虑的首要因素。其中，项目产品的市场需求状况是确定项目生产规模的前提。因此，首先应根据市场调查和预测得出的有关产品市场信息来确定项目建设规模。此外，还应考虑原材料、能源、人力资源、资金的市场供求状况，这些因素也对项目建设规模的选择起着不同程度的制约作用。

2) 技术因素

先进的生产技术及技术装备是项目规模效益赖以存在的基础，而相应的管理技术水平则是实现规模效益的保证。如果与经济规模生产相适应的技术及装备的来源没有保障，或获取技术的成本过高，或技术管理水平跟不上，则不仅预期的规模效益难以实现，而且还会给拟建项目带来生存和发展危机。因此，在研究确定项目建设规模时，应综合考虑拟选技术对应的标准规模、主导设备制造商的水平、技术管理水平等因素。

3) 环境因素

项目的建设、生产和经营离不开一定的社会经济环境，项目规模确定中需考虑的主要环境因素有政策、燃料动力供应、协作及土地条件、运输及通信条件等。其中，政策因素包括产业政策、投资政策、技术经济政策，以及国家、地区及行业经济发展规划等。为了取得较好的经济效益，国家对部分行业的新建规模做了下限规定，在选择拟建项目规模时应遵照执行，并尽可能地使项目达到或接近经济规模，以提高项目的市场竞争能力。

2. 建设标准水平的确定

建设标准的主要内容包括建设规模、占地面积、工艺装备、建筑标准、配套工程、劳动定员等方面的标准或指标。建设标准是编制、评估、审批项目可行性研究的重要依据，是衡量工程造价及监督检查项目建设的客观尺度。

建设标准能否起到控制工程造价、指导建设投资的作用，关键在于标准水平的确定合理与否。标准水平定得过高，会脱离我国的实际情况和财力、物力的承受能力，增加造价；标准水平定得过低，会妨碍技术进步，影响国民经济的发展和人民生活的改善。因此，建设标准水平应从我国目前的经济发展水平出发，区别不同地区、不同规模、不同等级、不同功能，合理确定。大多数工业交通项目应采用中等适用的标准，对少数引进国外先进技术和设备的项目或少数有特殊要求的项目，标准可适当高些。在建筑方面，应坚持经济、适用、安全、朴实的原则。建设项目标准中的各项规定，能定量的应尽量给出指标，不能规定指标的要有定性的原则性要求。

3. 建设地区及建设地点(厂址)的选择

1) 建设地区的选择

建设地区选择的合理与否，在很大程度上决定着拟建项目的命运，影响着工程造价的高低、建设工期的长短、建设质量的好坏，还会影响项目建成后的经营状况。因此，建设地区的选择要充分考虑各种因素的制约，具体要考虑以下因素。

(1) 要符合国民经济发展战略规划、国家工业布局总体规划和地区经济发展规划的要求。

(2) 要根据项目的特点和需要，充分考虑原材料条件、能源条件、水源条件、各地区对项目产品需求及运输条件等。

(3) 要综合考虑气象、地质、水文等建厂的自然条件。

(4) 要充分考虑劳动力来源、生活环境、协作、施工力量、风俗文化等社会环境因素的影响。

(5) 工业项目聚集规模。选择在工业项目集聚规模适当的地方投资拟建项目，可以分享“集聚效应”。首先，现代化生产是一个复杂的分工合作系统，只有相关企业集中配置，才能对各种资源和生产要素充分利用，形成综合生产能力。其次，现代产业需要相应的生产性和社会性基础设施相配合，其能力和效率才能充分发挥，企业布点适当集中，才有可能统一建设比较齐全的基础设施，避免重复建设，节约投资，提高这些设施的效益。最后，企业布点适当集中，才能为不同类型的劳动者提供多种就业机会。

2) 建设地点的选择

建设地点(厂址)的选择是一项极为复杂的技术经济综合性很强的系统工程，它不仅涉及项目建设条件、产品生产要素、生态环境和未来产品销售等重要问题，受社会、政治、经济、国防等多因素的制约，而且还直接影响到项目的建设投资、建设速度和施工条件，以及未来企业的经营管理及所在地点的城乡建设规划与发展。因此，必须从国民经济和社会发展的全局出发，运用系统观点和方法分析决策。

选择建设地点要满足以下几个要求。

(1) 节约土地。项目的建设应该尽可能节约土地，尽可能不占或少占耕地。

(2) 应尽量选在工程地质、水文地质条件较好的地段。

(3) 厂区土地面积与外形能满足厂房与各种构筑物的需要，并适合于按科学的工艺流程布置厂房与构筑物。

(4) 厂区地形力求平坦而略有坡度，以减少平整土地的土方工程量，节约投资，又便于地面排水。

(5) 应靠近铁路、公路、水路，以缩短运输距离，减少建设投资。

(6) 应便于供电、供热和其他协作条件的取得。

(7) 应尽量减少对环境的污染。

上述条件能否满足，不仅关系到建设工程造价的高低和建设期限，对项目投产后的运营状况也有很大的影响。因此，在确定厂址时，也应进行方案的技术经济分析比较，选择最佳厂址。

在进行厂址多方案技术经济分析时，除比较上述厂址条件外，还应具有全寿命周期的观念，对项目投资费用和项目投产后生产经营费用进行比较。

4．工程技术方案的确定

工程技术方案的确定主要包括生产工艺方案的确定和主要设备的选择两部分内容。

1) 生产工艺方案的确定

生产工艺是指生产产品所采用的工艺流程和制作方法。工艺流程是指投入物(原料或半成品)经过有次序的生产加工，成为产出物(产品或加工品)的过程。评价及确定拟采用的工艺是否可行，主要有两项标准：先进适用和经济合理。

(1) 先进适用。这是评定工艺的最基本的标准。先进与适用，是对立的统一。在选择工艺方案时，首先要满足工艺技术的先进性，但是不能忽视其适用性，即选用的工艺技术应该与我国的资源条件、经济发展水平和管理水平相适应，还应与建设规模、产品方案相适应。

(2) 经济合理。经济合理是指所用的工艺应能以尽可能小的消耗获得最优的经济效果，在选择工艺技术方案时，要求综合考虑所用工艺所能产生的经济效益和国家的经济承受能力，选出技术上可行、经济上合理的工艺方案。

2) 主要设备的选用

设备的选用是根据工艺方案的要求以及经济技术比较分析而选定的，在选用时要注意以下问题。

(1) 要尽量选用国产设备。

(2) 要注意设备配套问题，主要是进口设备之间以及国内外设备之间的衔接配套问题，进口设备与原有国产设备、厂房之间的配套问题，进口设备与原材料、备品备件及维修能力之间的配套问题。

(3) 要选用满足工艺要求和性能好的设备。

1.1.3 建设项目投资决策阶段的工程造价管理的主要内容

建设项目投资决策阶段的工程造价管理，主要从整体上把握项目的投资，分析确定建设项目工程造价的主要影响因素，编制项目的投资估算，对建设项目进行经济财务分析，作出项目是否可行的决策。影响工程造价的主要影响因素已经在1.1.2中讲述，除了以上影响因素，在投资决策中还应考虑建设项目的资金来源以及资金筹集方法。建设项目可行性研究、投资决策阶段的投资估算以及建设项目财务评价将在后面的课题中详细讲述。

课题1.2 建设项目可行性研究

某房地产开发项目已取得土地使用权，并已补交地价款，土地成本总计为16 318.92万元，为自有资金支付。根据开发商具有的《建设用地规划许可证》、《方案设计》等相关资料，项目经济技术指标见表1-1。

表1-1 项目经济技术指标

项 目 名 称	整 个 项 目
地块编号	*****
总用地面积/m^2	448 11.4
建设用地面积/m^2	44 811.4
道路用地面积/m^2	0
容积率	2.22
覆盖率	30%
计容积率面积/m^2	99 600
其中：住宅公寓/m^2	92 200
商业/m^2	4 000
可出售住宅/m^2	92 200
可出售商业/m^2	4 000
建设配套	幼儿园3 000 m^2，居委会100 m^2，水电房和管理房300 m^2
总建筑面积/m^2	99 600

项目用地的土地使用权出让合同已签订，开发、建设手续正在办理。项目计划于2004年下半年动工，在资金及时到位的情况下，预计2006年第三季度竣工，其开发建设期为2年2个月。2005年下半年进入销售期，销售期至2007上半年止，对项目的经济测算从2004年6月至2007年6月，共计3年。该项目

自有资金 16 318.92 万元，可参考的贷款年利率为 6%。

试根据所提供的某房地产开发项目的背景材料，撰写出该项目的可行性研究报告。

此处仅给出该项目可行性研究报告的目录如下。

1 项目总论

1.1 项目背景

1.1.1 项目名称

1.1.2 开发公司简介

1.1.3 承担可行性研究公司

1.1.4 研究工作依据

1.1.5 项目建设规划内容

1.1.6 项目开发手续

1.2 可行性研究结果

1.2.1 市场预测

1.2.2 项目建设进度

1.2.3 投资估算和资金筹措

1.2.4 项目综合评价结论

2 项目投资环境和市场研究

2.1 市场宏观背景

2.1.1 全国投资环境

2.1.2 深圳市投资宏观背景

2.1.3 区域发展及前景预测

2.1.4 宏观市场与本项目发展借鉴

2.2 区域市场分析

2.2.1 区域市场界定

2.2.2 供给分析

2.2.3 需求分析

2.2.4 竞争分析

2.2.5 片区房地产市场分析结论

3 项目分析与评价

3.1 地块解析

3.1.1 项目地理位置

3.1.2 地形、地势

3.1.3 规划限制条件

3.2 项目 SWOT 分析

3.3 项目评价

4 市场定位及项目评估

4.1 项目定位

4.2 方案建议

5 项目开发建设进度安排

5.1 有关工程计划说明

5.2 施工横道图

6 投资估算与资金筹措

6.1 项目总投资估算

6.2 资金筹措

6.3 投资使用计划

7 销售及经营收入测定

7.1 物业销售收入估算

7.2 资金来源与运用分析

7.3 销售利润

8 财务与敏感性分析

8.1 项目盈利能力分析

8.2 项目不确定性分析

8.3 社会效益和影响分析

9 可行性研究结论与建议

9.1 拟建项目的结论性意见

9.2 项目主要问题的解决办法和建议

9.2.1 项目的主要问题

9.2.2 建议

9.3 项目风险及防范建议

10 附表

1.2.1 建设项目可行性研究的含义与作用

1. 建设项目可行性研究的含义

建设项目可行性研究是在投资决策前，对与拟建项目有关的社会、经济、技术等各方面进行深入细致的调查研究，对各种可能采用的技术方案和建设方案进行认真的技术经济分析和比较论证，对项目建成后的经济效益进行科学预测和评价。在此基础上，对拟建项目的技术先进性和适用性、经济合理性和有效性，以及建设必要性和可行性进行全面分析、系统论证、多方案比较和综合评价，由此得出该项目是否应该投资和如何投资等结论性意见，为项目投资决策提供可靠的科学依据。

知识链接

可行性研究是在20世纪随着社会生产和经济管理科学的发展而产生的。1936年，在美国开发田纳西河流域工程时，美国国会通过了一项《控制河水法案》，提出将可行性研究作为流域开发规则的重要阶段并纳入开发程序。通过引入可行性研究，使工程得以顺利进行，取得了良好的经济效益，并逐渐在世界上推广应用开来。

2. 可行性研究的目的

可行性研究是工程项目进行投资决策和建设的一个基本先决条件和主要依据，其主要目的有以下几点。

1) 避免错误的项目投资决策

由于科学技术、经济科学和管理科学发展很快，市场竞争激烈，客观上要求在进行项目投资决策之前作出准确地判断，避免错误的项目投资。

2) 减少项目的风险

现代化的工程项目规模大、投资额大，如轻易作出决策，一旦遭到风险，损失太大。

3) 避免项目方案多变

工程项目方案的可靠性、稳定性是非常重要的。因为项目方案的多变无疑会造成人力、物力和财力的巨大浪费和时间的延误，这将大大影响工程项目的经济效果。

4) 保证项目不超支、不拖延

通过认真地研究论证、比较评价，使建设项目在估算的投资额范围和预定的建设期限内竣工投产。

5) 对项目因素的变化心中有数

对项目在施工过程中或项目竣工后，可能出现的某些因素(如市场状况、价格波动等)的变化后果，做到心中有数。

6) 达到最佳经济效果

投资者往往不满足于一定的资金利润率，要求在多个可能的投资方案中优选最佳方案，力争达到最好的经济效果。

3．建设项目可行性研究的作用

(1) 可行性研究是建设单位进行项目投资决策的依据。

可行性研究对拟建项目所作出的经济评价，常被用于考查项目的可行性。可行性研究报告为领导者决策提供可靠依据。领导决策主要包括两个方面：一方面可行性研究是投资者或企业本身决定此项目是否应该兴建的依据；另一方面还可以作为投资管理部门审批该项目是否可行的依据。

(2) 可行性研究是建设单位向银行等金融机构及组织申请贷款、筹集资金的依据。

目前，世界银行等国际金融组织都把可行性研究作为申请项目贷款的先决条件。我国的专业银行、商业银行在接受贷款申请时，也重视对贷款项目进行全面、细致的分析评估，确定项目具有偿还贷款能力、不承担过大风险时，才批准贷款。

(3) 可行性研究是建设单位向当地政府及环保部门申请建设和施工的依据。

可行性研究报告经投资部门和计划部门审批以后，建设单位还必须通过地方规划部门及环保部门的审查。审查的依据即为可行性报告中关于环境保护、“三废”治理以及选址对城市、区域规划布局的影响。通过可行性研究报告，地方规划部门及环保部门判断项目影响各项因素的方案是否符合市政或区域规划及当地环保要求。只有所有指标因素均符合其要求时，建设单位才有可能获得建设许可证书。

(4) 可行性研究是建设单位进行综合设计和建设工作的依据。

一般可行性研究报告对项目的建设方案、产品方案、建设规模、厂址、工艺流程、主要设备以及总图布置等均作出较为详细的说明。因此，项目的可行性研究通过审批后，即可以作为建设单位编制项目综合设计和建设工作的依据。

(5) 可行性研究是与项目协作单位签订各项经济协议或合同的依据。

根据可行性研究所拟定的诸因素的方案，投资企业或部门可以与有关部门签订各阶段的协议与合同，如项目建设期和生产所需的设计以及原材料、燃料、水电、运输、通信甚至产品销售等诸多方面的协议和合同。

(6) 可行性研究是项目企业机构设置、组织管理、劳动定员的依据。

企业在进行组织管理时，应依据可行性研究对工艺技术的设计、组织机构安排，进行职工技术培训，尽可能做到“人尽其才、物尽其用”。

(7) 可行性研究是对项目进行考核和评价的依据。

建设单位要对投资项目进行投资建设活动全过程的事后评价，就必须以项目的可行性研究作为参照物。项目可行性研究中有关效益分析的指标是项目后评价的重要依据。

1.2.2 建设项目可行性研究的工作阶段和工作程序

1. 建设项目可行性研究的工作阶段

建设项目的可行性研究一般划分为 4 个阶段：机会研究阶段、初步可行性研究阶段、详细可行性研究阶段、项目评估阶段。前 3 个阶段的工作内容、投资估算的精度以及所需费用各不相同。

1) 机会研究阶段

投资机会研究是进行项目可行性研究前的预备性调查研究，研究比较粗略。该研究的主要工作是提供一个可能进行的投资项目，要求时间短、花钱少。一旦证明项目投资设想可行，就可以转入下一步研究。

投资机会研究的主要任务是提出项目投资方向的建议，即在一个确定的地区或部门，根据对自然资源的了解和对市场需求的调查、预测以及国内相关政策及国际贸易联系等情况，选择项目，寻找最有利的投资机会。

投资机会研究主要通过以下几个方面的研究来寻找投资机会。

(1) 自然资源情况。

(2) 农业、工业生产布局和生产情况。

(3) 人口增长或购买力增长对消费品需求的潜力。

(4) 产品进口情况、取代进口的可能性及产品出口的可能性。

(5) 现有企业扩建的可能性、多种经营的可能性、将现有小型企业扩建到经济规模的可能性。

(6) 其他国家发展工业成功的经验。

机会研究阶段的研究内容比较粗略。其投资费用的估算一般是以类似工程为例，误差允许在±30%，所需研究费用一般占项目总投资的 0.2%～1.0%，所需时间为 1～3 个月。

2) 初步可行性研究阶段

许多项目在机会研究后还很难决定取舍，还需要进行初步可行性研究。初步可行性研究也称项目建议书阶段，是机会研究和详细可行性研究之间的一个阶段，是在机会研究的基础上进一步弄清拟建项目的规模、厂址、工艺设备、资源、组织结构和建设进度等情况，以判断是否有可能和有必要进行下一步的详细可行性研究。

初步可行性研究的主要任务是分析投资机会研究的结论，对关键问题进行专题的辅助性研究，论证项目的初步可行性，判定有无必要继续进行研究，编制初步可行性报告。

初步可行性研究与机会研究的区别主要在于所获资料的详细程度不同。如果机会研究有足够的资料数据，也可以越过初步可行性研究直接进入详细可行性研究。在提出项目初步可行性研究报告时，需提出项目的总投资。

初步可行性研究的内容与详细可行性研究基本相同，只是深度和广度略低。

初步可行性研究的具体内容包括以下 4 个方面。

(1) 分析机会研究的结论，在占有详细资料的基础上作出投资决定。

(2) 确定是否应该进行下一步详细的可行性研究。

(3) 确定有哪些关键问题需要进行辅助性专题研究，如市场调查、科学试验等。

(4) 判明这个建设项目的设想是否有生命力。

初步可行性研究是机会研究和详细可行性研究之间的一个阶段，它们的区别主要在于所获得资料的详尽程度不同。如果项目机会研究有足够的数据，也可以越过该阶段，直接进入详细可行性研究阶段。如果项目的经济效果不明显，就要进行该阶段的工作来断定项目是否可行。

初步可行性研究的投资估算可使用生产规模指数法和系数估算法，其精度一般要求在±20%，所需研究费用占总投资的0.25%～1.25%，研究时间一般是4～6个月。

3) 详细可行性研究阶段

详细可行性研究就是通常所说的可行性研究，也称最终可行性研究。它是项目投资决策的基础，为决策提供技术、经济等方面的依据。这个阶段是进行详细深入的技术经济论证的阶段，即要研究市场需求预测、生产规模、资源供应、工艺技术和设备选型、厂址选择、工程实施计划、组织管理及机构成员，以及财务分析和经济评价等内容。

详细可行性研究是项目决策研究的关键环节。它必须对一个工程项目的投资决策提供技术上、经济上和管理上的依据。一般项目的详细可行性研究包括以下几方面的内容。

(1) 可行性研究的结论和建议。

(2) 项目的背景和历史说明。

(3) 市场预测的各项数据，生产成本、价格、销售收入和年利润的估算。

(4) 原材料投入。

(5) 项目实施的地点或厂址。

(6) 项目设计，包括生产工艺的选择、工厂的总体设计、建筑物的布置、建筑材料和劳动力的需求量、建筑物和工程设施的投资。

(7) 管理费用的估算。

(8) 项目相关人员的编制。

(9) 项目建设期限及建设进度安排说明。

(10) 项目的财务评价和国民经济评价。

(11) 项目风险估计。

详细可行性研究阶段对建设项目投资估算的精度要求在±10%，所需研究费用，中小型项目占总投资的1.0%～3.0%，所需时间为4～6个月；大型复杂项目占总投资的0.2%～1.0%，所需研究时间是8～12个月。

4) 项目评估

项目评估是由投资决策部门组织或授权建设银行、投资银行、工程咨询公司或有关专家，代表国家对上报项目的可行性研究报告进行全面审核和再评价。其主要任务是对拟建项目的可行性研究报告提出评价意见，最终决策该项目是否可行，确定最佳投资方案。

2．建设项目可行性研究的工作程序

建设项目可行性研究的工作通常需要经过以下6个步骤。

1) 签订合同与筹划准备

当工程项目建议书(由机会研究阶段提出)经主管单位审查批准后，建设单位可与有关设计咨询公司等签订进行可行性研究工作的合同，在双方签订的合同中，应明确规定可行性研究工作的范围、进度安排、所需费用和支付办法以及协作方式、前提条件等具体内容。设计咨询公司等单位在接受可行性研究委托时，需获取项目建议书和有关指示文件，明确委托单位对项目建设的意图和要求，同时注意收集与项目有关的各种基础资料和基本参数、指标、规范、标准等基准依据。

2) 调查研究与需求预测

调查研究包括市场调查与资源调查两方面。通过市场调查要查明和预测出社会对项目产品的需求量、产品价格水平及变动趋势和产品的竞争能力。通过资源调查要了解原材料、能源、劳动力、建筑材料、运输条件、环境保护等自然、社会、经济情况，据此进一步明确拟建项目的必要性和现实性。

3) 建立技术方案与比较选优

根据项目建议书，结合调查研究所获取的基础资料和基准数据，建立各种可能的建设方案和技术方案，并通过分析、比较和评价来论证方案在技术上的先进适用性，优选最佳方案，并确定企业规模、产品方案、车间组织、设备选型、组织机构、人员配备等。

4) 编制项目实施进度计划

根据工程设计、设备订货和制造、工程施工、试车调试到正式投产的全过程和建设单位指定的建设工期，拟订可行的实施进度计划，在执行过程中加强控制和调整。

5) 财务分析与经济评价

对优选出的最佳技术方案进行财务分析和经济评价，研究工程项目在经济上的合理合算性。财务分析需计算项目的投资额、生产成本等。经济评价需计算项目的投资收益率、贷款偿还能力、净现值、内部收益率等经济效果指标，同时还要进行不确定性分析。

6) 编写可行性研究报告

在项目方案技术经济分析论证的基础上，根据可行性研究报告所包括的内容，编写详尽的可行性研究报告，提出结论性意见和建议上报决策部门审批。

1.2.3 建设项目可行性研究报告的编制

1．建设项目可行性研究报告的编制依据

对建设项目进行可行性研究，编制可行性研究报告的主要依据包括以下几个方面的内容。

(1) 国民经济发展的长远规划和国家经济建设的方针、任务、技术经济政策。

按照国民经济发展的长远规划和国家经济建设方针确定的基本建设的投资方向和规模，据此提出需要进行可行性研究的项目建议书。这样可以有计划地统筹安排各部门、各地区、各行业以及企业产品生产的协作与配套项目，有利于搞好综合平衡，也符合我国经济建设的要求。

(2) 项目建议书和委托单位的要求。

项目建议书是做各项准备工作和进行可行性研究的重要依据，只有在项目建议书经上级主管部门和国家计划部门审查同意，并经汇总平衡纳入建设前期工作计划后，方可进行可行性研究的各项工作。建设单位在委托可行性研究任务时，应向承担可行性研究工作的单位提出对建设项目的目标和其他要求，以及说明有关市场、原材料、资金来源等。

(3) 大型工程项目的要求。

大型工程项目需有国家批准的资源报告、国土开发整治规划、区域规划、江河流域规划、路网规划、工业基地规划等。

(4) 可靠的基础资料。

进行厂址选择、工程设计、技术经济分析需要可靠的地理、气象、地质等自然和经济、社会等基础资料和数据。

(5) 与建设项目有关的技术经济方面的规范、标准、定额等指标。

承担可行性研究的单位必须具备这些资料，因为这些资料都是进行项目设计和技术经济评价的基本数据。

(6) 有关项目经济评价的基本参数和指标。

如基准收益率、社会折现率、固定资产折旧率、调整价格、外汇率、工资标准等，这些参数和指标都是进行项目财务评价和国民经济评价的基准和依据。一般来说，这些参数应由国家制定，统一颁发公布实行，或由各主管部门根据本部门的行业特点自行拟定某些技术经济参数和价格系数，报国家计委备案。

2．可行性研究报告编制的要求

(1) 实事求是，保证可行性研究报告的真实性和科学性。

可行性研究是一项技术性、经济性、政策性很强的工作。编制单位必须保持独立性和公正性，遵照事物的客观经济规律和科学研究工作的客观规律办事，在调查研究的基础上，按客观实际情况实事求是地进行技术经济分析论证、技术方案比较和评价，切忌主观臆断、行政干预、划框框、定调子，保证可行性研究的严肃性、客观性、真实性、科学性和可靠性，确保可行性研究的质量。

(2) 编制单位必须具备承担可行性研究的条件。

建设项目可行性研究报告的内容涉及面广，还有一定的深度要求。因此，需要由具备一定的技术力量、技术装备、技术手段和相当实际经验等条件的工程咨询公司、设计院等专业单位来承担。参加可行性研究的成员应由工业经济专家、市场分析专家、工程技术人员、机械工程师、土木工程师、企业管理人员、财会人员等组成，必要时可聘请地质、土壤等方面的专家短期协作工作。

(3) 可行性研究的内容和深度及计算指标必须达到标准要求。

不同行业、不同性质、不同特点的建设项目，其可行性研究的内容和深度及计算指标，必须满足作为项目投资决策和编制、审批设计任务书的依据等作用的要求。

(4) 可行性研究报告必须经签证与审批。

可行性研究报告编完之后，应由编制单位的行政、技术、经济方面的负责人签字，并对研究报告的质量负责。建设项目可行性研究报告编完后，必须上报主管部门审批、核准和备案。可行性研究的预审单位对预审结论负责。可行性研究的审批单位对审批意见负责。若发现工作中有弄虚作假现象，应追究有关负责人的责任。

特别提示

根据2004年《国务院关于投资体制改革的决定》，政府对于投资项目的管理分为审批、核准和备案3种方式。

1. 政府对非政府资金投资建设项目的管理

凡企业不使用政府性资金投资建设的项目，政府区别不同情况实行核准制或备案制，其中，政府仅对重大项目和限制类项目从维护社会公共利益角度进行核准，其他项目无论规模大小，均改为备案制。对实行核准制的项目，仅须向政府提交项目申请报告，而无需报批项目建议书、可行性研究报告和开工报告；备案制则无需提交项目申请报告，只要备案即可。

2. 政府对政府投资的项目的管理

对于政府投资项目，只有直接投资和资本金注入方式的项目，政府需要对其可行性研究报告进行审批，其他项目无需审批，具体规定如下。

(1) 使用中央预算内投资、中央专项建设基金、中央统还国外贷款5亿元及以上的项目，以及使用中央预算内投资、中央专项建设基金、统借自还国外贷款的总投资50亿元及以上的项目由国家发展和改革委员会审核后报国务院审批。

(2) 国家发展和改革委员会对地方政府投资项目只需审批项目建议书，无需审批可行性研究报告。

(3) 对于使用国外援助性资金的项目和由中央统借统还的项目，按照中央政府直接投资项目进行管理，其可行性研究报告由国务院发展改革部门审批或审核后报国务院审批；省级政府负责偿还或提供还款担保的项目，按照省级政府直接投资项目进行管理，其项目审批权限按国务院及国务院发展改革部门的有关规定执行；由项目用款单位自行偿还且不需政府担保的项目，参照《政府核准的投资项目目录》规定办理。

1.2.4 建设项目可行性研究的内容

项目详细可行性研究是在项目建议书得到批准后，对项目进行的更为详细、深入的技术经济论证。习惯上我们将项目的详细可行性研究简称为项目可行性研究。根据原国家计委颁布的《关于建设项目进行可行性研究试行管理办法》，一般工业建设项目的可行性研究应包含以下几个方面内容。

1. 总论

主要包括项目概况，包括项目名称、建设单位、项目拟建地区和地点；承担可行性研究工作的单位和法人代表、研究工作依据；项目提出的背景、投资环境、工作范围和要求、研究工作情况、可行性研究的主要结论和存在的问题与建议；主要技术经济指标。

2. 产品的市场需求和拟建规模

重点阐述市场需求预测、价格分析，并确定建设规模。主要内容包括国内外市场近期需求状况，未来市场趋势预测，国内现有生产能力估计，销售预测、价格分析，产品的市场竞争能力分析及进入国际市场的前景，拟建项目的产品方案和建设规模，主要的市场营销策略，产品方案和发展方向的技术经济论证比较等。

3．资源、原材料、燃料及公用设施情况

主要包括原料、辅助材料和燃料的种类、数量、来源及供应可能；所需公用设施的数量、供应方式和供应条件。

4．建厂条件和厂址选择

在初步可行性研究或者项目建议书中规划选址已确定的建设地区和地点范围内，进行具体坐落位置选择。具体包括建厂地区的地理位置，与原材料产地和产品市场的距离，对建厂的地理位置、气象、水文、地质、地形条件、地震、洪水情况和社会经济现状进行调查研究，收集基础资料，熟悉交通运输、通信设施及水、电、汽、热的现状和发展趋势；厂址面积、占地范围，厂区总体布置方案，建设条件、地价，拆迁及其他工程费用情况。

5．项目设计方案

主要包括多方案的比较和选择，确定项目的构成范围、主要单项工程(车间)的组成、厂内外主体工程和公用辅助工程的方案比较论证；项目土建工程总量的估算，土建工程布置方案的选择，包括场地平整、主要建筑和构筑物与厂外工程的规划；采用技术和工艺方案的论证、技术来源、工艺路线和生产方法，主要设备选型方案和技术工艺的比较；引进技术、设备的必要性及其来源国别的选择比较；设备的国外采购或与外商合作制造方案设想；必要的工艺流程。

6．环境保护与劳动安全

对项目建设地区的环境状况进行调查，分析拟建项目废气、废水、废渣的种类、成分和数量，并预测其对环境的影响，提出治理方案的选择和回收利用情况；对环境影响进行评价，提出劳动保护、安全生产、城市规划、防震、防洪、防风、文物保护等要求以及采取相应的措施方案。

7．企业组织和劳动定员

确定企业组织机构、劳动定员总数、劳动力来源以及相应的人员培训计划。具体包括企业组织形式、生产管理体制、机构的设置；工程技术和管理人员的素质和数量要求；劳动定员的配备方案；人员的培训规划和费用估算。

8．项目实施进度安排

项目实施进度安排指建设项目确定到正常生产这段时间内，实施项目准备、筹集资金、勘察设计和设备订货、施工准备、施工和生产准备、试运转直到竣工验收和交付使用等各个工作阶段的进度计划安排，选择整个工程项目的实施方案和总进度，用横道图和网络图来表述最佳实施方案。

9．投资估算和资金筹措

投资估算和资金筹措是项目可行性研究内容的重要组成部分，包括估算项目所需要的投资总额，分析投资的筹措方式，制订用款计划。估算项目实施的费用，包括建设单位管理费、生产筹备费、生产职工培训费、办公和生活家具购置费、勘察设计费等。资金筹措是研究落实资金的来源渠道和项目筹资方案，从中选择条件优惠的资金。在这两方面的基

础上编制资金使用与借款偿还计划。

10．经济评价和风险分析

通过对不同的方案进行财务、经济效益评价，比较推荐出优秀的建设方案。包括估算生产成本和销售收入，分析拟建项目预期效益及费用，计算财务内部收益率、净现值、投资回收期、借款偿还期等评价指标， 以判别项目在财务上是否可行；从国家整体的角度考察项目对国民经济的贡献，运用影子价格、影子汇率、影子工资和社会折现率等经济参数评价项目在经济上的合理性；对项目进行不确定性分析、社会效益和社会影响分析等。

11．可行性研究结论与建议

运用各项数据综合评价建设方案，从技术、经济、社会、财务等各个方面论述建设项目的可行性，提出一个或几个方案供决策参考，对比选择方案，说明各种方案的优缺点，给出建议方案及理由，并提出项目存在的问题以及结论性意见和改进建议。

建设项目可行性研究报告的内容可概括为三大部分。首先是市场研究，包括产品的市场调查和预测研究，这是项目可行性研究的前提和基础，其主要任务是要解决项目的“必要性”问题；第二是技术研究，即技术方案和建设条件研究，这是项目可行性研究的技术基础，它要解决项目在技术上的“可行性”问题；第三是效益研究，即经济效益的分析和评价，这是项目可行性研究的核心部分，主要解决项目在经济上的“合理性”问题。市场研究、技术研究和效益研究共同构成项目可行性研究的三大支柱。

课题 1.3 建设项目投资估算

案例导入

年产 2000t 的某种产品的工业项目，其主要设备投资额为 3400 万元，拟建项目的生产同类产品的项目，年产量为 1500t。除设备购置费以外的其他费用项目分别按设备投资的一定比例计算(见表 1-2)，假设由于时间因素引起的定额、价格、费用标准等变化的综合调整系数均为 1。

表 1-2 其他费用项目投资占设备投资的比例表

工 程 名 称	占设备投资的比例/%	工 程 名 称	占设备投资的比例/%
土建工程	36	电气照明工程	2
设备安装工程	12	自动化仪表工程	11
工艺管道工程	5	附属工程	24
给排水工程	10	总体工程	12
暖通工程	10	其他投资	20

该项目的其他资料如下。

(1) 项目的基本预备费费率为 5%，项目的建设期为 2 年，投资按等比例投入，预计建设期内物价上涨率为 6%。固定资产投资中自有资金为 4000 万元，其余为银行贷款，在建设期内均衡投入，年利率为 10%。

(2) 项目达到设计生产能力以后，全厂定员1000人，工资与福利费按照每人每年15000元估算，每年的其他费用为900万元(其中其他制造费用300万元)。年外购原材料、燃料及动力费为6000万元，年修理费为500万元，年销售收入为5000万元，年经营成本为4500万元。各项流动资金的最低周转天数：应收账款为30天，现金45天，存货中各构成项的周转天数均为40天，应付账款为30天。

试确定拟建项目的固定资产投资，并编制该项目的固定资产投资估算表(n=1)；用分项详细估算法估算拟建项目的流动资金；估算该项目的总投资。

1.3.1 建设项目投资估算概述

1．建设项目投资估算的概念

建设项目投资估算(以下简称投资估算)是指在项目投资决策过程中，依据现有的资料和特定的方法，对建设项目的投资数额进行的估计。它是建设项目前期编制项目建议书和可行性研究报告的重要组成部分。

2．投资估算的作用

(1) 项目建议书阶段的投资估算，是项目主管部门审批项目建议书的依据之一，并对项目的规划、规模起参考作用。

(2) 项目可行性研究阶段的投资估算，是项目投资决策的重要依据，也是研究、分析、计算项目投资经济效果的重要条件。

(3) 项目投资估算对工程设计概算起控制作用，设计概算不得突破批准的投资估算额，并应控制在投资估算额以内。

(4) 项目投资估算可作为项目资金筹措及制订建设贷款计划的依据，建设单位可根据批准的项目投资估算额，进行资金筹措和向银行申请贷款。

(5) 项目投资估算是核算建设项目固定资产投资需要额和编制固定资产投资计划的重要依据。

3．投资估算的阶段划分与精度要求

我国建设项目的投资估算分为以下几个阶段。

1) 项目规划阶段的投资估算

建设项目规划阶段是指有关部门根据国民经济发展规划、地区发展规划和行业发展规划的要求，编制一个建设项目的建设规划。其对投资估算精度的要求为允许误差大于±30%。

2) 项目建议书阶段的投资估算

在项目建议书阶段，是按项目建议书中的产品方案、项目建设规模、产品主要生产工艺、企业车间组成、初选建厂地点等，估算建设项目所需要的投资额。其对投资估算精度的要求为误差控制在±30%。

3) 初步可行性研究阶段的投资估算

初步可行性研究阶段，是在掌握了更详细、更深入的资料条件下，估算建设项目所需的投资额。其对投资估算精度的要求为误差控制在±20%以内。

4) 详细可行性研究阶段的投资估算

详细可行性研究阶段的投资估算至关重要，因为这个阶段的投资估算经审查批准之后，便是工程设计任务书中规定的项目投资限额，并可据此列入项目年度基本建设计划。

4．投资估算的内容

根据国家规定，从满足建设项目投资设计和投资规模的角度，建设项目投资的估算包括固定资产投资估算和流动资金估算两部分。

固定资产投资估算的内容按照费用的性质划分，包括建筑安装工程费、设备及工器具购置费、工程建设其他费用(此时不含流动资金)、基本预备费、涨价预备费、建设期贷款利息、固定资产投资方向调节税等。其中，建筑安装工程费、设备及工器具购置费形成固定资产；工程建设其他费用可分别形成固定资产、无形资产及其他资产。基本预备费、涨价预备费、建设期利息，在可行性研究阶段为简化计算，一并计入固定资产。

固定资产投资可分为静态部分和动态部分。涨价预备费、建设期利息和固定资产投资方向调节税构成动态投资部分，其余部分为静态投资部分。

流动资金是指生产经营性项目投产后，用于购买原材料、燃料、支付工资及其他经营费用等所需的周转资金，是伴随着固定资产投资而发生的长期占用的流动资产投资。

流动资金=流动资产-流动负债。

特别提示

固定资产投资方向调节税是体现国家产业政策的一项税收，其计税依据是实际完成固定资产投资额，其适用税率按开发项目内各单项工程所属种类分别确定。如在建设开发项目中，对市政工程、学校等适用税率为 0%，一般民用住宅适用税率为 5%，商住楼适用税率为 15%，楼堂馆所适用税率为 30%。这项税收目前国家暂不征收。

5．投资估算依据、要求与步骤

1) 投资估算依据

(1) 专门机构发布的建设工程造价费用构成、估算指标、计算方法，以及其他有关计算工程造价的文件。

(2) 专门机构发布的工程建设其他费用计算办法和费用标准，以及政府部门发布的物价指数。

(3) 拟建项目各单项工程的建设内容及工程量。

2) 投资估算要求

(1) 工程内容和费用构成齐全，计算合理，不重复计算，不提高或者降低估算标准，不漏项、不少算。

(2) 选用指标与具体工程之间存在标准或者条件差异时，应进行必要的换算或调整。

(3) 投资估算精度应能满足控制初步设计概算要求。

3) 估算步骤

(1) 分别估算各单项工程所需的建筑工程费、设备及工器具购置费、安装工程费。

(2) 在汇总各单项工程费用的基础上，估算工程建设其他费用和基本预备费。

(3) 估算涨价预备费和建设期利息。

(4) 估算流动资金。

1.3.2 固定资产投资估算方法

1. 静态投资部分的估算方法

不同阶段的投资估算，其方法和允许误差是不同的。在项目规划和项目建议书阶段，投资估算的精度低，可采取简单的匡算法，如单位生产能力法、生产能力指数法、比例估算法和系数估算法等。在可行性研究阶段，投资估算精度要求高，需采用相对详细的投资估算法，即指标估算法。

1) 单位生产能力估算法

依据调查的统计资料，利用相近规模的单位生产能力投资乘以建设规模，即得到拟建项目静态投资。其计算公式为

$$C_2=\left(\frac{C_1}{Q_1}\right)\times Q_2\times f \tag{1-1}$$

式中，C_1——已建类似项目的投资额；

C_2——拟建项目投资额；

Q_1——已建类似项目的生产能力；

Q_2——拟建项目的生产能力；

f——不同时期、不同地点的定额、单价、费用变更等的综合调整系数。

特别提示

单位生产能力估算法主要用于新建项目或装置的估算，十分简便迅速。但要求估价人员掌握足够的典型工程的历史数据，而且这些数据均应与单位生产能力的造价有关，同时新建装置与所选取装置的历史资料相类似，仅存在规模大小和时间上的差异。

【例 1.1】某开发商拟建一座 260 套客房的高档次宾馆。刚好附近刚竣工一类似工程，有 200 套客房，总造价 3600 万元。估算新建项目的总投资额(取 f=1)。

解： $C_2=\left(\frac{C_1}{Q_1}\right)\times Q_2\times f$ =(3600/200）×260=4680(万元)

特别提示

单位生产能力估算法估算误差较大，可达±30%。此法只能是粗略地快速估算，由于误差大，应用该估算法时需要小心，应注意以下几点：①地方性。建设地点不同，地方性差异主要表现为两地经济情况不同；土壤、地质、水文情况不同；气候、自然条件的差异；材料、设备的来源、运输状况不同等。②配套性。一个工程项目或装置，均有许多配套装置和设施，也可能产生差异，如公用工程、辅助工程、厂外工程和生活福利工程等，这些工程随地方差异和工程规模的变化均各不相同，它们并不与主体工程的变化呈线性关系。③时间性。工程建设项目的兴建，不一定是在同一时间建设，时间差异或多或少存在，在这段时间内可能在技术、标准、价格等方面发生变化。

2) 生产能力指数法

生产能力指数法又称指数估算法，它是根据已建成的类似项目生产能力和投资额来粗略估算拟建项目投资额的方法。其计算公式为

$$C_2 = C_1 \times \left(\frac{Q_2}{Q_1}\right)^n \times f \tag{1-2}$$

式中，n——生产能力指数；其他符号含义同前。

式 1-2 表明，造价与规模(或容量)呈非线性关系，且单位造价随工程规模(或容量)的增大而减小。在正常情况下，$0 \leqslant n \leqslant 1$。在不同生产率水平的国家和不同性质的项目中，$n$ 的取值是不相同的。例如，化工项目美国取 n=0.6，英国取 n=0.66，日本取 n=0.7。

若已建类似项目的生产规模与拟建项目生产规模相差不大，Q_1 与 Q_2 的比值为 0.5～2，则指数 n 的取值近似为 1。

若已建类似项目的生产规模与拟建项目生产规模相差不大于 50 倍，且拟建项目生产规模的扩大仅依靠增大设备规模来达到时，则 n 的取值为 0.6～0.7；若是依靠增加相同规格设备的数量达到时，n 的取值为 0.8～0.9。

特别提示

指数法主要应用于拟建装置或项目与用来参考的已知装置或项目的规模不同的场合。

【例 1.2】 某拟建水泥厂设计年生产能力 800 万吨，当地已有年生产能力 600 万吨的同类厂，其实际投资为 20 亿元。用指数法估算新厂投资总额(取 n=0.6，f=1)。

解： $I_2 = I_1 \left(\frac{Q_2}{Q_1}\right)^n \times f = 20 \times \left(\frac{800}{600}\right)^{0.6} \approx 20.77$ (亿元)

特别提示

生产能力指数法与单位生产能力估算法相比精确度略高，其误差可控制在±20%，尽管估价误差仍较大，但有它独特的好处，即这种估价方法不需要详细的工程设计资料，只知道工艺流程及规模就可以；其次对于总承包工程而言，可作为估价的旁证，在总承包工程报价时，承包商大都采用这种方法估价。

3) 系数估算法

系数估算法也称为因子估算法，它是以拟建项目的主体工程费或主要设备费为基数，以其他工程费占主体工程费的百分比为系数估算项目总投资的方法。

特别提示

系数估算法简单易行，但是精度较低，一般用于项目建议书阶段。

系数估算法的种类很多，下面介绍几种主要类型。

(1) 设备系数法。以拟建项目的设备费为基数，根据已建成的同类项目的建筑安装费和其他工程费等占设备价值的百分比，求出拟建项目建筑安装工程费和其他工程费，进而求出建设项目总投资。其计算公式为

$$C = E \times (1 + f_1 p_1 + f_2 p_2 + f_3 p_3 + \cdots) + I \tag{1-3}$$

式中，C——拟建项目投资额；

E——拟建项目设备费；

p_1，p_2，p_3，…——已建项目中建筑安装费及其他工程费等占设备费的比重；

f_1，f_2，f_3，…——由于时间因素引起的定额、价格、费用标准等变化的综合调整系数；

I——拟建项目的其他费用。

(2) 主体专业系数法。以拟建项目中投资比重较大，并与生产能力直接相关的工艺设备投资为基数，根据已建同类项目的有关统计资料，计算出拟建项目各专业工程(总图、土建、采暖、给排水、管道、电气、自控等)占工艺设备投资的百分比，据以求出拟建项目各专业投资，然后加总即为项目总投资。其计算公式为

$$C = E \times \left(1 + f_1 p_1' + f_2 p_2' + f_3 p_3' + \cdots\right) + I \tag{1-4}$$

式中，p_1'，p_2'，p_3'，…——已建项目中各专业工程费用占设备费的比重；其他符号同前。

(3) 朗格系数法。这种方法是以设备费为基数，乘以适当系数来推算项目的建设费用。其计算公式为

$$C = E \times \left(1 + \sum K_i\right) \times K_c \tag{1-5}$$

式中，C——总建设费用；

E——主要设备费；

K_i——管线、仪表、建筑物等项费用的估算系数；

K_c——管理费、合同费、应急费等项费用的总估算系数。

总建设费用与设备费用之比为朗格系数K_L，即

$$K_L = \left(1 + \sum K_i\right) \times K_c \tag{1-6}$$

特别提示

朗格系数法在国内不常见，是现行项目投资估算常采用的方法。应用这种方法进行工程项目或装置估价的精度仍不是很高，估算误差在10%～15%。

4) 比例估算法

根据统计资料，先求出已有同类企业主要设备投资占全厂建设投资的比例，然后再估算出拟建项目的主要设备投资，即可按比例求出拟建项目的建设投资。其表达式为

$$C = \frac{1}{K} \times \sum_{i=1}^{n} Q_i P_i \tag{1-7}$$

式中，C——拟建项目的建设投资；

K——主要设备投资占拟建项目投资的比例；

n——设备种类数；

Q_i——第i种设备的数量；

P_i——第i种设备的单价(到厂价格)。

5) 指标估算法

指标估算法是把建设项目划分为建筑工程、设备安装工程、设备购置费及其他基本建设费等费用项目或单位工程，再根据各种具体的投资估算指标，进行各项费用项目或单位工程投资的估算，在此基础上，可汇总成每一单项工程的投资。另外，再估算工程建设其他费用及预备费，即求得建设项目总投资。

估算指标是一种比概算指标更为扩大的单位工程指标或单项工程指标。

(1) 单位建筑工程投资估算法。建筑工程费用是指为建造永久性建筑物和构筑物所需要的费用，一般采用单位工程投资估算法、单位实物工程量投资估算法、概算指标投资估算法等进行估算。

(2) 设备及工器具购置费估算。设备购置费根据项目主要设备表及价格、费用资料编制，工器具购置费按设备费的一定比例计取。对于价值高的设备应按单台(套)估算购置费，价值较小的设备可按类估算，国内设备和进口设备应分别估算。

(3) 安装工程费估算。安装工程费通常按行业或专门机构发布的安装工程定额、收取标准和指标估算投资。

(4) 工程建设其他费用估算。工程建设其他费用的计算应结合拟建项目的具体情况，有合同或协议明确的费用按合同或协议列入。合同或协议中没有明确的费用，根据国家和各行业部门、工程所在地地方政府的有关工程建设其他费用定额和计算办法估算。

(5) 基本预备费估算。基本预备费的估算一般是以建设项目的工程费用和工程建设其他费用之和为基础，乘以基本预备费率进行计算。

特别提示

使用指标估算法应根据不同地区、年代进行调整。因为地区、年代不同，设备与材料的价格均有差异，调整方法可以按主要材料消耗量或“工程量”为计算依据；也可以按不同的工程项目的“万元工料消耗定额”而确定不同的系数。如果有关部门已颁布了有关定额或材料价差系数 (物价指数)，也可以据其调整。

使用指标估算法进行投资估算决不能生搬硬套，必须对工艺流程、定额、价格及费用标准进行分析，经过实事求是的调整与换算后，才能提高其精确度。

特别提示

指标估算法大多用于房屋、建筑物的投资估算，要求积累各种不同结构的房屋、建筑物的投资估算指标，并且明确拟建项目的结构和主要技术参数，这样才能保证投资估算的精确度。

一般多层轻工车间(厂房)每 $100m^2$ 建筑面积的主要工程量指标见表 1-3。

表 1-3 主要工程量指标

项　目	单　位	框架结构(3～5 层)	砖混结构(2～4)
基础(钢筋混凝土、砖、毛石等)	m^3	14～20	16～25
外墙(1～1.5 砖)	m^3	10～12	15～25
内墙(1 砖)	m^3	7～15	12～20
钢筋混凝土(现、预制)	m^3	19～31	18～25
门(木)	m^2	4～8	6～10
屋面(卷材平屋面)	m^2	20～30	25～50

2. 建设投资动态部分估算方法

建设投资动态部分主要包括价格变动可能增加的投资额、建设期利息两部分内容，如果是涉外项目，还应该计算汇率的影响。动态部分的估算应以基准年静态投资的资金使用

计划为基础来计算，而不是以编制的年静态投资为基础计算。

1) 涨价预备费的估算

涨价预备费的估算可按国家或部门(行业)的具体规定执行，一般按下式计算：

$$PC=\sum_{i=1}^{n} I_t\left[(1+f)^t-1\right] \tag{1-8}$$

式中，PC——涨价预备费；

I_t——第 t 年投资计划额；

f——年均投资价格上涨率；

n——建设期年份数。

【例 1.3】某建设工程的工程费用投资约为 10 000 万元，按本项目进度计划，项目建设期为 2 年，第 1 年投入 40%、第 2 年投入 60%，建设期内年平均价格增长率预测为 6%，估计该项目建设期的涨价预备费。

解：第 1 年的投资计划用款额：

$$I_1=10000\times40\%=4000(万元)$$

第 1 年的涨价预备费额：

$$PC_1=I_1[(1+f)-1]=4000\times[(1+6\%)-1)=240(万元)$$

第 2 年投资计划用款额：

$$I_2=10000\times60\%=6000(万元)$$

第 2 年涨价预备费额：

$$PC_2=I_2\left[(1+f)^2-1\right]=6000\times[(1+6\%)2-1]=741.6(万元)$$

所以，建设期的涨价预备费：

$$PC=PC_1+PC_2=240+741.6=981.6(万元)$$

2) 汇率变化对涉外建设项目动态投资的影响及计算方法

汇率是两种不同货币之间的兑换比例，汇率的变化意味着一种货币相对于另一种货币的升值或贬值。汇率变动会对涉外项目的投资额产生影响。

(1) 外币对人民币升值。项目从国外市场购买设备材料所支付的外币金额不变，但换算成人民币的金额增加；从国外借款，本息所支付的外币金额不变，但换算成人民币的金额增加。

(2) 外币对人民币贬值。项目从国外市场购买设备材料所支付的外币金额不变，但换算成人民币的金额减少；从国外借款，本息所支付的外币金额不变，但换算成人民币的金额减少。

估计汇率变化对建设项目投资的影响，是通过预测汇率在项目建设期内的变动程度，以估算年份的投资额为基数，计算求得。

3) 建设期利息的估算

建设期利息是指项目借款在建设期内发生并计入固定资产投资的利息。计算建设期利息时，为了简化计算，通常假定当年借款按半年计息，以上年度借款按全年计息，计算公式为

$$各年应计利息=(年初借款本息累计+本年借款额/2)\times年利率 \tag{1-9}$$

$$年初借款本息累计=上一年年初借款本息累计+上年借款+上年应计利息$$

本年借款=本年度固定资产投资-本年自有资金投入

【例 1.4】某建设单位从银行贷款 3000 万元，分 3 年均匀发放，第 1 年贷款额 800 万元，第 2 年贷款额 1200 万元，第 3 年贷款额 1000 万元，贷款年利率 8%。计算各年的贷款利息。

解：第 1 年的贷款利息=1/2×800×8％=32(万元)

第 2 年的贷款利息=(800+32+1200×1/2)×8％=114.56(万元)

第 3 年的贷款利息=(800+32+1200+114.56+1000×1/2)×8％≈211.72(万元)

因此，项目建设期贷款利息合计=32+114.56+211.72=358.28(万元)

特别提示

对于有多种借款资金来源，每笔借款的年利率各不相同的项目，既可分别计算每笔借款的利息，也可先计算出各笔借款加权平均的年利率，并以此利率计算全部借款的利息。

【例 1.5】年产 2000t 的某种产品的工业项目，其主要设备投资额为 3400 万元，拟建项目生产同类产品的年产量为 1500t。除设备购置费以外的其他费用项目分别按设备投资的一定比例计算(见表 1-4)，假设由于时间因素引起的定额、价格、费用标准等变化的综合调整系数均为 1。

表 1-4　其他费用项目投资占设备投资的比例表

工 程 名 称	占设备投资的比例/%	工 程 名 称	占设备投资的比例/%
土建工程	36	电气照明工程	2
设备安装工程	12	自动化仪表工程	11
工艺管道工程	5	附属工程	24
给排水工程	10	总体工程	12
暖通工程	10	其他投资	20

该项目的基本预备费费率为 5%，项目建设建设期为 2 年，投资按等比例投入，预计建设期内物价上涨率为 6%。固定资产投资中自有资金为 4000 万元，其余为银行贷款，在建设期内均衡投入，年利率为 10%。

试确定拟建项目的固定资产投资，并编制该项目的固定资产投资估算表(n=1)。计算过程中保留两位小数。

解：

(1) 根据生产能力指数法，计算拟建项目的设备投资额 E：

$$E = 3400\times\left(\frac{1500}{2000}\right)^1\times 1 = 2550(\text{万元})$$

(2) 计算工程费：

土建工程投资=2550×36%×1=918(万元)

设备安装工程投资=2550×12%×1=306(万元)

工艺管道工程投资=2550×5%×1=127.50(万元)

给排水工程投资=2550×10%×1=255(万元)

暖通工程投资=2550×10%×1=255(万元)

电气照明工程投资=2550×2%×1=51(万元)

自动化仪表工程投资=2550×11%×1=280.50(万元)

附属工程投资=2550×24%×1=612(万元)

总体工程投资=2550×12%×1=306(万元)

设备购置费投资=2550(万元)

工程费合计：5661 万元

(3) 计算工程建设其他投资：

工程建设其他投资=工程建设投资×20%=2550×20%×1=510(万元)

(4) 计算预备费：

基本预备费 = (工程费用+工程建设其他费用)×5%= (5661+510)×5%=308.55(万元)

涨价预备费 = (5661+510+308.55) /2×[6%+(1.06^2−1)]=594.82(万元)

预备费=基本预备费+涨价预备费=308.55+594.82=903.37(万元)

(5) 计算建设期利息：

拟建项目建设投资=工程费+工程建设其他费+预备费

=5661+510+903.37=7074.37(万元)

建设期贷款总额=7074.37−4000=3074.37(万元)

每年的贷款额=3074.37/2=1537.19(万元)

第 1 年的贷款利息=1537.19/2×10%=76.86 (万元)

第 2 年的贷款利息=(1537.19+76.86+1537.19/2)×10%=238.26 (万元)

那么，建设期利息=76.86+238.26=315.12 (万元)

(6) 计算拟建项目固定资产投资：

拟建项目固定资产投资总额=建设投资+建设期利息=7074.37+315.12=7389.49（万元）

(7) 编制拟建项目固定资产投资估算表(见表 1-5)。

表 1-5　固定资产投资估算表

序　　号	工程费用名称	估算价值/万元
1	建设投资	7074.37
1.1	工程费用	5661
1.1.1	土建工程投资	918
1.1.2	设备购置费投资	2550
1.1.3	设备安装工程投资	306
1.1.4	工艺管道工程投资	127.50
1.1.5	给排水工程投资	255
1.1.6	暖通工程投资	255
1.1.7	电气照明工程投资	51
1.1.8	自动化仪表工程投资	280.50
1.1.9	附属工程投资	612
1.1.10	总体工程投资	306
1.2	其他费用	510
1.3	预备费用	903.37
1.3.1	基本预备费	308.55
1.3.2	涨价预备费	594.82
2	建设期利息	315.12
3	固定资产投资总额	7389.49

1.3.3 流动资金估算方法

流动资金是保证生产性建设项目投产后，能正常生产经营所需要的最基本的周转资金数额。流动资金估算一般采用分项详细估算法。个别情况或者小型项目可采用扩大指标法。

1. 分项详细估算法

流动资金的显著特点是在生产过程中不断周转，其周转额的大小与生产规模及周转速度直接相关。分项详细估算法是根据周转额与周转速度之间的关系，对构成流动资金的各项流动资产和流动负债分别进行估算。在可行性研究中，为简化计算，仅对存货、现金、应收账款和应付账款4项内容进行估算，计算公式为

$$流动资金=流动资产-流动负债 \tag{1-10}$$

$$流动资产=应收账款+存货+现金$$

$$流动负债=应付账款$$

$$流动资金本年增加额=本年流动资金-上年流动资金$$

估算的具体步骤：首先计算各类流动资产和流动负债的年周转次数，然后再分项估算占用资金额。

1) 周转次数计算

周转次数是指流动资金的各个构成项目在一年内完成的生产过程的数量。周转次数可用1年天数(通常按360天计算)除以流动资金的最低周转天数计算，则各项流动资金年平均占用额度为流动资金的年周转额度除以流动资金的年周转次数。即

$$周转次数=\frac{360}{流动资金最低周转次数} \tag{1-11}$$

存货、现金、应收账款和应付账款的最低周转天数，可参照同类企业的平均周转天数并结合项目特点确定，或按部门(行业)规定。

2) 应收账款估算

应收账款是指企业对外赊销商品、劳务而占用的资金。应收账款的周转额应为全年赊销销售收入。在可行性研究时，用销售收入代替赊销收入。计算公式为

$$应收账款=年销售收入/应收账款周转次数 \tag{1-12}$$

3) 存货估算

存货是企业为销售或者生产耗用而储备的各种物资，主要有原材料、辅助材料、燃料、低值易耗品、维修备件、包装物、在产品、自制半成品和产成品等。为简化计算，仅考虑外购原材料、外购燃料、在产品和产成品，并分项进行计算。计算公式为

$$存货=外购原材料+外购燃料+在产品+产成品 \tag{1-13}$$

$$外购原材料占用资金=年外购原材料总成本/原材料周转次数$$

$$外购燃料=年外购燃料/按种类分项周转次数$$

$$在产品=\frac{年外购材料、燃料+年工资及福利费+年修理费+年其他制造费}{在产品周转次数}$$

$$产成品=(年经营成本-年其他营业费用)/产成品周转次数$$

4) 现金需要量估算

项目流动资金中的现金是指货币资金，即企业生产运营活动中停留于货币形态的那部分资金，包括企业库存现金和银行存款。计算公式为

$$现金需要量=(年工资及福利费+年其他费用)/现金周转次数 \tag{1-14}$$

年其他费用=制造费用+管理费用+销售费用−以上 3 项费用中所含的工资及福利费、折旧费、维简费、摊销费、修理费

5) 流动负债估算

流动负债是指在一年或者超过一年的一个营业周期内，需要偿还的各种债务。在可行性研究中，流动负债的估算只考虑应付账款一项。计算公式为

$$应付账款=(年外购原材料+年外购燃料)/应付账款周转次数 \tag{1-15}$$

【例 1.6】 若例 1.5 中的项目达到设计生产能力以后，全厂定员 1000 人，工资与福利费按照每人每年 15000 元估算，每年的其他费用为 900 万元(其中其他制造费用 300 万元)。年外购原材料、燃料及动力费为 6000 万元，年修理费为 500 万元，年销售收入为 5000 万元，年经营成本为 4500 万元。各项流动资金的最低周转天数：应收账款为 30 天，现金 45 天，存货中各构成项的周转次数均为 40 天，应付账款为 30 天。试用分项详细估算法估算拟建项目的流动资金。

解： 应收账款=年销售收入/应收账款周转次数=5000/(360/30)≈ 416.67(万元)

现金=(年工资福利费+年其他费用)/现金年周转次数=(1.5×1000+900)/(360/45)=300(万元)

外购原材料、燃料=年外购原材料、燃料费用/存货年周转次数=6000/(360/40)≈ 666.67(万元)

在产品=(年工资福利费+年其他制造费+年外购原材料、燃料动力费+年修费)/存货年周转次数=(1.5×1000+300+6000+500)/(360/40)≈ 922.22(万元)

产成品=年经营成本/存货年周转次数=4500/(360/40)=500(万元)

存货=外购原材料、燃料+在产品+产成品=666.67+922.22+500=2088.89(万元)

流动资产=应收账款+存货+现金=416.67+2088.89+300=2805.56(万元)

应付账款=外购原材料、燃料动力费/应付账款年周转次数=6000/(360/30)=500(万元)

流动负债=应付账款=500(万元)

流动资金=流动资产−流动负债=2805.56−500=2305.56(万元)

2. 扩大指标估算法

扩大指标估算法是根据现有同类企业的实际资料，求得各种流动资金率指标，亦可依据行业或部门给定的参考值或经验确定比率。将各类流动资金率乘以相对应的费用基数来估算流动资金。其公式为

$$年流动资金额=年费用基数×各类流动资金率 \tag{1-16}$$

$$年流动资金额=年产量×单位产品产量占用流动资金额 \tag{1-17}$$

特别提示

估算流动资金应注意以下几个问题。

(1) 在采用分项详细估算法时，应根据项目实际情况分别确定现金、应收账款、存货和应付账款的最低周转天数，并考虑一定的保险系数。

(2) 在不同生产负荷下的流动资金，应按不同生产负荷所需的各项费用金额，分别按照上述的计算公式进行估算，而不能直接按照100%生产负荷下的流动资金乘以生产负荷百分比求得。

(3) 流动资金属于长期性流动资产，流动资金的筹措可通过长期负债和资本金(一般要求占30%)的方式解决。

【例1.7】根据例1.5和例1.6所提供的数据，估算该项目的总投资。

解： 建设项目总投资=固定资产投资+流动资金=7389.49+2305.56=9695.05(万元)

课题1.4 建设项目财务评价

新建一建设项目，预计计算期为10年，建设期为2年，第3年投产，第4年开始达到设计生产能力，该项目的其他相关资料如下。

(1) 建设投资4000万元，第1年年初投入1500万元，第2年年初投入2500万元，其中自有资金2000万元，分两年等额投入。建设投资不足部分为银行贷款，贷款年利率为10%，建设期间只计息不还款，从第3年起，以年初的本息和为基准开始还贷，每年付清利息，并分6年等额还本。

(2) 流动资金1000万元，第3年年初一次性投入，全部银行贷款，年利率为8%，从第3年开始还款，每年付清利息，本金在计算期末一次还清。流动资金在计算期末全部收回。

(3) 预测该项目的销售收入、销售税金及附加、年经营成本如下：第3年销售收入为3200万元，销售税金及附加为192万元，年经营成本为1984万元；从第4年起每年的销售收入为4000万元，销售税金及附加为240万元，年经营成本为2480万元，企业所得税税率为25%。

(4) 假设该项目固定资产投资总额全部形成固定资产，固定资产综合折旧年限为10年，采用直线法折旧，固定资产残值率为5%。

【问题】

(1) 计算该项目的建设期利息、固定资产折旧额、期末固定资产余值、贷款还本付息额。

(2) 分别编制全部投资现金流量表与自有资金现金流量表。

(3) 假设全部投资的基准折现率为12%，自有资金的基准折现率为15%，试判断该项目的盈利能力。

1.4.1 建设项目财务评价概述

1. 建设项目财务评价的概念

建设项目财务评价(以下简称财务评价)是根据国家现行财税制度和价格体系，分析、计算项目直接发生的财务效益和费用，编制财务报表，计算评价指标，考察项目盈利能力、清偿能力以及外汇平衡等财务状况，据以判别项目的财务可行性。

财务评价又称为微观经济效果评价，它主要从微观投资主体的角度分析项目可以给投资主体带来的效益以及投资风险。作为市场经济微观主体的企业进行投资时，一般都进行财务评价。

2．财务评价的作用

财务评价的作用主要是，考察项目的财务盈利能力，用于制定适宜的资金规划，为协调企业利益与国家利益提供依据，为中外合资项目提供双方合作的基础。

3．财务评价的程序

财务评价是在项目市场研究、生产条件及技术研究的基础上进行的，它主要通过有关的基础数据，编制财务报表，计算分析相关经济评价指标，得出评价结论。其程序大致包括如下几个步骤。

(1) 估算各期现金流量。

(2) 编制基本财务报表。

(3) 计算与评价财务评价指标，进行盈利能力与偿债能力分析。

(4) 进行不确定性分析和风险分析。

(5) 得出评价结论。

4．财务评价的内容与评价指标

财务评价的内容和指标主要有以下几个方面。

1) 财务盈利能力分析

财务盈利能力评价主要考察投资项目的盈利水平。为此目的，需编制全部投资现金流量表、自有资金现金流量表和损益表 3 个基本财务报表。计算财务内部收益率、财务净现值、投资回收期、利润率、利税率等指标。

2) 偿债能力分析

偿债能力分析是考察项目计算期内隔年的财务状况及偿债能力。偿债能力分析主要是通过计算分析项目在各年度的资产负债情况，考察项目的偿债能力，具体分析可以通过资金来源于运用表和资产负债表两个基本财务报表的指标，进行计算和分析。资金来源与运用表的各项指标，主要是为财务评价提供有关的基础数据，根据这些数据资料，可以对项目在计算期内各年的资产负债情况进行预测。

3) 外汇平衡分析

外汇平衡分析主要是考察涉及外汇收支的项目在计算期内各年的外汇余缺程度，在编制外汇平衡表的基础上，了解各年外汇余缺状况，对外汇不能平衡的年份根据外汇短缺程度，提出切实可行的解决方案。外汇效果分析主要计算外汇流量、创汇额、节汇成本、换汇成本等指标。

4) 不确定性分析和风险分析

不确定性分析是指在信息不足，无法用概率描述因素变动规律的情况下，估计可变因素变动对项目可行性的影响程度及项目承受风险能力的一种分析方法。不确定性分析包括盈亏平衡分析和敏感性分析。风险分析是指在可变因素的概率分布已知的情况下，分析可变因素在各种可能状态下项目经济评价指标的取值，从而了解项目的风险状况。

建设项目财务评价指标的分类如图 1.2 和图 1.3 所示。

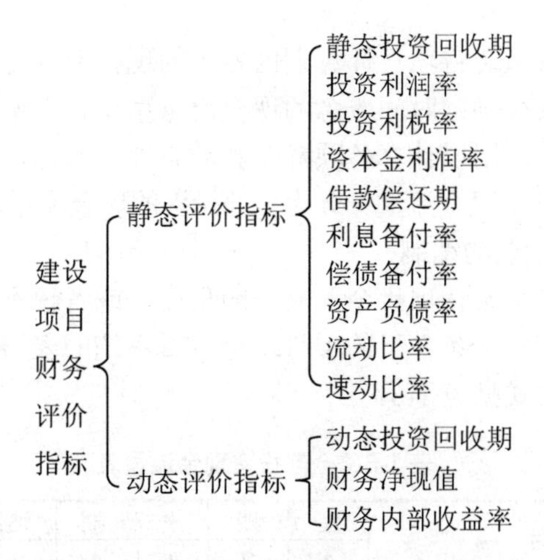

图 1.2　建设项目财务评价指标（按是否考虑资金时间价值分类）

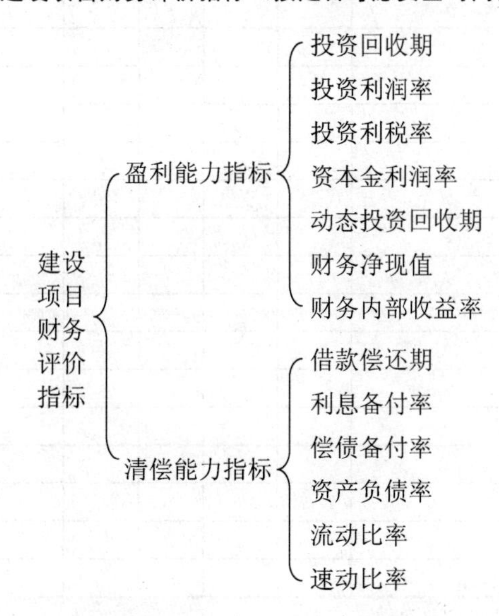

图 1.3　建设项目财务评价指标（按指标的性质分类）

1.4.2　基础财务报表的编制

为了进行投资项目的经济效果分析，需编制的财务报表主要有财务现金流量表、损益表、资金来源与运用表和资产负债表。对于大量使用外汇的项目，还要编制外汇平衡表。

1．现金流量表的编制

1) 现金流量及现金流量表的概念

在商品货币经济中，任何建设项目的效益和费用都可以抽象为现金流量系统。从项目财务评价角度看，在某一时点上流出项目的资金称为现金流出，记为 CO；流入项目的资金称为现金流入，记为 CI。现金流入与现金流出统称为现金流量，现金流入为正现金流量，现金流出为负现金流量。同一时点上的现金流入量与现金流出量的代数和(CI−CO)称为净现金流量，记为 NCF(net cash flow)。

建设项目的现金流量系统将项目计算期内各年的现金流入与现金流出按照各自发生的时点顺序排列，表达为具有确定时间概念的现金流量系统。现金流量表即是对建设项目现金流量系统的表格式反映，用以计算各项静态和动态评价指标，进行项目财务盈利能力分析。按投资计算基础的不同，现金流量表分为全部投资的现金流量表和自有资金现金流量表。

2) 全部投资现金流量表的编制

全部投资现金流量表是站在项目全部投资的角度，或者说不分投资资金来源，是在设定项目全部投资均为自有资金条件下的项目现金流量系统的表格式反映，考核项目全部投资的盈利能力。其报表格式见表 1-6。

表 1-6　全部投资现金流量表

序号	项　目	建设期		投产期		达到设计能力生产期				合　计
		1	2	3	4	5	6	…	n	
	生产负荷/%									
1	现金流入									
1.1	产品销售(营业)收入									
1.2	回收固定资产余值									
1.3	回收流动资金									
1.4	其他收入									
2	现金流出									
2.1	固定资产投资									
2.2	流动资金									
2.3	经营成本									
2.4	销售税金及附加									
2.5	所得税									
3	净现金流量									
4	累计净现金流量									
5	所得税前净现金流量									
6	所得税前累计净现金流量									

计算指标：　所得税前

财务内部收益率=

财务净现值=

投资回收期=

所得税后

财务内部收益率=

财务净现值=

投资回收期=

表中计算期的年序为 1，2，…，n，建设开始年作为计算期的第 1 年，年序为 1。当项目建设期以前所发生的费用占总费用的比例不大时，为简化计算，这部分费用可列入年序 1。若需单独列出，可在年序 1 以前另加一栏“建设起点”，年序填 0，将建设期以前发生的现金流出填入该栏。

(1) 现金流入为产品销售(营业)收入、回收固定资产余值、回收流动资金 3 项之和。其中，产品销售(营业)收入是项目建成投产后对外销售产品或提供劳务所取得的收入，是项目生产经营成果的货币表现。产品销售(营业)收入的各年数据取自产品销售(营业)收入和销售税金及附加估算表。另外，固定资产余值和流动资金的回收均发生在计算期最后一年。固定资产余值回收额为资产折旧费估算表中最后一年的固定资产期末净值，流动资金回收额为项目正常生产年份流动资金的占用额。

(2) 现金流出包含有固定资产投资、流动资金、经营成本及税金。固定资产投资和流动资金的数额分别取自固定资产投资估算表及流动资金估算表。固定资产投资中不包含建设期利息。流动资金投资为各年流动资金增加额，经营成本取自总成本费用估算表，销售税金及附加取自产品销售(营业)收入和销售税金及附加估算表；所得税的数据来源于损益表。

(3) 项目计算期各年的净现金流量为各年现金流入量减去对应年份的现金流出量，各年累计净现金流量为本年及以前各年净现金流量之和。

(4) 所得税前净现金流量为上述净现金流量加所得税之和，即在现金流出中不计入所得税时的净现金流量。所得税前累计净现金流量的计算方法与上述累计净现金流量的相同。

3) 自有资金现金流量表的编制

自有资金现金流量表是站在项目投资主体角度考察项目的现金流入流出情况。该表以投资者的出资额作为计算基础，把借款本金偿还和利息支出作为现金流出，考核项目自有资金的盈利能力。其报表格式见表1-7。

表1-7 自有资金现金流量表

序号	项　目	建设期		投产期		达到设计能力生产期				合　计
		1	2	3	4	5	6	…	*n*	
	生产负荷/%									
1	现金流入									
1.1	销售(营业)收入									
1.2	回收固定资产余值									
1.3	回收流动资金									
1.4	其他收入									
2	现金流出									
2.1	自有资金									
2.2	借款本金偿还									
2.3	借款利息支出									
2.4	经营成本									
2.5	销售税金及附加									
2.6	所得税									
3	净现金流量									

计算指标：　财务内部收益率=

　　　　　　财务净现值=

从项目投资主体的角度看，建设项目投资借款是现金流入，但又同时将借款用于项目投资则构成同一时点、相同数额的现金流出，二者相抵，对净现金流量的计算无影响。因此，表1-7中投资只计自有资金。另一方面，现金流入又是因项目全部投资所获得，故应将借款本金的偿还及利息支付计入现金流出。

自有资金现金流量表与全部投资现金流量表的异同如下。

(1) 自有资金现金流量表中现金流入各项的数据来源与全部投资现金流量表相同。

(2) 自有资金现金流量表中现金流出项目包括自有资金、借款本金偿还、借款利息支出、经营成本及税金。借款本金偿还由两部分组成：一部分为借款还本付息计算表中本年还本额；另一部分为流动资金借款本金偿还，一般发生在计算期最后一年。借款利息支付数额来自总成本费用估算表中的利息支出项。除了借款本息偿还，现金流出中其他各项与全部投资现金流量表中相同。

(3) 自有资金现金流量表中项目计算期各年的净现金流量为各年现金流入量减对应年份的现金流出量，与全部投资现金流量表相同。

2. 损益表的编制

损益表反映项目计算期内各年的利润总额、所得税及税后利润的分配情况，用以计算投资利润率、投资利税率和资本金利润率等指标。该表的编制需依据总成本费用估算表、产品销售收入和销售税金及附加估算表及表中各项目之间的关系来进行。其报表格式见表 1-8。

表 1-8 损益表

序号	项目	投产期		达到设计能力生产期				合计
		3	4	5	6	…	*n*	
	生产负荷/%							
1	销售(营业)收入							
2	销售税金及附加							
3	总成本费用							
	其中：折旧费							
	摊销费							
4	利润总额(1-2-3)							
5	弥补以前年度亏损							
6	应纳税所得额(4-5)							
7	所得税							
8	税后利润(4-7)							
9	盈余公积金							
10	公益金							
11	应付利润							
12	未分配利润							
13	累计未分配利润							

(1) 产品销售(营业)收入、销售税金及附加、总成本费用的各年度数据分别取自相应的辅助报表。

(2) 利润总额=产品销售(营业)收入-销售税金及附加-总成本费用。

(3) 所得税=应纳税所得额×所得税税率。应纳税所得额为利润总额根据国家有关规定进行调整后的数额。在建设项目财务评价中，主要是按减免所得税及用税前利润弥补上年度亏损的有关规定进行的调整。按现行《工业企业财务制度》规定，企业发生的年度亏损可以用下一年度的税前利润等弥补，下一年度利润不足弥补的，可以在 5 年内延续弥补，5 年内不足弥补的，用税后利润弥补。

(4) 税后利润=利润总额-所得税。

(5) 弥补损失主要是指支付被没收的财物损失，支付各项税收的滞纳金及罚款，弥补以前年度的亏损。

(6) 税后利润按法定盈余公积金、公益金、应付利润及未分配利润等项进行分配。①表中法定盈余公积金按照税后利润扣除用于弥补损失的金额后的10%提取，盈余公积金已达注册资金的50%时可以不再提取。公益金主要用于企业的职工集体福利设施支出。②应付利润为向投资者分配的利润。③未分配利润主要指向投资者分配完利润后剩余的利润，可用于偿还固定资产投资借款及弥补以前年度亏损。

3．资金来源与资金运用表的编制

资金来源与运用表反映项目计算期内各年的资金来源、资金运用及资金余缺情况，用以选择资金筹措方案，制订适宜的借款及偿还计划，并为编制资产负债表提供依据。其报表格式见表1-9。

表1-9 资金来源与运用表

序号	项 目	建设期		投产期		达到设计能力生产期				合 计
		1	2	3	4	5	6	…	*n*	
	生产负荷/%									
1	资金来源									
1.1	利润总额									
1.2	折旧费									
1.3	摊销费									
1.4	长期借款									
1.5	流动资金借款									
1.6	短期借款									
1.7	资本金									
1.8	其他									
1.9	回收固定资产余值									
1.10	回收流动资金									
2	资金运用									
2.1	固定资产投资(含固定资产投资方向调节税)									
2.2	建设期贷款利息									
2.3	流动资金									
2.4	所得税									
2.5	应付利息									
2.6	长期借款本金偿还									
2.7	流动资金借款本金偿还									
2.8	其他短期借款本金偿还									
3	盈余资金									
4	累计盈余资金									

编制该表时，首先要计算项目计算期内各年的资金来源与资金运用，然后通过资金来源与资金运用的差额反映项目各年的资金盈余或短缺情况。项目资金来源包括利润、折旧、

摊销、长期借款、短期借款、自有资金、其他资金、回收固定资产余值、回收流动资金等；项目资金运用包括固定资产投资、建设期利息、流动资金投资、所得税、应付利润、长期借款还本、短期借款还本等。项目的资金筹措方案和借款及偿还计划应能使表中各年度的累计盈余资金额始终大于或等于零，否则，项目将因资金短缺而不能按计划顺利运行。

(1) 利润总额、折旧费、摊销费数据分别取自损益表、固定资产折旧费估算表、无形及递延资产摊销估算表。

(2) 长期借款、流动资金借款、其他短期借款、自有资金及“其他”项的数据均取自投资计划与资金筹措表。

(3) 回收固定资产余值及回收流动资金见1.4.4中全部投资现金流量表编制中的有关说明。

(4) 固定资产投资、建设期利息及流动资金数据取自投资计划与资金筹措表。

(5) 所得税及应付利润数据取自损益表。

(6) 长期借款本金偿还额为借款还本付息计算表中本年还本数；流动资金借款本金一般在项目计算期末一次偿还；其他短期借款本金偿还额为上年度其他短期借款额。

(7) 盈余资金等于资金来源减去资金运用。

(8) 累计盈余资金各年数额为当年及以前各年盈余资金之和。

4．资产负债表的编制

资产负债表综合反映项目计算期内各年末资产、负债和所有者权益的增减变化及对应关系，用以考察项目资产、负债、所有者权益的结构是否合理，进行清偿能力分析。资产负债表的编制依据是“资产=负债+所有者权益”。其报表格式见表1-10。

表1-10　资产负债表

序号	项　目	建设期		投产期		达到设计能力生产期				合　计
		1	2	3	4	5	6	…	n	
	生产负荷/%									
1	资产									
1.1	流动资产									
1.1.1	应收账款									
1.1.2	存货									
1.1.3	现金									
1.1.4	累计盈余资金									
1.1.5	其他流动资金									
1.2	在建工程									
1.3	固定资产净值									
1.3.1	原值									
1.3.2	累计折旧									
1.3.3	净值									
1.4	无形及其他资产净值									
2	负债及所有者权益									
2.1	流动负债总额									
2.1.1	应付账款									
2.1.2	其他短期借款									

续表

序号	项　　目	建设期		投产期		达到设计能力生产期				合　计
		1	2	3	4	5	6	…	*n*	
2.1.3	其他流动负债									
2.2	中长期借款									
2.2.1	中期借款(流动资金)									
2.2.2	长期借款									
	负债小计									
2.3	所有者权益									
2.3.1	资本金									
2.3.2	资本公积金									
2.3.3	累计盈余公积金									
2.3.4	累计未分配利润									
	偿债能力分析 资产负债率= 流动比率= 速动比率=									

1) 资产

资产由流动资产、在建工程、固定资产净值、无形及递延资产净值4项组成。

(1) 流动资产总额为应收账款、存货、现金、累计盈余资金之和。前3项数据来自流动资金估算表；累计盈余资金数额则取自资金来源与运用表，但应扣除其中包含的回收固定资产余值及自有流动资金。

(2) 在建工程是指投资计划与资金筹措表中的年固定资产投资额，其中包括固定资产投资方向调节税和建设期利息。

(3) 固定资产净值和无形及递延资产净值分别从固定资产折旧费估算表和无形及递延资产摊销估算表取得。

2) 负债

负债包括流动负债和长期负债。流动负债中的应付账款数据可由流动资金估算表直接取得。流动资金借款和其他短期借款两项流动负债及长期借款均指借款余额，需根据资金来源与运用表中的对应项及相应的本金偿还项进行计算。

3) 所有者权益

所有者权益包括资本金、资本公积金、累计盈余公积金及累计未分配利润。其中，累计未分配利润可直接得自损益表；累计盈余公积金也可由损益表中盈余公积金项计算各年份的累计值，但应根据有无用盈余公积金弥补亏损或转增资本金的情况进行相应调整。资本金为项目投资中累计自有资金(扣除资本溢价)，当存在由资本公积金或盈余公积金转增资本金的情况时应进行相应调整。资本公积金为累计资本溢价及赠款，转增资本金时进行相应调整资产负债表，使其满足等式：资产=负债+所有者权益。

5．财务外汇平衡表的编制

财务外汇平衡表主要适用于有外汇收支的项目，用以反映项目计算期内各年外汇余缺程度，进行外汇平衡分析。其报表格式见表1-11。

表 1-11 财务外汇平衡表

序号	项目	建设期		投产期		达到设计能力生产期				合计
		1	2	3	4	5	6	…	n	
	生产负荷/%									
1	外汇来源									
1.1	产品销售外汇收入									
1.2	外汇借款									
1.3	其他外汇收入									
2	外汇运用									
2.1	固定资产投资中外汇支出									
2.2	进口原材料									
2.3	进口零部件									
2.4	技术转让费									
2.5	偿还外汇借款本息									
2.6	其他外汇支出									
2.7	外汇余缺									

其中，其他外汇收入包括自筹外汇等；技术转让费是指生产期支付的技术转让费；“外汇余缺”可由表中其他各项数据按照外汇来源等于外汇运用的等式直接推算，其他各项数据分别来自于收入、投资、资金筹措、成本费用、借款偿还等相关的估算报表或估算资料。

1.4.3 财务评价指标体系

建设项目财务评价方法是与财务评价的目的和内容相联系的。财务评价的主要内容包括盈利能力评价和清偿能力评价。财务评价的方法有以现金流量表为基础的动态盈利能力评价和静态盈利能力评价、以资产负债表为基础的清偿能力分析等。

1. 财务盈利能力评价

财务盈利能力评价是通过对全部投资现金流量表、自有资金现金流量表和损益表的计算，考察项目的盈利水平，并计算财务净现值、财务内部收益率、投资回收期、投资收益率等指标。

1) 财务净现值

财务净现值(financial net present value，FNPV)是指把项目计算期内各年的财务净现金流量，按照一个给定的标准折现率(基准收益率)折算到建设期初(项目计算期第一年年初)的现值之和。财务净现值是考察项目在其计算期内盈利能力的主要动态评价指标。其表达式为

$$\mathrm{FNPV}=\sum_{t=0}^{n}(\mathrm{CI}-\mathrm{CO})_t(1+i_c)^{-t} \tag{1-18}$$

式中，FNPV——净现值；

$(\mathrm{CI}-\mathrm{CO})_t$——第 t 年的净现金流量，其中 CI 为现金流入，CO 为现金流出；

i_c——基准收益率；

n——方案的计算期(年)。

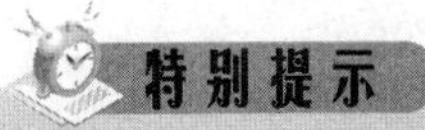

财务净现值表示建设项目的收益水平超过基准收益的额外收益。财务净现值大于等于零，表明项目的盈利能力达到或者超过按设定的折现率计算的盈利水平。一般只计算所得税前财务净现值。

【例 1.8】某设备的购置价为 40000 元，每年的运行收入为 15000 元，年运行费用为 3500 元，4 年后该设备可以按 5000 元转让，如果基准折现率 i_c=20%，问此项设备投资是否值得？

解：按净现值指标进行评价，则

NPV＝−40000+(15000−3500)(P/A,20%,4)+5000(P/F,20%,4)

＝−7818.5(万元)

由于 NPV＜0，此投资方案不可行。

式中，P——资金现值；

A——年值；

F——终值。

2) 财务内部收益率

财务内部收益率(financial internal rate of return，FIRR)是指项目在整个计算期内各年财务净现金流量的现值之和等于零时的折现率，它是评价项目盈利能力的动态指标。其表达式为

$$\sum_{t=0}^{n}(\mathrm{CI}-\mathrm{CO})_t(1+\mathrm{FIRR})^{-t}=0 \tag{1-19}$$

式中，$(\mathrm{CI}-\mathrm{CO})_t$——第 t 年的净现金流量，其中 CI 为现金流入，CO 为现金流出；

n——方案的计算期；

FIRR——内部收益率。

财务内部收益率可根据财务现金流量表中的净现金流量，先采用试算法，后采用内插法计算，也可采用专用软件的财务函数计算。

特别提示

财务内部收益率的判别依据，应采用行业发布或者评价人员设定的财务基准收益率(i_c)，若 FIRR≥i_c，则项目在经济效果上可以接受；若 FIRR＜i_c，则项目在经济效果上应予否定。

【例 1.9】某建厂方案的初始投资为 5000 万元，预计寿命期为 10 年，每年可得净收益 800 万元，第 10 年末收回残值 2000 万元，基准收益率为 10%，计算该项目的内部收益率，并判断项目是否可行。

解：

$$\mathrm{NPV}=\sum_{t=0}^{n}(\mathrm{CI}-\mathrm{CO})_t(1+\mathrm{IRR})^{-t}=-5000+800(P/A,\mathrm{IRR},10)+2000(P/F,\mathrm{IRR},10)$$

式中，IRR——内部收益率。

用试算法计算：

假设 i_1=10%，$\mathrm{NPV}_1=-5000+800(P/A,10\%,10)+2000(P/F,10\%,10)=686.6>0$

假设 i_2=12%，$\mathrm{NPV}_2=-5000+800(P/A,12\%,10)+2000(P/F,12\%,10)=164.2>0$

假设 i_3=13%，$\mathrm{NPV}_3=-5000+800(P/A,13\%,10)+2000(P/F,13\%,10)=-69.8<0$

用线性内插法求 IRR：

$$IRR = 12\% + \frac{164.2}{164.2 + 69.8} \times (13\% - 12\%) = 12.7\%$$

即该项目的内部收益率为 12.7%，大于基准收益率为 10%，所以该项目在经济效果上是可行的。

3) 投资回收期

投资回收期是指投资回收的期限，也就是用投资方案所产生的净现金收入回收全部投资所需的时间。投资回收期按照是否考虑资金时间价值可以分为静态投资回收期和动态投资回收期。

(1) 静态投资回收期。静态投资回收期是指在不考虑资金时间价值因素的情况下，以项目每年的净收益回收项目全部投资所需要的时间，是考察项目财务上投资回收能力的重要指标。其表达式如下：

$$\sum_{t=1}^{P_t} (CI - CO)_t = 0 \tag{1-20}$$

式中，P_t——静态投资回收期(年)；

CI——现金流入量；

CO——现金流出量。

计算静态投资回收期更为实用的公式为

$$P_t = (\text{累计净现金流量开始出现正值的年份数} - 1) + \frac{\text{上一年累计净现金流量的绝对值}}{\text{出现正值年份的净现金流量}} \tag{1-21}$$

静态投资回收期一般以“年”为单位，自项目建设开始年算起。当然也可以计算自项目建成投产年算起的静态投资回收期，但对于这种情况，需要加以说明，以防止两种情况的混淆。

特别提示

当静态投资回收期小于等于基准投资回收期时，项目可行。

(2) 动态投资回收期。动态投资回收期是指在考虑了资金时间价值时，在给定的基准折现率的情况下，用项目投产后每年净收益的现值来回收全部投资的现值所需要的时间。其表达式如下：

$$\sum_{t=0}^{P_t'} (CI - CO)_t (1 + i_c)^{-t} = 0 \tag{1-22}$$

式中，P_t'——动态投资回收期(年)；

i_c——基准收益率。

计算动态投资回收期更为实用的公式为

$$P_t' = (\text{累计净现金流量折现值开始出现正值的年份} - 1) + \frac{\text{上年累计净现金流量折现值的绝对值}}{\text{出现正值年份净现金流量折现值}} \tag{1-23}$$

特别提示

若基准动态投资回收期为 P_c'，若 $P_t' \leqslant P_c'$ 项目可行，否则应予以拒绝。

【例 1.10】对于表 1-12 中的净现金流量系列求静态和动态投资回收期，i_c=10%，P_c=12 年。

表 1-12 净现金流量表

单位：万元

年份	净现金流量	累计净现金流量	折现系数	折现值	累计折现值
1	−180	−180	0.9091	−163.64	−163.64
2	−250	−430	0.8264	−206.60	−370.24
3	−150	−580	0.7513	−112.70	−482.94
4	84	−496	0.6830	57.37	−425.57
5	112	−384	0.6209	69.54	−356.03
6	150	−234	0.5645	84.68	−271.35
7	150	−84	0.5132	76.98	−194.37
8	150	66	0.4665	69.98	−124.39
9	150	216	0.4241	63.62	−60.77
10	150	366	0.3855	57.83	−2.94
11	150	516	0.3505	52.57	49.63
12～20	150	1866	2.018	302.78	352.41

解：由表 1-12 中的数据可得：

静态投资回收期=(8−1)+84/150=7.56(年)

动态投资回收期=(11−1)+2.94/52.57=10.06(年)

由于静态投资回收期和动态投资回收期均小于 12 年，方案可行。

4) 投资收益率

投资收益率又称投资效果系数，是指在项目达到设计能力后，其每年的净收益与项目全部投资的比率，是考察项目单位投资盈利能力的静态指标。其表达式为

投资收益率=年净收益/项目全部受益×100%

当项目在正常生产年份内各年的收益情况变化幅度较大时，可用年平均净收益替代年净收益，计算投资收益率。在采用投资收益率对项目进行经济评价时，投资收益率不小于行业平均的投资收益率(或投资者要求的最低收益率)，项目即可行。投资收益率指标由于计算口径不同，又可分为投资利润率、投资利税率、资本金利润率等指标。其公式如下：

投资利润率=年利润总额或年平均利润总额/总投资×100% (1-24)

投资利税率=年利税总额或年平均利税总额/总投资×100% (1-25)

资本金利润率=年净利润或年平均净利润/资本金×100% (1-26)

【例 1.11】某项目期初投资 3000 万元，其中 1200 万元为自有资金，投产达到设计生产能力后，每年的利润总额为 600 万元，假定利息支出为 0，所得税税率为 25%。计算该项目的投资利润率和资本金利润率。

解：由题意可知：

投资利润率=600/3000×100%=20%

投资利税率=600×(1−25%)/1200=37.5%。

2．清偿能力评价

投资项目的资金构成一般可分为借入资金和自有资金。自有资金可长期使用，而借入资金必须按期偿还。项目的投资者自然要关心项目的偿债能力；借入资金的所有者即债权人也非常关心贷出资金能否按期收回本息。因此，偿债分析是财务分析中的一项重要内容。

1) 借款偿还期

借款偿还期是指根据国家财政及投资项目的具体财务条件，以项目投产后获得的可用于还本付息的资金(利润、折旧及其他收益)，还清借款本息所需要的时间，一般以年为单位。

2) 利息备付率

利息备付率，也称为已获利息倍数，是指项目在借款偿还期内的息税前利润与应付利息的比值，它从付息资金来源地充裕性角度反映项目偿付债务利息的保障程度。其公式如下：

利息备付率=息税前利润/当期应付利息 (1-27)

息税前利润=利润总额+计入总成本费用的利息费用

特别提示

利息备付率应分年计算。对于正常经营的企业，利息备付率应当大于1，并结合债权人的要求确定。利息备付率高，表明利息偿付的保障程度高，偿债风险小。

3) 偿债备付率

偿债备付率是指项目自借款偿还期内，各年可用于还本付息的资金与当期应还本付息金额的比值，它表示可用于还本付息的资金偿还借款本息的保障程度，其公式如下：

偿债备付率=可用于还本付息额/当期应还本付息额 (1-28)

可用于还本付息额=息税前利润+折旧加摊销-企业所得税

特别提示

偿债备付率可以按年计算，也可以按整个借款期计算。偿债备付率正常情况下应当大于1，并结合债权人的要求确定。

4) 资产负债率

资产负债率是反映项目各年所面临的财务风险程度及偿债能力的指标，其公式如下：

资产负债率=负债总额/资产总额×100% (1-29)

特别提示

资产负债率反映项目总体偿债能力。这一比率越低，则偿债能力越强。但是资产负债率的高低还反映了项目利用负债资金的程度，因此该指标水平应适当。

5) 流动比率

流动比率是反映项目各年偿付流动负债能力的指标，其公式如下：

流动比率=流动资产总额/流动负债总额×100% (1-30)

特别提示

流动比率反映企业偿还短期债务的能力。该比率越高，单位流动负债将有更多的流动资产作保障，短期偿债能力就越强。但该比率过高，说明企业资金利用效率低，影响项目效益。因此，流动比率一般为200%较好。

6) 速动比率

速动比率是反映项目各年快速偿付流动负债能力的指标，其公式如下：

速动比率=速动资产总额/流动负债总额×100% (1-31)

速动资产=流动资产−存货

速动比率反映了企业在很短时间内偿还短期债务的能力。速动资产是流动资产中变现最快的部分，速动比率越高，短期偿债能力越强。同样，速动比率过高也会影响资产利用效率，进而影响企业经济效益。因此，速动比率一般为100%左右较好。

【例 1.12】某建设项目开始运营后第 2 年，资产总额为 5000 万元，短期借款为 250 万元，长期借款为 3200 万元，应收账款为 120 万元，存货款为 520 万元，现金为 100 万元，应付账款为 150 万。试求该项目的资产负债率、流动比率、速动比率。

解：资产负债率=负债总额/资产总额×100%=(3200+250+150)/5000×100%=72%

流动比率=流动资产总额/流动负债总额×100%=(120+520+100)/(250+150) ×100%=185%

速动比率=速动资产总额/流动负债总额×100%=(120+100)/(250+150) ×100%=55%

资产负债率为 72%，流动比率为 185%<200%，速动比率为 55%<100%，说明该项目偿债能力欠佳。

1.4.4 不确定性分析与风险分析

不确定性分析是指在信息不足，无法用概率描述因素变动规律的情况下，估计可变因素变动对项目可行性的影响程度及项目承受风险能力的一种分析方法。不确定性分析包括盈亏平衡分析和敏感性分析。风险分析是指在可变因素的概率分布已知的情况下，分析可变因素在各种可能状态下项目经济评价指标的取值，从而了解项目的风险状况。

盈亏平衡分析是在一定的市场条件下研究工程项目方案的产量、成本与盈利之间的关系，确定项目方案的盈利与亏损在不确定性因素方面的界限，并分析和预测这些不确定性因素的变动对项目方案盈亏界限的影响的一种分析方法。通过盈亏平衡分析可以考察项目方案在某种条件下能够承受多大风险而不致发生亏损的能力。盈亏平衡分析根据项目方案的销售收入、成本与产量之间的关系，可分为线性盈亏平衡分析和非线性盈亏平衡分析。在线性盈亏平衡分析中，项目的风险性随着平衡点产销量、平衡点销售收入、平衡点生产能力利用率、平衡点价格的减小而降低，呈同方向变化。非线性盈亏平衡分析存在两个盈亏平衡点，在两平衡点之间方案盈利，且有一最大利润点产量，在两平衡点之外则方案亏损。

敏感性分析是研究由于不确定性因素的变动而导致工程项目经济效果指标变动的一种分析方法。通过敏感性分析，可以找出项目方案的敏感因素和不敏感因素，并确定其对项目经济效果指标的影响程度，以便对敏感因素采取有效的控制措施，减小工程项目的风险。敏感性分析分为单因素敏感性分析和多因素敏感性分析。通过对影响项目方案经济指标的多个不确定性因素进行单因素敏感性分析，可以确定不确定性因素敏感性大小的顺序，进而找出最敏感因素。多因素敏感性分析要考虑各种不确定因素不同变动幅度的各种组合，计算起来比单因素敏感性分析要复杂得多。敏感性分析的局限性在于它没有考虑各种不确定性因素在将来变动的可能性的大小。

风险分析，又称为概率分析，是利用概率理论定量的研究各种不确定性因素的随机变动对项目经济效果指标的影响的一种分析方法，其目的是通过对影响项目方案经济效果指标的不确定性因素变动的概率分布的研究，得出描述项目方案风险程度的定量结果。通过概率分析可以提高建设项目方案经济效果预测的准确性，为投资决策提供可靠的依据。不确定性因素概率分布的确定是概率分析的关键，它对概率分析的可靠性起着决定性作用。概率分析的基本方法是期望值法。期望值法把各备选方案在所有状态下的经济效果指标损益值的期望值求出，根据期望值的大小按照一定的决策准则进行最佳方案的选择。

知识链接

《建设项目经济评价方法与参数》(第三版)(以下简称《方法与参数》)于2006年7月3日由国家发展改革委和建设部以发改投资[2006]1325号文印发，要求在投资项目的经济评价工作中使用。该版《方法与参数》主要包括关于建设项目经济评价工作的若干规定、建设项目经济评价方法和建设项目经济评价参数三部分内容。

与1993年国家计委与建设部联合发布的第二版比较：方法部分，结构比第二版有较大的调整，内容也比第二版更丰富，更贴近我国社会主义市场经济条件下建设项目经济评价的需要；调整了经济效益分析与财务分析的侧重点；增设了财务效益与费用估算、资金来源与融资方案、费用效果分析、区域经济与宏观经济影响分析等章内容；对财务分析、经济费用效益分析、不确定性分析与风险分析、方案经济比选等内容也进行了调整和扩充；增加了公共项目财务分析和经济费用效益分析的内容；增加了经济风险分析内容；方案经济比选增加了不确定性因素和风险因素下的方案比选方法；简化了改扩建项目经济评价方法；增加了并购项目经济评价的基本要求；补充了电信、农业、林业、水利、教育、卫生、市政和房地产等行业经济评价的特点。参数部分，建立了建设项目经济评价参数体系；明确了评价参数的测算方法、测定选取的原则、动态适时调整的要求和使用条件；修改了部分财务评价参数和国民经济评价参数等。

该版《方法与参数》对方法与参数两部分内容逐章逐条地编写了条文说明，详细介绍了各条制定的作用意义、编制依据和使用中需要注意的有关事项，以及名词术语解释等，以便帮助评价人员更好地理解和使用。

【例1.13】新建一工业项目，预计计算期为10年，建设期为2年，第3年投产，第4年开始达到设计生产能力，该项目的其他相关资料如下：

(1) 建设投资4000万元，第1年年初投入1500万元，第2年年初投入2500万元，其中自有资金2000万元，分两年等额投入。建设投资不足部分为银行贷款，贷款年利率为10%，建设期间只计息不还款，从第3年起，以年初的本息和为基准开始还贷，每年付清利息，并分6年等额还本。

(2) 流动资金1000万元，第3年年初一次性投入，全部银行贷款，年利率为8%，从第3年开始还款，每年付清利息，本金在计算期末一次还清。流动资金在计算期末全部收回。

(3) 预测该项目的销售收入、销售税金及附加、年经营成本如下：第3年销售收入为3200万元，销售税金及附加为192万元，年经营成本为1984万元；从第4年起每年的销售收入为4000万元，销售税金及附加为240万元，年经营成本为2480万元，企业所得税税率为25%。

(4) 假设该项目固定资产投资总额全部形成固定资产，固定资产综合折旧年限为10年，采用直线法折旧，固定资产残值率为5%。

问题：

(1) 计算该项目的建设期利息、固定资产折旧额、期末固定资产余值、贷款还本付息额。

(2) 分别编制全部投资现金流量表与自有资金现金流量表。

(3) 假设全部投资的基准折现率为 12%，自有资金的基准折现率为 15%，试判断该项目的盈利能力。

若问题(1)～(3)中的计算结果涉及小数，保留到小数点后两位。

解：

1．计算相关数据

1) 计算建设期贷款利息

由题意可知，建设期第 1 年贷款 500 万元，第 2 年贷款 1500 万元。

建设期第 1 年利息=500/2×10%=25(万元)

建设期第 2 年利息=(500+25)×10%+1500/2×10%=127.50(万元)

则建设期贷款利息=25+127.5=152.50(万元)

2) 计算固定资产年折旧额及期末固定资产余值

固定资产年折旧额=固定资产原值×(1−残值率)/折旧年限

=(4000+152.50)×(1−5%)/10

=394.49(万元)

期末固定资产余值=固定资产原值－已提取的固定资产折旧

=(4000+152.50)−394.49×(10−2)

=996.58(万元)

3) 计算贷款还本付息额

(1) 固定资产投资还本付息。此处不列式计算各年的固定资产投资还本付息额，编制固定投资贷款还本付息表(见表 1-13)，此表表示计算过程和结果。

表 1-13　固定投资贷款还本付息表　　单位：万元

序号	项目名称	1	2	3	4	5	6	7	8
1	年初累计借款		525	2152.50	1793.75	1435	1076.25	717.50	358.75
2	本年新增借款	500	1500						
3	本年应计利息	25	127.50	215.25	179.38	143.50	107.63	71.75	35.88
4	本年应还本金			358.75	358.75	358.75	358.75	358.75	358.75
5	本年应还利息			215.25	179.38	143.50	107.63	71.75	35.88

(2) 流动资金还本付息。流动资金从第 3 年开始还款，每年付清利息，本金在计算期末一次还清，则

第 3～10 年年末偿还利息=1000×8%=80(万元)

第 10 年年末偿还本金 1000 万元。

2．编制现金流量表

1) 计算所得税

编制所得税计算表(见表 1-14)，表示计算过程和结果。

表 1-14　所得税计算表　　单位：万元

序号	项目名称	3	4	5	6	7	8	9	10
1	销售收入	3200	4000	4000	4000	4000	4000	4000	4000
2	销售税金及附加	192	240	240	240	240	240	240	240
3	经营成本	1984	2480	2480	2480	2480	2480	2480	2480
4	折旧	394.49	394.49	394.49	394.49	394.49	394.49	394.49	394.49
5	固定投资借款利息	215.25	179.38	143.50	107.63	71.75	35.88		
6	流动资金借款利息	80	80	80	80	80	80	80	80
7	利润总额(1-2-3-4-5-6)	334.26	626.13	662.01	697.88	733.76	769.63	805.51	805.51
8	所得税(7×25%)	83.57	156.53	165.50	174.47	183.44	192.41	201.38	201.38

2) 编制全部投资现金流量表(见表 1-15)

表 1-15　全部投资现金流量表　　单位：万元

序号	名称	0	1	2	3	4	5	6	7	8	9	10
1	现金流入	0	0	0	3200	4000	4000	4000	4000	4000	4000	5996.58
1.1	销售收入				3200	4000	4000	4000	4000	4000	4000	4000
1.2	回收固定资产余值											996.58
1.3	回收流动资金											1000
2	现金流出	1500	2500	1000	2259.57	2876.53	2885.50	2894.47	2903.44	2912.41	2921.38	2921.38
2.1	固定资产投资	1500	2500									
2.2	流动资金			1000								
2.3	经营成本				1984	2480	2480	2480	2480	2480	2480	2480
2.4	销售税金及附加				192	240	240	240	240	240	240	240
2.5	所得税				83.57	156.53	165.50	174.47	183.44	192.41	201.38	201.38
3	净现金流量	-1500	-2500	-1000	940.43	1123.47	1114.50	1105.53	1096.56	1087.59	1078.62	3075.20

3) 编制自有资金现金流量表(见表 1-16)

表 1-16　自有资金现金流量表　　单位：万元

序号	项目名称	0	1	2	3	4	5	6	7	8	9	10
1	现金流入	0	0	0	3200	4000	4000	4000	4000	4000	4000	5996.58
1.1	销售收入				3200	4000	4000	4000	4000	4000	4000	4000
1.2	回收固定资产余值											996.58
1.3	回收流动资金											1000
2	现金流出	1000	1000	0	2913.57	3494.66	3467.75	3440.85	3413.94	3387.04	3001.38	4001.38
2.1	自有固定资产投资											

续表

序号	项目名称	0	1	2	3	4	5	6	7	8	9	10
2.2	自有流动资金											
2.3	经营成本				1984	2480	2480	2480	2480	2480	2480	2480
2.4	销售税金及附加				192	240	240	240	240	240	240	240
2.5	所得税				83.57	156.53	165.50	174.47	183.44	192.41	201.38	201.38
2.6	固定投资还本				358.75	358.75	358.75	358.75	358.75	358.75		
2.7	固定投资付息				215.25	179.38	143.50	107.63	71.75	35.88		
2.8	流动资金还本											1000
2.9	流动资金付息				80	80	80	80	80	80	80	80
3	净现金流量	−1000	−1000	0	286.43	505.34	532.25	559.15	586.06	612.96	998.62	1195.20

3．计算全部投资和自有资金净现值，判断项目的盈利能力

1) 计算全部投资净现值

$NPV_1(i_1=12\%)=-1500-2500\times(1+12\%)^{-1}-1000\times(1+12\%)^{-2}+940.43\times(1+12\%)^{-3}+1123.47\times(1+12\%)^{-4}+1114.50\times(1+12\%)^{-5}+1105.53\times(1+12\%)^{-6}+1096.56\times(1+12\%)^{-7}+1087.59\times(1+12\%)^{-8}+1078.62\times(1+12\%)^{-9}+3075.20\times(1+12\%)^{-10}\approx 339.19$(万元)

由于 $NPV_1(i_1=12\%)>0$，则全部投资在经济效益上是可行的。

2) 计算自有资金净现值

$NPV_2(i_2=15\%)=-1000-1000\times(1+12\%)^{-1}+0+286.43\times(1+12\%)^{-3}+505.34\times(1+12\%)^{-4}+532.25\times(1+12\%)^{-5}+559.15\times(1+12\%)^{-6}+586.06\times(1+12\%)^{-7}+612.96\times(1+12\%)^{-8}+998.62\times(1+12\%)^{-9}+1995.20\times(1+12\%)^{-10}\approx 311.83$(万元)

由于 $NPV_2(i_2=15\%)>0$，则自有投资在经济效益上是可行的。

课题 1.5 投资决策阶段工程造价案例分析

1.5.1 案例背景

某工业项目计算期为 10 年，建设期为 2 年，第 3 年投产，第 4 年达到设计生产能力，该项目的其他相关资料如下。

(1) 建设投资 5600 万元，第 1 年投入 2000 万元，第 2 年投入 3600 万元，其中自有资金 2200 万元，第 1 年投入 2000 万元，第 2 年投入 200 万元。建设投资不足部分为银行贷款，贷款年利率为 10%，建设期间只计息不还款，从第 3 年起，连续 5 年以等额还本付息的方式偿还贷款。

(2) 流动资金为 1200 万元，全部为自有资金，于第 3 年投入，流动资金在计算期末全

部收回。

(3) 该项目固定资产投资总额中，预计90%形成固定资产，10%形成无形资产。固定资产综合折旧年限为10年，残值为300万元，采用直线法计提折旧。无形资产分6年平均摊销。

(4) 预测该项目正常年份的销售收入为7000万元，年经营成本为3000万元。投产第1年生产能力达到设计生产能力的70%，投产第2年及第2年以后均为正常年份。年营业税金及附加税率为6%，企业所得税税率为25%。

1.5.2 案例问题

(1) 计算该项目的建设期利息、固定资产折旧额、无形资产摊销费、期末固定资产余值。

(2) 计算年贷款还本付息额，并编制项目贷款还本付息表。

(3) 计算项目第3～10年的总成本费用，并编制项目总成本费用表。

(4) 分别编制全部投资现金流量表与自有资金现金流量表。

(5) 假设全部投资的基准折现率为13%，行业的基准投资回收期为7年，计算该项目的静态投资回收期、动态投资回收期和净现值，试判断该项目的盈利能力。

若问题中计算结果涉及小数，保留到小数点后两位。

1.5.3 案例分析

1. 计算相关数据

1) 计算建设期贷款利息

由题意可知，建设期第1年无贷款，第2年贷款3400万元。

建设期第1年利息=0

建设期第2年利息=3400/2×10%=170(万元)

则建设期贷款利息=0+170=170(万元)

2) 计算固定资产年折旧额

固定资产投资总额=5600+170=5770(万元)

固定资产价值=5770×90%=5193(万元)

无形资产价值=5770×10%=577(万元)

固定资产年折旧额=(固定资产原值－残值)/折旧年限

=(5193-300)/10

=489.30(万元)

3) 计算无形资产摊销费

无形资产摊销费=无形资产价值/摊销年限=577/5=115.40(万元)

4) 计算期末固定资产余值

期末固定资产余值=年折旧额×(固定资产使用年限-运营期)+残值

=489.30×(10-2)+300

=4214.40(万元)

2．计算贷款还本付息额

本案例中只有建设投资贷款，无固定投资贷款，则建设投资贷款年还本付息额即为整个项目的年还本付息额。

截至第3年年初，建设投资贷款本息和为3400+170=3570(万元)，

由题意知，建设投资贷款从第3年起，连续5年等额还本付息，则每年的还本付息额为

$$A=P\times(A/P,i,n)=P\times\frac{i(1+i)^n}{(1+i)^n-1}=3570\times\frac{10\%(1+10\%)^5}{(1+10\%)^5-1}=3570\times0.2638\approx941.77(万元)$$

编制项目贷款还本付息表(见表1-17)如下。

表1-17　项目贷款还本付息表　　单位：万元

序号	项目名称	1	2	3	4	5	6	7
1	年初累计借款	0	0	3570	2985.23	2341.98	1634.41	856.08
2	本年新增借款	0	3400	0	0	0	0	0
3	本年应计利息	0	170	357	298.52	234.20	163.44	85.61
4	本年应还本息	0	0	941.77	941.77	941.77	941.77	941.77
5	本年应还利息	0	0	357	298.52	234.20	163.44	85.61
6	本年应还本金	0	0	584.77	643.25	707.57	778.33	856.16

注：第7年的年初累计借款额为856.08万元，本年应还本金为856.16万元，不完全一致，是由于计算过程中的四舍五入造成的，属于正常现象。

3．计算第3～10年的年总成本费用

年总成本费用=年经营成本+年折旧费+年摊销费+年借款利息

第3年的经营成本=3000×70%=2100(万元)

第3年的总成本费用=2100+489.30+115.40+357=3061.70(万元)

其他年份的列式计算过程省略，编制该项目的年总成本费用表(见表1-18)如下。

表1-18　年总成本费用表　　单位：万元

序号	项目名称	3	4	5	6	7	8	9	10
1	经营成本	2100	3000	3000	3000	3000	3000	3000	3000
2	折旧费	489.30	489.30	489.30	489.30	489.30	489.30	489.30	489.30
3	摊销费	115.40	115.40	115.40	115.40	115.40			
4	借款利息	357	298.52	234.20	163.44	85.61			
5	总成本费用(1+2+3+4)	3061.70	3903.22	3838.90	3768.14	3690.31	3489.30	3489.30	3489.30

4．编制现金流量表

1) 计算所得税

该部分再不列式计算，用所得税计算表表示计算公式、计算过程及计算结果，编制所得税(见表1-19)计算表如下。

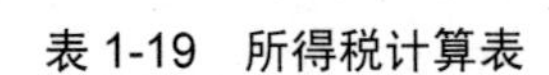

表 1-19　所得税计算表　　单位：万元

序号	项目名称	3	4	5	6	7	8	9	10
1	销售收入	4900	7000	7000	7000	7000	7000	7000	7000
2	销售税金及附加(1×6%)	294	420	420	420	420	420	420	420
3	总成本费用	3061.70	3903.22	3838.90	3768.14	3690.31	3489.30	3489.30	3489.30
4	利润总额(1-2-3)	1544.30	2676.78	2741.10	2811.86	2889.69	3090.70	3090.70	3090.70
5	所得税(4×25%)	386.08	669.20	685.28	702.97	722.42	772.68	772.68	772.68

注：第 3 年的销售收入=7000×70%=4900(万元)

2) 编制全部投资现金流量表(见表 1-20)

表 1-20　全部投资现金流量表　　单位：万元

序号	名称	1	2	3	4	5	6	7	8	9	10
1	现金流入	0	0	4900	7000	7000	7000	7000	7000	7000	9478.60
1.1	销售收入			4900	7000	7000	7000	7000	7000	7000	7000
1.2	回收固定资产余值										1278.60
1.3	回收流动资金										1 200
2	现金流出	2000	3600	3980.08	4089.20	4105.28	4122.97	4142.42	4192.68	4192.68	4192.68
2.1	固定资产投资	2000	3600								
2.2	流动资金			1200							
2.3	经营成本			2100	3000	3000	3000	3000	3000	3000	3000
2.4	销售税金及附加			294	420	420	420	420	420	420	420
2.5	所得税			386.08	669.20	685.28	702.97	722.42	772.68	772.68	772.68
3	净现金流量	-2000	-3600	919.92	2910.80	2894.72	2877.03	2857.58	2807.32	2807.32	5285.92
4	累计净现金流量	-2000	-5600	-4680.08	-1769.28	1125.44	4002.47	6860.05	9667.37	12474.69	17760.61
5	折现系数(i=13%)	0.8850	0.7831	0.693 1	0.6133	0.5428	0.4803	0.4251	0.3762	0.3329	0.2946
6	折现值	-1770	-2819.16	637.60	1785.19	1546.83	1381.84	1214.76	1056.11	934.56	1557.23
7	累计折现值	-1770	-4589.16	-3951.56	-2166.37	-619.54	762.30	1977.06	3033.17	3967.73	5524.96

3) 编制自有资金现金流量表(见表 1-21)

表 1-21　自有资金现金流量表　　单位：万元

序号	项目名称	1	2	3	4	5	6	7	8	9	10
1	现金流入	0	0	4900	7000	7000	7000	7000	7000	7000	9478.60
1.1	销售收入			4900	7000	7000	7000	7000	7000	7000	7000
1.2	回收固定资产余值										1278.60
1.3	回收流动资金										1200

续表

序号	项目名称	1	2	3	4	5	6	7	8	9	10
2	现金流出	2000	200	4921.85	5030.97	5047.05	5064.74	5084.19	4192.68	4192.68	4192.68
2.1	自有固定资产投资	2000	200								
2.2	自有流动资金			1200							
2.3	经营成本			2100	3000	3000	3000	3000	3000	3000	3000
2.4	销售税金及附加			294	420	420	420	420	420	420	420
2.5	所得税			386.08	669.20	685.28	702.97	722.42	772.68	772.68	772.68
2.6	固定投资还本付息			941.77	941.77	941.77	941.77	941.77			
3	净现金流量	-2000	-200	-21.85	1969.03	1952.95	1935.26	1915.81	2807.32	2807.32	5285.92
4	累计净现金流量	-2000	-2200	-2221.85	-252.82	1700.13	3635.39	5551.20	8358.52	11165.84	16451.76
5	折现系数(i=15%)	0.8696	0.7561	0.6575	0.5718	0.4972	0.432 3	0.3759	0.3269	0.2843	0.2472
6	折现值	-1739.20	-151.22	-14.37	1125.89	971.01	836.61	720.15	917.71	798.12	1306.68
7	累计折现值	-1739.20	-1890.42	-1904.79	-778.90	192.11	1028.72	1748.87	2666.58	3464.70	4771.38

5．判断项目的盈利能力

1) 计算全部投资的静态、动态投资回收期、财务净现值

根据表 1-20，分别计算全部投资的静态、动态投资回收期和财务净现值。

(1) 静态投资回收期：

$$P_t=(\text{累计净现金流量开始出现正值的年份数}-1)+\frac{\text{上一年累计净现金流量的绝对值}}{\text{出现正值年份的净现金流量}}$$

$$=(5-1)+1769.28/2894.72\approx 4.61(\text{年})$$

(2) 动态投资回收期：

$$P_t'=(\text{累计净现金流量折现值开始出现正值的年份}-1)+\frac{\text{上年累计净现金流量折现值的绝对值}}{\text{出现正值年份净现金流量折现值}}$$

$$=(6-1)+619.54/1381.84\approx 5.45(\text{年})$$

无论是静态投资回收期还是动态投资回收期，均小于 6 年，则该项目全部投资在经济效益上是可行的。

(3) 全部投资的财务净现值：

由表 1-20 可知，该项目的财务净现值 $NPV_1(i_1=13\%)=5524.96$(万元)>0

由于 $NPV_1(i_1=13\%)>0$，则全部投资在经济效益上是可行的。

2) 计算自有资金的静态、动态投资回收期、财务净现值

根据表1-21，分别计算自有资金的静态、动态投资回收期和财务净现值。

(1) 静态投资回收期：

$$P_t = (\text{累计净现金流量开始出现正值的年份数} - 1) + \frac{\text{上一年累计净现金流量的绝对值}}{\text{出现正值年份的净现金流量}}$$

$$= (5-1) + 252.82/1952.95 \approx 4.13\ (\text{年})$$

(2) 动态投资回收期：

$$P_t' = (\text{累计净现金流量折现值开始出现正值的年份} - 1) + \frac{\text{上年累计净现金流量折现值的绝对值}}{\text{出现正值年份净现金流量折现值}}$$

$$= (5-1) + 778.90/971.01 \approx 4.80\ (\text{年})$$

无论是静态投资回收期还是动态投资回收期，均小于6年，则该项目自有资金在经济效益上是可行的。

(3) 自有资金的财务净现值：

由表1-21可知，该项目的财务净现值$NPV_2(i_2=15\%)=4771.38$(万元)>0。

由于$NPV_2(i_2=15\%)>0$，则全部投资在经济效益上是可行的。

单元小结

建设项目投资决策阶段是建设过程中非常重要的一个阶段，本单元对投资决策阶段工程造价管理的基本内容、建设项目可行性研究、投资估算和建设项目财务评价作了较详细的阐述，包括投资决策阶段在工程造价管理中的作用以及该阶段影响工程造价的主要因素；可行性研究的含义及作用，可行性研究的主要内容及编制依据；投资决策阶段的投资估算的含义、作用、主要内容及估算方法；财务评价的含义、内容、指标及其计算方法。

具体内容包括确定建设项目工程造价的主要影响因素有项目建设规模、建设标准、建设地点、生产工艺和设备方案等4个方面；建设项目可行性研究，主要是进行市场、技术、经济三方面的研究；建设项目投资估算分为固定资产投资估算和流动资金投资估算，其中固定资产投资估算又分为静态投资部分估算和动态投资部分估算；财务评价主要从盈利能力、清偿能力和外汇平衡能力3个角度进行，财务评价指标主要有净现值、内部收益率、投资回收期、投资收益率、借款偿还期、利息备付率、偿债备付率、资产负债率、流动比率、速动比率等指标，基本的财务报表包括现金流量表、损益表、资金来源与运用表、资产负债表等。

本单元的教学目标是使学生了解可行性研究报告的内容及编制依据，投资估算的编制方法，基本财务报表的编制和财务评价指标的计算，能够根据具体的建设项目进行投资估算，编制出财务报表，并且能够进行项目盈利能力、清偿能力分析。

习　题

一、选择题(每题至少有一个正确答案)

1. 关于项目决策与工程造价关系的说法中，不正确的是(　　)。
   A. 项目决策的深度影响投资估算的精确度
   B. 项目决策的深度影响工程造价的控制效果
   C. 工程造价合理性是项目决策正确性的前提
   D. 项目决策的内容是决定工程造价的基础
2. 关于建设项目可行性研究报告的表述正确的是(　　)。
   A. 市场研究的主要任务是要解决项目的“可行性”问题
   B. 技术研究解决的是项目的“必要性”问题
   C. 技术研究解决的是项目的“合理性”问题
   D. 效益研究主要解决项目在经济上的“合理性”问题
3. 在项目的可行性研究中，占核心地位的是(　　)。
   A. 市场研究　　B. 技术方案研究
   C. 建设条件研究　　D. 效益研究
4. 可行性研究编制的主要依据包括(　　)。
   A. 投资方的经济实力　　B. 厂址选择的数据资料
   C. 承包商的资质　　D. 咨询机构的能力
5. 建设项目的投资估算包括(　　)。
   A. 固定资产投资估算　　B. 无形资产投资估算
   C. 流动资金估算　　D. 生产费用估算　　E. 总成本估算
6. 固定资产投资可分为静态部分和动态部分，构成静态投资部分的是(　　)。
   A. 设备及工器具购置费　　B. 建筑工程费　　C. 涨价预备费
   D. 基本预备费　　E. 建设期利息
7. 投资估算指标中的建设项目综合指标包括的费用项目有(　　)。
   A. 单位工程投资　　B. 单项工程投资
   C. 工程建设其他费用　　D. 预备费　　E. 建设期贷款利息
8. 铺底流动资金的估算方法可采用(　　)。
   A. 扩大指标估算法　　B. 系数估算法　　C. 资金周转率法
   D. 分项详细估算法　　E. 比例估算法
9. 投资估算指标一般可以分为(　　)。
   A. 设备购置费用指标、设备安装费用指标、建筑工程费用指标
   B. 建设项目指标、单项工程指标、单位工程指标
   C. 建筑安装工程费用指标、设备工器具费用指标、工程建设其他费用指标
   D. 人工消耗指标、材料消耗指标、机械消耗指标
10. 按照生产能力指数法(n=0.6，f=1)，若将设计中的生产系统的生产能力提高3倍，

投资额大约增加(　　)。

A. 200%　　B. 300%　　C. 230%　　D. 130%

11. 根据朗格系数法估算拟建项目投资额的基础是(　　)。

A. 投资估算指标　　B. 主要设备费用

C. 已建类似项目的投资额　　D. 安装工程费

12. 某新建项目，建设期为5年，分年均衡进行贷款，第一年贷款1000万元，第2年贷款2000万元，第3年贷款500万元，年贷款利率为6%，建设期间只计息不支付，则该项目第3年贷款利息为(　　)万元。

A. 204.11　　B. 243.60　　C. 345.00　　D. 355.91

13. 某项目建筑工程费600万元，设备、工器具购置费800万元，安装工程费180万元，工程建设其他费用210万元，基本预备费90万元，项目建设期2年，第2年计划投资40%，年价格上涨率为3%，则第2年的涨价预备费是(　　)万元。

A. 96.22　　B. 47.40　　C. 114.49　　D. 109.01

14. 下列属于全部投资现金流量表中现金流出范围的有(　　)。

A. 固定资产投资(含投资方向调节税)

B. 流动资金　　C. 固定资产折旧费

D. 经营成本　　E. 利息支出

15. 销售税金包括(　　)。

A. 增值税　　B. 消费税　　C. 营业税

D. 城市维护建设税及教育费附加等　　E. 利息税

16. 下列属于财务评价动态指标的有(　　)。

A. 投资利润率　　B. 借款偿还期　　C. 财务净现值

D. 财务内部收益率　　E. 资产负债率

17. 当净现值大于零，表明项目在计算期内可获得(　　)基准收益水平的收益额。

A. 小于　　B. 大于　　C. 等于　　D. 与基准收益水平无关的

18. 反映项目清偿能力的主要评价指标是(　　)。

A. 静态投资回收期　　B. 动态投资回收期

C. 固定资产投资借款偿还期

D. 投资利润率　　E. 流动比率

19. 在下列情况中，说明建设项目可行的判据有(　　)。

A. FNPV≥0　　B. FIRR≥I　　C. P_t≥行业基准投资回收期

D. 投资利润率≥行业平均投资利润率

E. 投资利税率≥行业平均投资利税率

20. 已知速动比率为1，流动负债为80万元，存货为120万元，则流动比率为(　　)。

A. 2.5　　B. 1　　C. 1.5　　D. 2

二、简答题

1. 建设项目投资决策与工程造价管理有什么关系？

2. 建设项目投资决策影响工程造价管理的主要因素是什么？

3．简述建设项目可行性研究的工作阶段及其内容。

4．建设项目可行性研究的主要内容是什么？

5．投资估算的内容是什么？

6．简述固定资产投资估算的方法。

7．简述流动资金估算的方法。

8．简述财务评价指标体系。

9．财务评价中基本的财务报表有哪些？

10．全部投资现金流量表与自有资金现金流量表的设置有何不同？

11．财务净现值、内部收益率的计算方法和评价标准是什么？

12．简述各清偿能力指标的计算方法和评价标准。

三、案例分析题

1．案例一

【背景】

某建设项目计算期10年，其中建设期2年。项目建设投资(不含建设期贷款利息)1200万元，第1年投入500万元，全部为自有资金；第2年投入700万元，其中500万元为银行贷款，贷款年利率为6%。贷款偿还方式为第3年不还本付息，以第3年末的本息和为基准，从第4年开始，分4年等额还本、当年还清当年利息。

项目流动资金投资400万元，在第3年和第4年等额投入，其中仅第3年投入的100万元为自有资金，其余均为银行贷款，贷款年利率为8%，贷款本金在计算期最后一年偿还，当年还清当年利息。

项目第3年得总成本费用(含贷款利息偿还)为900万元，第4年至第10年的总成本费用均为1500万元，其中第3年至第10年的折旧费均为100万元。

【问题】

(1) 计算项目各年的建设投资贷款和流动资金贷款还本付息额，并将计算结果填入表1-22和表1-23。

表1-22 项目建设投资贷款还本付息表 单位：万元

序 号	项 目 名 称	2	3	4	5	6	7
1	年初累计借款						
2	本年新增借款						
3	本年应计利息						
4	本年应还本金						
5	本年应还利息						

表1-23 项目流动资金贷款还本付息表 单位：万元

序号	项目名称	3	4	5	6	7	8	9	10
1	年初累计借款								
2	本年新增借款								
3	本年应计利息								
4	本年应还本金								
5	本年应还利息								

(2) 列式计算项目第 3 年、第 4 年和第 10 年的经营成本。

计算结果除表 1-23 保留 3 位小数外，其余均保留两位小数，整数后无需保留小数。

2．案例二

【背景】

某工业项目，建设期为 2 年，运营期为 6 年。固定资产投资总额为 6000 万元，其中一半为银行贷款，一半为自有资金，且均按两年等比例投入；建设投资全部形成固定资产，运营期末余值按 240 万元回收。贷款年利率按 10%计算，还款方式为运营期按每年等额本金偿还，利息按年收取。

第 3 年初正式投产，且达 100%设计生产能力，所需流动资金为 1000 万元，其中 300 万元为自有资金，其余全部由银行贷款解决，贷款年利率 5%，运营期末一次回收，利息按年收取。

运营期每年需经营成本为 2700 万元。每年销售收入为 5000 万元，销售税金及附加按 6%计取。

【问题】

(1) 编制自有资金现金流量表，将数据填入表 1-24 中。

表 1-24　自有资金现金流量表　　单位：万元

序号	项目名称	1	2	3	4	5	6	7	8
1	现金流入								
1.1	销售收入								
1.2	回收固定资产余值								
1.3	回收流动资金								
2	现金流出								
2.1	自有资金								
2.2	借款本金偿还								
2.3	借款利息支付								
2.4	经营成本								
2.5	销售税金及附加								
2.6	所得税								
3	净现金流量								
4	累计净现金流量								
5	折现系数(i_c=10%)								
6	净现值								
7	累计净现值								

(2) 计算该项目的静态投资回收期及财务净现值，并通过财务净现值判断该项目是否可行。

计算结果除表 1-24 中“折现系数”保留 3 位小数外，其余均保留两位小数，整数后无需保留小数。

3．案例三

【背景】

拟建年产 10 万吨炼钢厂，根据可行性研究报告提供的主厂房工艺设备清单和询价资料估算出该项目主厂设备投资约 6000 万元。已建类似项目资料：与设备有关的其他专业工程投资系数为42%，与主厂房投资有关的辅助工程及附属设施投资系数为32%。

该项目的资金来源为自有资金和贷款，贷款总额为8000万元，贷款利率为7%，按年计息。建设期3年，第1年投入30%，第2年投入30%，第3年投入40%。预计建设期物价平均上涨率为4%，基本预备费率为5%，目前我国暂不征收投资方向调节税。

【问题】

(1) 试用系数估算法，估算该项目主厂房投资和项目建设的工程费用与其他费用投资额。

(2) 估算项目的固定资产投资额。

(3) 若固定资产投资的流动资金率为6%，使用扩大指标估算法，估算项目的流动资金。

(4) 确定项目总投资。

单元 2

建设工程设计阶段的工程造价管理

教学目标

通过本单元的学习，应明确设计阶段工程造价控制是建设工程造价控制的重点。熟悉建设项目设计的过程，了解设计内容和深度；熟悉设计方案的优选，掌握设计方案的竞选和价值工程的优化；熟悉设计概算的编制与审查，掌握概算定额法、概算指标法和类似工程预算法；熟悉设备安装工程概算的编制；熟悉施工图预算的编制与审查；了解限额设计；了解标准化设计。

教学要求

能力目标	知识要点	权重
熟悉建设项目设计过程	建设项目的含义，建设项目的设计阶段和程序	10%
了解设计内容和深度	总体规划的内容，施工图设计的内容及深度	5%
熟悉设计方案的优选	设计招投标、设计方案的竞选、价值工程的优化	25%
掌握设计概算的内容和作用	设计概算的含义、分类及相互关系，设计概算的作用	15%
掌握设计概算的编制方法，熟悉设备安装工程概算的编制	设计概算的编制依据和编制原则，概算定额法、概算指标法和类似工程预算法编制步骤。设备安装工程概算的编制方法和步骤	25%
熟悉施工图预算的编制与审查	施工图预算的编制方法，审查的步骤和方法	10%
了解限额设计	限额设计的控制	5%
了解标准化设计	标准化设计的优点	5%

某市高新技术开发区有两幢科研楼和一幢综合楼，其设计方案对比如下：A方案结构方案为大柱网框架轻墙体系，采用预应力大跨度叠合楼板，墙体材料采用多孔砖及移动可拆装式分隔墙，窗户采用单框双玻璃钢塑窗，面积利用系数为93%，单方造价为1438元/m²；B方案结构同A方案，墙体采用内浇外砌，窗户采用单框双玻璃空腹钢窗，面积利用系数为87%，单方造价为1108元/m²；C方案结构方案采用砖混结构体系，采用多孔预应力板，墙体材料采用标准粘土砖，窗户采用单玻璃空腹钢窗，面积利用系数为79%，单方造价为1082元/m²。各功能权重及各方案功能得分见表2-1。

表2-1 各功能权重级个方案功能得分表

方案功能	功能权重	方案功能得分		
		A	B	C
结构体系	0.25	10	10	8
模板类型	0.05	10	10	9
墙体材料	0.25	8	9	7
面积系数	0.35	9	8	7
窗户类型	0.1	9	7	8

根据各功能权重和功能得分分析计算，A方案价值指数为0.904，B方案价值指数为1.138，C方案价值指数为0.990。根据价值工程原理，B方案的价值指数最高，为最优方案。

课题2.1 概 述

2.1.1 建设项目设计过程

1. 建设项目设计的含义

建设项目设计是指建设工程开始施工之前，设计人员根据已批准的项目可行性研究报告和设计任务书，为具体实现拟建项目的技术经济要求，拟定的建筑安装工程等所需的规划、设计图纸、数据等技术文件的工作。设计阶段是建设项目由规划变为现实的、具有重要意义的工作阶段。设计文件是工程建设者进行建筑安装施工的依据。拟建工程在建设过程中的工程量、配套设施，以及工期、质量、造价对投资效果都起着关键性的作用，同时，设计工作质量的优劣对工程造价也起着决定性的作用。为保证设计工作整体优化，建设项目设计必须按一定的程序分阶段进行。

2. 建设项目设计阶段

为了使建设项目不断深入进行，并满足工程建设项目的要求，可将工程设计划分为几个阶段(2个或3个阶段)进行。我国相关文件规定：一般工业项目与民用建设项目设计按初步设计和施工图设计2个阶段进行，称为“两阶段设计”；对于技术上复杂而又缺乏设计经验的项目，可按初步设计、技术设计和施工图设计3个阶段进行，称为“三阶段设计”。

3．建设项目设计程序

1) 设计准备

设计单位根据业主的委托书可参与进行可行性研究，参加厂址的选择，进行设计前的各项准备工作。设计人员在设计前，首先要了解并掌握与项目建设有关的各种建设外部条件和客观情况，包括地形、气候、地质、自然环境等自然条件；城市规划对建筑物的要求；水、电、气、通信等基础设施状况；外部运输及协作条件；业主对工程的各项使用要求；对建设项目投资估算的依据和所能提供的资金、材料、施工技术和装备等，以及市场情况等可能影响工程建设的其他客观因素。

2) 初步方案

在搜集资料的基础上，设计人员应对建设工程的主要内容(包括功能与形式)有总体的布局设想，然后要考虑建设工程与周围环境之间的关系。在这一阶段，设计人员可以同业主和规划部门充分交换意见，努力使自己的设计能取得规划部门的同意，并与周围环境有机地融为一体。对于不太复杂的工程，这一阶段可以省略，把有关的工作并入初步设计阶段。

3) 初步设计

这是整个设计构思基本形成的一个关键性阶段。设计单位根据批准的可行性研究报告和设计合同及有关基础资料，进行初步设计和编制设计文件。通过该阶段设计可以进一步明确拟建工程地点和规定期限内进行建设的技术可行性和经济合理性，并规定主要技术方案、工程总造价和主要技术经济指标，这样，有利于在项目建设和使用过程中最有效地利用和控制人力、物力及财力。工业项目初步设计包括总平面设计、工艺设计和建筑设计三部分。

4) 技术设计

对于技术复杂而又无设计经验或特殊的建设工程，设计单位应根据批准的初步设计文件进行技术设计，编制技术设计文件(包括修正概算)，使初步设计具体化。技术设计与初步设计基本相同，但需要根据更详细的勘察资料和技术经济计算加以补充修正。技术设计应能满足确定设计方案中重大技术问题和有关实验、设备选购等方面的要求，应保证能根据它编制施工图和提出设备订货明细表。技术设计除体现初步设计的整体意图外，还要考虑工程施工的方便易行，如果对初步设计中所确定的方案有所更改，应编制更改修正概算书。对于不太复杂的工程项目，可把这个阶段的一部分工作并入初步设计阶段(完成技术设计部分任务的初步设计也称为扩大初步设计)，另一部分留待施工图设计阶段进行。

5) 施工图设计

设计单位根据批准的初步设计文件(或技术设计文件)和主要设备订货情况进行施工图设计，并编制施工图设计文件。该阶段主要是通过图纸把设计人员的设计意图和全部设计结果表达出来，作为工程施工操作的依据。它具体包括建设项目各分部、分项工程的详图和结构件明细表，以及质量验收标准、施工方法等。施工图设计应能满足建设单位设备材料的选择与确定、非标准设备的设计与加工制作、施工图预算的编制、建筑工程施工和安装的要求。

6) 设计交底和配合施工

施工图交付使用后，根据现场工作需要，设计单位应派有关设计人员进驻施工现场，与建设、监理和施工单位共同会审施工图，介绍设计意图，进行技术交底，及时修改建设、监理和施工单位等提出的不符合施工实际和有错误的设计；施工过程中参加隐蔽工程的验收，工程竣工参加试运转和竣工验收、投产，并进行全面的工程设计总结。

2.1.2 设计内容及深度

1. 总体规划的内容

总体规划是指对一个大型联合企业或一个建筑小区的若干建设项目的整体规划设计。总体规划不单独构成一个设计阶段，它的主要任务是在初步设计之前对一个矿区、油田或一个大型联合企业中的每个单项工程，按照工艺流程、生产运行和使用功能的内在联系、相互配合等方面进行统一规划、部署，使整个建设项目在布置上衔接紧凑、流程顺畅、使用方便、技术可靠、经济合理。

总体规划的内容一般应包括以下几个方面。

(1) 建设项目规模和产品方案。

(2) 原材料供应和地方材料来源。

(3) 工艺流程和主要设备配置。

(4) 主要建筑物、构筑物和公用辅助工程。

(5) 占地面积和总图布置运输方案。

(6) “三废”治理和环境保护方案。

(7) 生产组织概况和劳动定员估计。

(8) 生活区规划设想和总体布置。

(9) 建设总进度和各单项工程进度配合上的要求。

(10) 投资估算。

2. 工业项目初步设计内容及深度

初步设计是对总体规划的进一步细化，其内容一般应包括以下几方面。

(1) 设计依据和指导思想。

(2) 建设规模、标准和产品方案。

(3) 厂址方案、标准和产品方案。

(4) 总图运输、主要建筑物和构筑物及公用辅助设施。

(5) 工艺流程和主要设备选型及公用辅助设施。

(6) 外部运输、供电、供水、供气及其他外部协作条件。

(7) 主要原材料、燃料供应及主要材料用量。

(8) 综合利用、“三废”治理和环境保护措施。

(9) 抗震、人防、防洪措施。

(10) 生产组织和劳动定员。

(11) 生活区建设。

(12) 各项技术经济指标。

(13) 设计总概算。

(14) 其他需要说明的问题。

初步设计的深度应满足以下要求。

(1) 设计方案的比选和确定。

(2) 主要设备材料订货。

(3) 土地征用。

(4) 基建投资额控制。

(5) 施工图设计和施工组织设计的编制。

(6) 设计概算的编制。

(7) 施工准备和生产准备等。

3. 技术设计的内容和深度

技术设计是重大工程、特殊工程或技术复杂的工程项目为进一步解决某些具体技术问题，或进一步研究某些技术方案而进行的设计，是在初步设计方案的基础上进行的，是对初步设计方案中重大技术问题的进一步落实。它主要解决以下问题。

(1) 特殊工艺流程方面的科研试验及确定。

(2) 新设备的试验研究及确定。

(3) 大型建筑物、构筑物(水坝、桥梁等)某些关键部分的试验、研究及确定。

(4) 某些复杂技术需慎重处理的问题的研究及确定。

(5) 编制修正总概算，并提出符合建设总进度的分年度投资计划。

4. 施工图设计内容及深度

1) 施工图设计的主要内容

根据批准的初步设计(或扩大初步设计)文件，绘制出完整、详细的建筑和安装图纸，包括建设项目的各部分工程的详图和零件、部件、结构件明细表及验收标准、方法等。

2) 施工图设计深度要求

(1) 应满足设备材料的选择与确定。

(2) 应满足非标设备的设计与加工制作。

(3) 应满足施工图预算的编制。

(4) 应满足建筑工程施工和设备安装的要求。

课题 2.2 设计阶段设计方案优选

设计方案的优选是设计阶段的重要步骤，是控制工程造价的有效方法。其目的在于论证拟采用的设计方案技术上是否先进可行、功能上是否满足需要、经济上是否合理、使用上是否安全可靠。设计方案优选常采用以下几种方法。

2.2.1 设计招投标

1. 设计招投标的概念

工程设计招投标是指招标单位就拟建工程的设计任务发布招标公告，以吸引众多设计单位参加竞争，经招标单位审查符合投标资格的设计单位按照招标文件的要求，在规定的时间内向招标单位填报投标文件，招标单位择优确定中标设计单位来完成工程设计任务的活动。设计招标的目的是鼓励竞争、促使设计单位改进管理，促使设计人员设计出采用先进技术、降低工程造价、缩短工期、提高经济效益的施工图纸。

2．工程设计招标的建设项目应具备的条件

符合《工程建设项目招标范围和规模标准规定》(国家计委令第 3 号)的各类房屋建筑工程的设计必须进行招标。依法必须进行勘察设计招标的工程建设项目，在招标时应当具备下列条件。

(1) 按照国家有关规定需要履行项目审批手续的，已履行审批手续，取得批准。

(2) 勘察设计所需资金已经落实。

(3) 所必需的勘察设计基础资料已经收集完成。

(4) 法律法规规定的其他条件。

3．工程设计招标方式

建筑工程设计招标的方式有公开招标和邀请招标。实行公开招标的，招标人应当发布招标公告。实行邀请招标的，招标人应当向 3 个以上的设计单位发出招标邀请书。

4．工程设计招标人应具备的条件

招标人具备下列两个条件的可以自行组织招标：① 有与招标项目工程规模及复杂程度相适应的工程技术、工程造价、财务和工程管理人员，具备组织编写招标文件的能力；② 有组织评标的能力。招标人不具备上述规定条件的，应当委托具有相应资格的招标代理机构进行招标。

5．工程设计招标的步骤

(1) 招标单位编制招标文件。

(2) 发布招标公告或发出招标邀请书。招标公告或者招标邀请书应当载明招标人名称和地址、招标项目的基本要求、投标人的资质要求以及获取招标文件的办法等事项。

(3) 对投标单位进行资格审查。审查内容包括单位性质和隶属关系，勘察设计证号和开户银行账号，单位成立时间、近期设计的主要工程情况、技术人员数量、技术装备及专业情况等。

(4) 发售招标文件。当投标人的资格审查完后，应在规定的时间和地点发售招标文件。招标文件一经发出，招标人不得随意变更。需进行必要的澄清或者修改的，应当在提交投标文件截止日期 15 日前，书面通知所有招标文件收受人。

(5) 组织投标单位踏勘工程现场。当招标文件发售后一定时间内，招标人应组织投标人踏勘工程现场，并解答投标人提出的问题。

(6) 接受投标单位的投标书。投标人应当按照招标文件、建筑方案设计文件编制深度规定的要求编制投标文件；进行概念设计招标的，应当按照招标文件要求编制投标文件。并按招标文件规定的时间和地点报送投标书。

(7) 开标、评标、决标、发出中标通知书。

① 开标。开标后，应在一定的时间内进行评标，评标由评标委员会负责。评标委员会

由招标人代表和有关专家组成。

特别提示

评标委员会人数一般为5人以上的单数，其中技术方面的专家不得少于成员总数的2/3。投标人或者与投标人有利害关系的人员不得参加评标委员会。

② 评标。评标委员会应当在符合城市规划、消防、节能、环保的前提下，按照投标文件的要求，对投标设计方案的经济、技术、功能和造型等进行比选、评价，按照招标文件规定，向招标人推荐中标人中标候选方案。

③ 定标。招标人根据评标委员会的书面评标报告和推荐的中标候选方案，结合投标人的技术力量和业绩确定中标方案。招标人也可以委托评标委员会直接确定中标方案。

④ 发出中标通知书。招标人应当在中标方案确定之日起7日内，向中标人发出中标通知书，并将中标结果通知所有未中标人。

(8) 签订设计承包合同。在发出中标通知书后1个月内签订设计承包合同。

2.2.2 设计方案竞选

1. 设计方案竞选的概念

设计方案竞选是指由组织竞选活动的单位通过报刊、信息网络或其他媒体发布方案竞选公告，吸引设计单位参加方案竞选；参加竞选的设计单位按照竞选文件和国家有关规定，做好方案设计和编制有关文件，经具有相应资质的注册建筑师签字，并加盖单位法定代表人或法定代表人委托的代理人的印鉴，在规定的时间内，密封送达组织竞选单位；组织竞选单位邀请有关专家组成评定小组，采用科学的方法，按照适用、经济、美观的原则，以及技术先进、结构合理、满足建筑节能、环境等要求，综合评定设计方案的优劣，择优确定中选方案，最后签订设计合同等一系列活动。设计方案竞选的方式有公开竞选和邀请竞选。

2. 设计方案竞选与设计招投标的区别

设计方案竞选与设计招投标的最主要区别在于对未中选单位方案设计补偿费的处理。

(1) 采用公开竞选方式的，是否付给补偿费，由组织竞选活动者确定。

(2) 采用邀请竞选方式的，应付给未中选单位补偿费。

2.2.3 价值工程优化设计方案

1. 价值工程的含义

价值工程是通过各相关领域的协作，对所研究对象的功能与成本进行系统分析，不断创新，旨在提高所研究对象价值的思想方法和管理技术。这里“价值”的定义可以用公式表示为

$$V=F/C \tag{2-1}$$

式中，V——价值(value)；

F——功能(function)；

C——成本或费用(cost)。

价值工程的定义包括以下几方面的含义。

(1) 价值工程的性质属于一种“思想方法和管理技术”。

(2) 价值工程的核心内容是对“功能与成本进行系统分析”和“不断创新”。

(3) 价值工程的目的旨在提高产品的“价值”。若把价值的定义结合起来，便应理解为旨在提高功能对成本的比值。

(4) 价值工程通常是由多个领域协作而开展的活动。

2．价值工程的一般工作程序

开展价值工程活动一般分为4个阶段、12个步骤(见表2-2)。

表2-2 价值工程的一般工作程序

阶　段	步　骤	应回答的问题
准备阶段	(1) 对象选择 (2) 组成价值工程小组 (3) 制订工作计划	对象是什么？
分析阶段	(4) 搜集整理信息资料 (5) 功能系统分析 (6) 功能评价	该对象的用途是什么？ 成本和价值是多少？
创新阶段	(7) 方案创新 (8) 方案评价 (9) 提案编写	是否有替代方案？ 新方案的成本是多少？能否满足要求？
实施阶段	(10) 审批 (11) 实施与检查 (12) 成果鉴定	

知识链接

价值工程(value engineering，VE)又称为价值分析(value analysis，VA)，是一门新兴的管理技术，是降低成本提高经济效益的有效方法。它于20世纪40年代起源于美国，麦尔斯(Miles)是价值工程的创始人。1961年美国价值工程协会成立时他当选为该协会第一任会长。在第二次世界大战之后，由于原材料供应短缺，采购工作常常碰到难题。后来，麦尔斯逐渐总结出一套解决采购问题的行之有效的方法，并且把这种方法的思想及应用推广到其他领域，如将技术与经济价值结合起来研究生产和管理的其他问题，这就是早期的价值工程。1955年这一方法传入日本后与全国质量管理相结合，得到进一步发扬光大，成为一套更加成熟的价值分析方法。麦尔斯发表的专著《价值分析的方法》使价值工程很快在世界范围内产生巨大影响。

3．价值工程在新建项目设计方案优选中的应用

在新建项目设计中的应用价值工程与一般工业产品中的应用价值工程略有不同，因为建设项目具有单件性和一次性的特点。利用其他项目的资料选择价值工程研究对象，效果较差。而设计主要是对项目的功能及其实现手段进行设计，因此，整个设计方案就可以作为价值工程的研究对象。在设计阶段实施价值工程的一般步骤如下。

(1) 功能分析。建筑功能是指建筑产品满足社会需要的各种性能的总和。不同的建筑产品有不同的使用功能，它们通过一系列建筑因素体现出来，反映建筑物的使用要求。例

如，工业厂房要能满足生产一定工业产品的要求，提供适宜的生产环境，既要考虑设备布置、安装需要的场地和条件，又要考虑必需的采暖、照明、给排水、隔音消声等，以利于生产的顺利进行。建筑产品的功能一般分为社会性功能、适用性功能、技术性功能、物理性功能和美学功能5类。功能分析首先应明确项目各类功能具体有哪些，哪些是主要功能，并对功能进行定义和整理，绘制功能系统图。

(2) 功能评价。功能评价主要是比较各项功能的重要程度，采用0～1评分法、0～4评分法、环比评分法等方法，计算各项功能的功能评价系数，作为该功能的重要度权数。

(3) 方案创新。根据功能分析的结果，提出各种实现功能的方案。

(4) 方案评价。给第三步方案创新提出的各种方案的各项功能的满足程度打分，然后以功能评价系数作为权数计算各方案的功能评价得分，最后再计算各方案的价值系数，以价值系数最大者为最优。

【例 2.1】北方某城市建筑设计院在建筑设计中用价值工程方法进行住宅设计方案优选，具体应用程序如下。

解：第一步，选择价值工程对象的类别统计。

该院承担设计的工程种类繁多，表2-3是该院近3年各种建筑设计项目表。从该表中可以看出住宅所占比重最大，因此将住宅作为价值工程的主要研究对象。

表2-3　各类建筑设计项目比重统计表

工程类别	比重/%	工程类别	比重/%	工程类别	比重/%
住宅	22.19	实验楼	3.87	体育建筑	1.89
综合楼	10.86	宾馆	2.10	影剧院	1.85
办公楼	9.35	招待所	2.95	仓库	1.42
教学楼	5.26	图书馆	2.55	医院	1.31
车间	4.24	商业建筑	2.10	其他共38类	27.06

第二步，资料搜集。

主要搜集以下几个方面的资料：①工程回访，搜集用户对住宅的意见；②对不同地质情况和基础形式的住宅进行定期沉降观测，获取地基方面的资料；③了解有关住宅施工方面的情况；④搜集大量有关住宅建设的新工艺和新材料等数据资料；⑤分地区按不同地质情况、基础形式和类型标准统计分析近年来住宅建筑的各种技术经济指标。

第三步，功能分析。

由设计、施工及建设单位的有关人员组成价值工程研究小组，共同讨论，对住宅的以下各种功能进行定义。整理和评价分析：①平面布局；②采光通风、保温、隔热、隔声等；③层高与层数；④牢固耐用；⑤三防设施(防火、防震和防空)；⑥建筑造型；⑦室内外装饰；⑧环境设计；⑨技术参数。

在功能分析中，用户、设计人员、施工人员以百分形式分别对各功能进行评分，即假设住宅功能合计为100分(也可为10分、1分等)，分别确定各项功能在总体功能中所占比例，然后将所选定的用户、设计人员、施工人员的评分意见进行综合，三者的权重分别为0.6、0.3、0.1，各功能重要性系数参见表2-4。

表 2-4 功能评分及重要性系数

功能		用户评分		设计人员评分		施工人员评分		功能重要性系数 φ_i
		得分 f_1	$0.6f_1$	得分 f_2	$0.3f_2$	得分 f_3	$0.1f_3$	
适用	平面布局	38.25	22.95	31.63	9.489	31.31	3.311	0.3575
	采光通风	17.375	10.425	14.38	4.314	15.5	1.55	0.1628
	层高与层数	2.875	1.725	4.25	1.275	3.875	0.388	0.0338
安全	牢固耐用	20.25	12.15	14.25	4.275	21.63	2.163	0.1858
	“三防”设施	4.375	2.625	5.25	1.575	2.875	0.288	0.0448
美观	建筑造型	3.25	1.95	6.875	2.063	5.30	0.530	0.0453
	室外装饰	2.75	1.65	5.50	1.65	3.975	0.398	0.0368
	室内装饰	6.25	3.75	6.625	1.98	5.875	0.588	0.0631
其他	环境设计	3.025	1.815	8.00	2.40	5.5	0.55	0.0476
	技术参数	1.60	0.96	3.25	0.975	2.225	0.3225	0.0225
总计		100	60	100	30	100	10	1.0000

表中：

$$功能重要性系数=(0.6f_1+0.3f_2+0.1f_3)/100 \quad (2-2)$$

第四步，方案设计与评价。

在某住宅小区设计中，该地块的地质条件较差，上部覆盖层较薄，地下淤泥较深。根据搜集的资料及上述功能重要性系数的分析结果，价值工程研究推广小组集思广益，创造设计十余个方案。在采用优缺点列举法进行定性分析筛选后，对所保留的 5 个较权威性方案进行定量评价选优，见表 2-5、表 2-6、表 2-7。

表 2-5 方案成本及特征

方案	主要特征	单方造价/(元/m²)	成本系数
方案一	7 层混合结构，层高 3m，240 内外砖墙，预制桩基础，半地下室储存间，外装修一般，内装饰好，室内设备较好	1176	0.2342
方案二	7 层混合结构，层高 2.9m，240 内外砖墙，120 非承重砖墙，条形基础(基底经过真空预压处理)，外装修一般，内装饰好	894	0.1780
方案三	7 层混合结构，层高 3m，240 内外砖墙，沉管灌注桩基础，外装修一般，内装饰和设备较好	1110	0.2210
方案四	5 层混合结构，层高 3m，空心砖内外墙，满堂基础，装修及室内设备一般，屋顶无水箱	906	0.1804
方案五	层高 3m，其他特征同方案二	936	0.1864

表 2-6 方案功能评分

评价因素		方案功能评分值 P_i				
功能因素	重要系数	方案一	方案二	方案三	方案四	方案五
F_1	0.3575	10	10	9	9	10
F_2	0.1628	10	9	10	10	9
F_3	0.0338	9	8	9	10	9
F_4	0.1858	10	10	10	8	10
F_5	0.448	8	7	8	7	7
F_6	0.0453	10	8	9	7	6

续表

评价因素		方案功能评分值 P_i				
功能因素	重要系数	方案一	方案二	方案三	方案四	方案五
F_7	0.0368	6	6	6	6	6
F_8	0.0631	10	8	8	6	6
F_9	0.0476	9	8	9	8	8
F_{10}	0.0225	8	10	9	2	10
方案总分		9.6368	9.1535	9.1303	8.3258	8.9930

表 2-7 最佳方案的选择

方案	方案功能	功能评价系数	成本系数	价值系数	选择
方案一	9.6368	0.2130	0.2342	0.9095	
方案二	9.1535	0.2024	0.1780	1.1370	最佳
方案三	9.1303	0.2018	0.2210	0.9131	
方案四	8.3258	0.1840	0.1804	1.0199	
方案五	8.9930	0.1988	0.1864	1.0665	

其中：

$$\text{成本系数 } C_i=\text{方案成本/各方案成本总和} \tag{2-3}$$

$$\text{方案总分 } Y_i=\sum_{i=1}^{10} \text{重要系数 } \phi_i \times \text{方案功能评分值 } P_i \tag{2-4}$$

$$\text{功能评价系数 } F_i=\text{各方案总分 } Y_i\text{/各方案总分之和} \tag{2-5}$$

第五步，效果评价。

根据评价所搜集资料的分析结果表明，近年来，该地区在建设条件与该工程大致相同的住宅，每平方米建筑面积的造价一般为 1080 元，方案二为 894 元，节约 168 元，可节约投资 17.2%。该小区 18.4 万平方米的住宅可节省投资 3422.4 万元。

方案总分中由于功能评价系数分数越高说明方案越满足功能要求，据此计算的价值系数也就越大越好。因此，方案二为最佳方案。

课题 2.3 设计概算的编制与审查

2.3.1 设计概算的内容和作用

1. 设计概算的内容

设计概算是在初步设计或扩大设计阶段，由设计单位按照设计要求概略地计算拟建工程从立项开始到交付使用为止全过程所发生的建设费用的文件，是设计文件的重要组成部分。在报请审批初步设计或扩大初步设计时，作为完整的技术文件必须附有相应的设计概算。

设计概算分为单位工程概算、单项工程综合概算、建设工程总概算三级。单位工程综合概算分为各单位建筑工程概算和设备及安装工程概算两大类，是确定单项工程中各单位工程建设费用的文件，是编制单项工程综合概算的依据，如图 2.1 所示。其中，建筑工程概算分为一般土建工程概算、给排水工程概算、采暖工程概算，通风工程概算分为机械设备及安装工程概算、电器设备及安装工程概算。

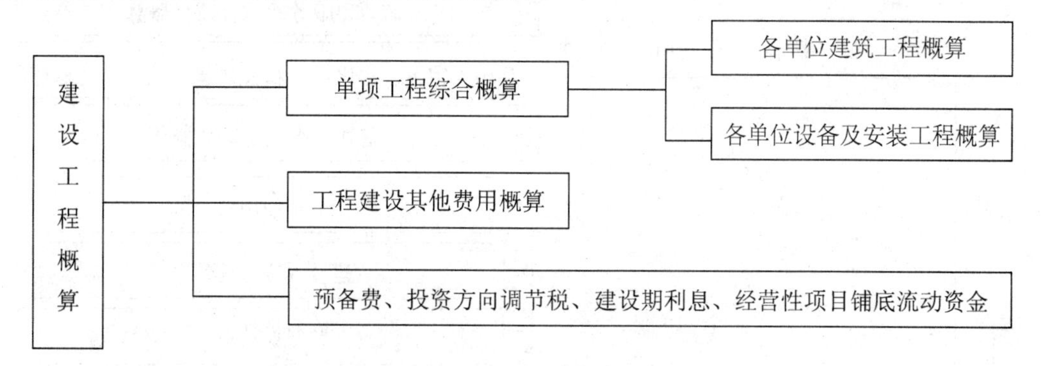

图 2.1　设计概算的编制内容及相互关系

单项工程综合概算是确定一个单项工程所需建设费用的文件，是根据单项工程内各专业单位工程概算汇总编制而成的。单项工程综合概算的组成内容如图 2.2 所示。

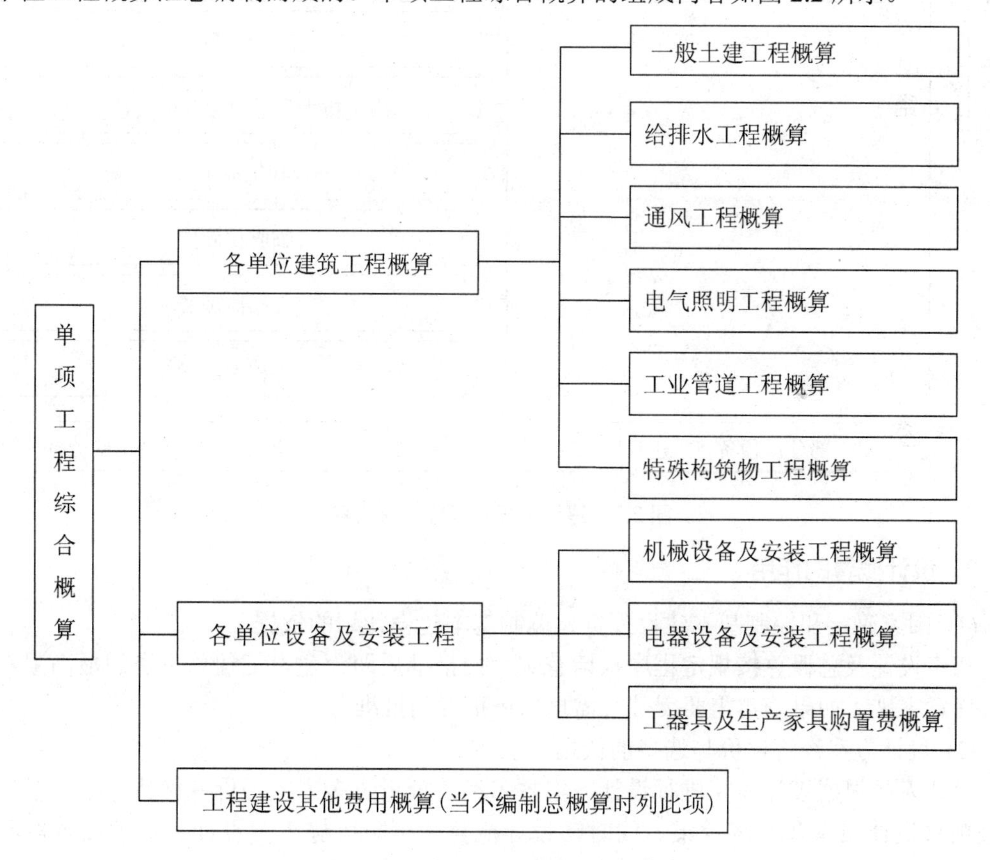

图 2.2　单项工程综合概算的组成内容

建设工程总概算是确定整个建设工程从立项到竣工验收全过程所需要费用的文件。建设工程总概算的组成内容如图 2.3 所示。

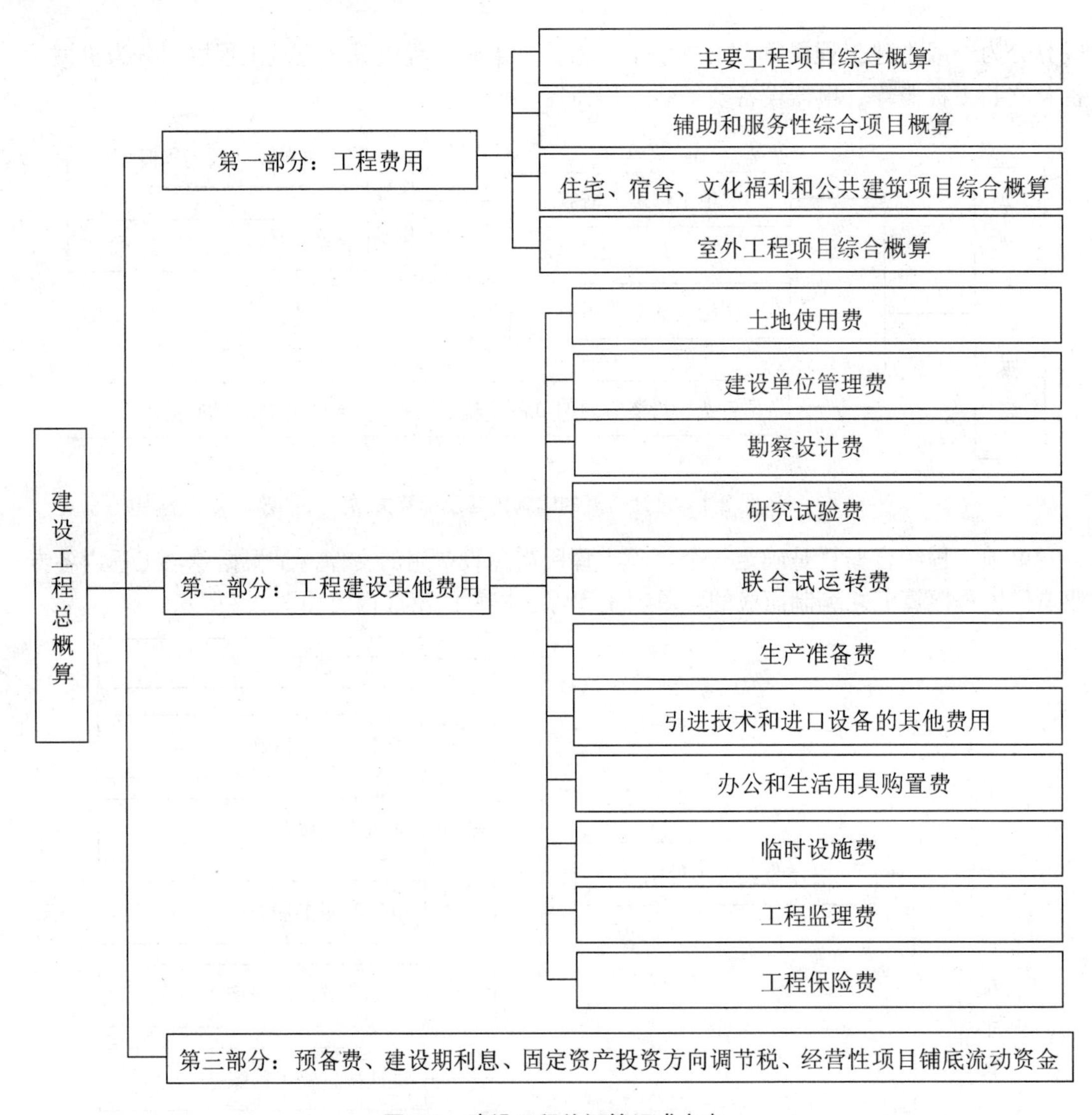

图 2.3　建设工程总概算组成内容

2．设计概算的作用

(1) 国家确定和控制基本建设投资、编制基本建设计划的依据。

初步设计及总概算按规定程序报请有关部门批准后即为建设工程总投资的最高限额，不得任意突破，如果确实需要突破时需报原审批部门批准。

(2) 设计方案经济评价与选择的依据。

设计人员根据设计概算进行设计方案技术经济分析、多方案评价并优选方案，以提高工程项目设计质量和经济效果。同时，设计概算为下阶段施工图设计确定了投资控制的目标。

(3) 实行建设工程投资包干的依据。

在进行概算包干时，单项工程综合概算及建设工程总概算是投资包干指标商定和确定的基础，尤其是经上级主管部门批准的设计概算和修正概算，是主管单位和包干单位签订包干合同、控制包干数额的依据。

(4) 基本建设核算、“三算”对比、考核建设工程成本和投资效果的依据。

设计概算是建设单位进行项目核算、建设工程“三算”(即基本建设工程投资估算、设计概算、施工图预算)、考核项目成本和投资经济效果的重要依据。

2.3.2 设计概算的编制方法

设计概算是从最基本的单位工程概算编制开始逐级汇总而成。

1. 设计概算的编制依据和编制原则

1) 设计概算的编制依据

设计概算的编制依据：①经批准的有关文件、上级有关文件、指标；②工程地质勘测资料；③经批准的设计文件；④水、电和原材料供应情况；⑤交通运输情况及运输价格；⑥地区工资标准、已批准的材料预算价格及机械台班价格；⑦国家或省市颁发的概算定额或概算指标、建筑安装工程间接费定额、其他有关取费标准；⑧国家或省市规定的其他工程费用指标、机电设备价目表；⑨类似工程概算及技术经济指标。

2) 设计概算的编制原则

编制设计概算应掌握如下原则：①应深入进行调查研究；②结合实际情况合理确定工程费用；③抓住重点环节、严格控制工程概算造价；④应全面、完整地反映设计内容。

2. 单位工程概算的主要编制方法

编制建筑单位工程概算的方法有概算定额法、概算指标法和类似工程预算法 3 种，可根据编制条件、依据和要求的不同适当选取。

1) 概算定额法及编制步骤

(1) 概算额定法。当拟建工程项目的初步设计或扩大初步设计文件具有一定深度，结构、建筑要求比较明确，基本上能够按照初步设计的平面、立面、剖面概算出地面、楼面、墙身、门窗和屋面等部分工程(或扩大结构构件)项目的工程量时，可以采用概算定额法编制建筑工程概算书。

(2) 编制步骤如下：①熟悉定额的内容及使用方法。②熟悉施工图纸，了解设计意图、施工条件和施工方法。③列出扩大分项工程项目并计算工程量。④确定各分部、分项工程项目的概算定额单价。⑤计算各分部、分项工程的直接工程费和单位工程的直接工程费。

(3) 计算材料差价。

(4) 计算措施费和直接费。

(5) 计算间接费、利润、税金及其他费用。

(6) 计算单位工程的概算造价。

(7) 计算单位工程的单方造价。

(8) 编写概算编制说明书。

2) 概算指标法及编制步骤

(1) 概算指标法是采用直接费指标，用拟建的厂房、住宅的建筑面积(或体积)乘以技术条件相同或者基本相同的概算指标得出直接费，然后按规定计算出其他直接费、现场经费、间接费、利润和税金等，编制出单位工程概算的方法。

由于设计深度不够等原因，不能准确地计算工程量，但工程设计是采用技术比较成熟而又有类似工程概算指标可以利用时，可以采用概算指标法。

当拟建工程的建设地点与概算指标中的工程建设地点相同，工程特征和结构特征与概算指标中的工程指标、结构特征基本相同，建筑面积与概算指标中工程的建筑面积相差不大时，可直接套用概算指标来编制概算。

(2) 概算指标法编制步骤如图 2.4 所示。

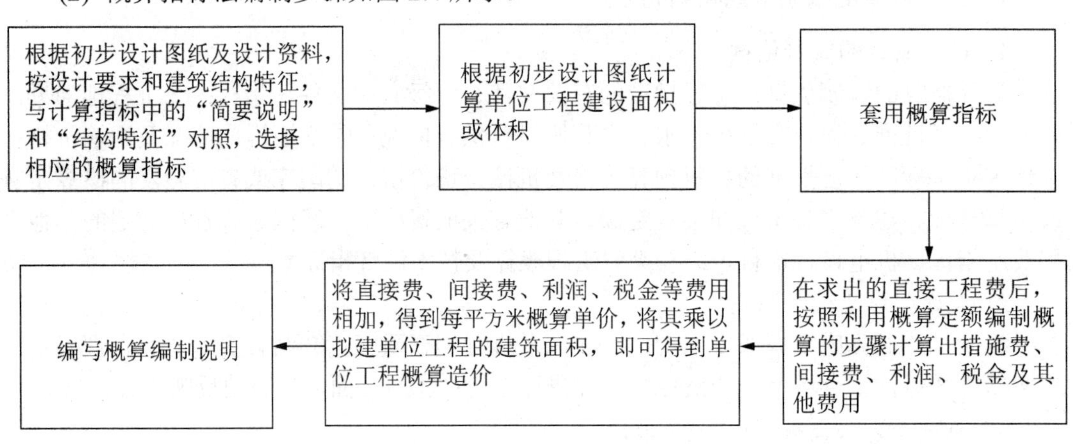

图 2.4　概算指标法编制步骤

(3) 概算指标法编制方法如下。

① 以概算指标中规定的工程 $1\,m^2\,(m^3)$的造价，乘以拟建单位工程建筑面积或体积，得到单位工程的直接工程费，再行取费，在计算定额直接工程费后还应用物价指数进行调价。

② 以概算指标中规定的 $100\,m^2\,(1000\,m^2)$建筑面积(体积)所消耗人工工日数、主要材料数量为依据，首先计算拟建工程人工、主要材料消耗量，再按当地当时的人工材料价格，计算直接工程费，无需调价。

③ 用修正后概算指标编制单位工程概算。

当设计对象的结构特征与概算指标的结构特征有局部差别时，可用修正后概算指标及单位价值，算出工程概算价值（见表 2-8）。其基本步骤如下。

第一，调整概算指标中 $1\,m^2\,(m^3)$造价。扣除 $1\,m^2\,(m^3)$原概算指标中与拟建工程结构不同部分的造价，增加 $1\,m^2\,(m^3)$拟建工程与原概算指标中结构不同部分的造价，使其成为与拟建工程结构相同的单位建筑工程直接费造价。

计算公式为

$$\text{结构变化修正概算指标(元/}m^2\text{)}=J+Q_1P_1-Q_2P_2 \tag{2-6}$$

式中，J——原概算指标；

Q_1——概算指标中换入结构的工程量；

Q_2——概算指标中换出结构的工程量；

P_1——换入结构的直接费单价；

P_2——换出结构的直接费单价。

拟建项目造价的公式为

直接费=修正后的概算指标×拟建项目建筑面积(体积)

表 2-8 建筑工程概算指标修正表

序号	概算定额编号	结构构件名称	单位	工程数量	单价/元	合价/元
		每平方米土建工程直接费				65.62
换出部分						
		砖基础	m^2	0.185	35.92	6.65
		外墙	m^2	0.503	35.21	17.71
小计						24.36
换入部分						
		砖基础	m^2	0.210	35.92	7.54
		外墙	m^2	0.625	35.21	22.01
小计						29.55

每平方米建筑面积修正指标=65.60−24.35+29.55=70.79(元/m^2)

该工程概算直接费=70.79×3000=212370(元)

第二，调整概算指标中的人工、材料、机械台班消耗量。扣除原概算指标中与拟建工程结构不同部分的人工、材料、机械台班消耗量，增加拟建工程与原概算指标中结构不同部分的人工、材料、机械台班消耗量，使其成为与拟建工程结构相同的每 100 m^2 (1000 m^3) 的人工、材料、机械台班消耗量。

结构变化修正概算指标的工、料、机数量=原概算指标的工、料、机数量+换入结构构件工程量×相应定额工、料、机消耗量−换出结构构件工程量×相应定额工、料、机消耗量

设备、人工、材料、机械台班费用的调整公式为

设备、人工、材料、正概算费用=原概算指标的设备、工、料、机费用+$\sum$[换入设备、工、料、机数量×拟建地区相应单价]−$\sum$[换出设备、工、料、机数量×拟建地区相应单价]

【例 2.2】某建筑物的建筑面积为 3500 m^2，概算指标中单位造价为 738 元/m^2，其中一般土建工程 640 元/m^2 (直接工程费 468 元/m^2)、采暖工程 32 元/m^2、给排水工程 36 元/m^2、照明工程 30 元/m^2。但设计资料表明，外墙为 1.5 砖外墙，而概算指标中外墙为 1 砖外墙。根据当地土建工程预算定额，外墙带型毛石基础的预算单价为 147.87 元/m^3、1 砖外墙的预算单价为 177.17 元/m^3、1.5 砖外墙的预算单价为 178.08 元/m^3。概算指标中每 100m^2 建筑面积中含外墙带型毛石基础 18m^3，1 砖外墙 46.5m^3，设计资料中每 100m^2 建筑面积中含外墙带型毛石基础 19.6m^3，1.5 砖外墙 61.2m^3。试计算调整后的概算单价和该建筑物的概算总造价。(土建工程其他直接费费率为 8%，现场经费费率为 7.4%，间接费费率为 7.12%，利润为 7%，税率为 3.4%。)

解：扣除部分：(18×147.87+46.5×177.17)/100=108.97(元/m^2)

增加部分：(19.6×147.87+61.2×178.08)/100=137.97(元/m^2)

调整后的单位土建工程的直接工程费：468−108.97+137.97=497(元/m^2)

调整后的单位土建工程的造价：497×(1+8%+7.4%)×(1+7.12%)×(1+7.1%)×(1+3.4%)=679.73(元/m^2)

调整后的概算单价：679.73+32.00+36.00+30.00=777.73(元/m^2)

该建筑物的概算总造价：777.73×3500=2722055(元)

3) 类似工程预算法

当工程设计对象目前无完整的初步设计图纸，或虽有初步设计图纸，但无合适的概算定额和概算指标，而设计对象与已建成或在建工程类似，结构特征也相同时，可以采用类似工程预算法来编制单位工程概算。

采用类似工程概算法编制建筑工程概算时，应对拟建工程与类似工程在建筑结构差异和价差方面进行调整。

(1) 建筑结构差异调整。其调整方法与概算指标法的调整相同。即先确定有差别的项目，分别计算每一项目的工程量和单位价格(按拟建工程所在地的价格)，然后以类似工程相同项目的工程量和单价为基础，计算出总价差，将类似工程的直接工程费减去(或加上)这部分差价，就得出结构差异换算后的直接工程费，再计算其他各项费用。

(2) 价差的调整。价差的调整通常有两种方法：①类似工程造价资料中有具体的人工、材料、机械台班的消耗量时，可按类似工程造价资料中的人工、材料、机械台班的消耗量，乘以拟建工程所在地的人工单价、主要材料预算价格、机械台班预算价格，计算出直接工程费，再乘以当地的综合费率，即可得出拟建工程的造价。②类似工程造价资料中只有人工、材料、机械台班费用和其他费用时，可按下面公式进行调整：

$$D=A\cdot K \tag{2-7}$$

其中，$K=a\%K_1+b\%K_2+c\%K_3+d\%K_4+e\%K_5+f\%K_6+g\%K_7$

式中，D——拟建工程概算造价；

A——类似工程单位工程概算造价；

K——综合调整系数；

$a\%$，$b\%$，$c\%$，$d\%$，$e\%$，$f\%$，$g\%$——分别是类似工程预算的人工费、材料费、机械台班费、措施费、间接费、利润、税金占预算造价的比例；

K_1，K_2，K_3，K_4，K_5，K_6，K_7——分别是拟建工程地区与类似工程预算的人工费、材料费、机械台班费、措施费、间接费、利润、税金的差异系数，如 K_1=拟建工程人工费/类似工程地区人工费。

【例 2.3】某已建成砖混住宅工程建筑面积为 2800 m^2，总造价为 161.56 万元，其中人工费、材料费、机械台班费、措施费、间接费、利润、税金占单方预算造价的比例分别为 10%、66%、5%、4%、7%、4.7%、2.3%。一拟建工程的结构形式与已建成住宅工程相同，亦为砖混结构，但两者的楼地面工程不同，已建成住宅的地面为水泥砂浆抹面，基价 1023.06 元/100 m^2，拟建工程的地面为水磨石，基价 3111.56 元/m^2。拟建工程地区与已建成工程预算造价在人工费、材料费、机械台班费、措施费、间接费、利润、税金之间的差异系数分别为 2.01、1.07、1.82、1.01、0.91、1.0 和 1.0，试利用类似工程预算法求拟建工程 3400 m^2 的设计概算。

解：先求综合调整系数 K：

K=10%×2.01+66%×1.07+5%×1.82+4%×1.01+7%×0.91+4.7%×1.0+2.3%×1.0=1.18

根据公式 $D=A\cdot K$ 得：

未修正的拟建工程单方概算指标=1615600÷2800×1.18＝680.86(元/m^2)

由于楼地面工程的不同，要进行概算指标的修正：

修正的拟建工程单方概算指标=680.86+(3111.56−1023.06)/100=701.74(元/m^2)

拟建工程的设计概算=701.74×3400=238.59(万元)

3．设备及安装工程概算的编制

设备及安装工程分为机械设备及安装工程和电气设备及安装工程两部分。设备及安装工程的概算由设备购置费和安装工程费两部分组成。

1) 设备购置概算的编制方法

设备购置费由设备原价和设备运杂费组成。

国产标准设备原价可以根据设备的型号、规格、性能、材质、数量以及附带的配件，向制造厂家询价或向设备、材料信息部门查询或按主管部门规定的现行价格逐项计算。非主要标准设备和工器具、生产家具的原价可按主要标准设备原价的百分比计算，百分比指标按主管部门或者地区有关规定执行。

设备原价运杂费按有关部门规定的运杂费率计算公式为

设备运杂费=设备×运杂费率

2) 设备安装工程概算的编制

(1) 预算单价法。当初步设计有详细设备清单时，可直接按预算单位(预算定额单价)编制设备安装工程概算。根据计算的设备安装工程量，乘以安装工程预算单价，经汇总求得。用预算单价法编制概算，计算比较具体，精确性较高。

(2) 扩大单价法。当初步设计的设备清单不完备或仅有成套设备的重量时，可采用主设备、成套设备或工艺线的综合扩大安装单价编制概算。

(3) 概算指标法。当初步设计的设备清单不完备或安装预算单价及扩大综合单价不全，无法采用预算单价法和扩大单价法时，可采用概算指标编制概算。概算指标形式较多，概括起来主要可按以下几种指标进行计算：

① 按占设备价值的百分比(安装费费率)的概算指标计算。

设备安装费=设备原价×设备安装费费率 (2-8)

② 按每吨设备安装费的概算指标计算。

设备安装费=设备总吨数×每吨设备安装费(元) (2-9)

③ 按座、台、套、组、根、功率等为计量单位的概算指标计算。例如，工业炉按每台安装费指标计算；冷水箱按每组安装费指标计算安装费等。

④ 按设备安装工程每平方米建筑面积的概算指标计算。设备安装工程有时可按不同的专业内容(如通风、动力、管道等)采用每平方米建筑面积的安装费用概算指标计算安装费。

4．单项工程综合概算的编制

综合概算是以单项工程为编制对象，确定建成后可独立发挥作用的建筑物所需全部建设费用的文件，由该单项工程内各单位工程概算书汇总而成。综合概算书是工程项目总概算书的组成部分，是编制总概算书的基础文件，一般由编制说明和综合概算表两个部分组成。

1) 编制说明

编制说明主要包括以下几项内容。

(1) 编制依据。

(2) 编制方法。

(3) 主要材料和设备数量。

(4) 其他有关问题。

2) 综合概算表

综合概算表的填写见表 2-9。

表 2-9 综合概算表

工程项目名称：×××

单项工程名称：××× 概算价值：×××元

序号	综合概算编号	工程或费用名称	概算价值/万元						技术经济指标			占投资总额/%	备注
			建筑工程	安装工程	设备购置费	工器具及生产家具购置费	其他费用	合计	单位	数量	单位价值/元		
1	2	3	4	5	6	7	8	9	10	11	12	13	14
		一、建筑工程	×					×	×	×	×	×	
1		土建工程	×					×	×	×	×	×	
2		给排水工程	×					×	×	×	×	×	
3		采暖工程	×					×	×	×	×	×	
4		电气照明工程	×					×	×	×	×	×	
5		合计	×					×	×	×	×	×	
		二、设备安装工程											
5		机械设备及安装工程		×	×			×	××	×	×	×	
6		电器设备及安装工程		×	×			×	×	×	×	×	
		小计		×	×			×		×	×	×	
7		三、工器具及生产家具购置费				×		×	×	×	×	×	
8		合计	×	×	×	×		×	×	×	×	×	

审核： 核对： 编制： 年 月 日

3) 技术经济指标的计算

综合概算的技术经济指标应根据综合概算价值和相应的计量单位计算。计量单位选择应能反映该单项工程的特点，具有代表性。例如，年产量、设备重量等。

5. 总概算的编制

总概算是以整个工程项目为对象，确定项目从立项开始，到竣工交付使用整个过程全部建设费用的文件。它由各单项工程综合概算及其他工程和费用概算综合汇编而成。

1) 总概算书的内容

总概算书一般由编制说明、总概算表及所含综合概算表、其他工程费用概算表组成。

(1) 工程概况：说明工程建设地址、建设条件、期限名称、产量、品种、规模、功用及厂外工程的主要情况等。

(2) 编制依据：说明设计文件、定额、价格及费用指标等依据。

(3) 编制范围：说明总概算书包括工程项目和费用。

(4) 编制方法：说明采用何种方法编制等。

(5) 投资分析：分析各项工程费用所占比重、各项费用构成、投资效果等。此外，还要与类似工程进行比较，分析投资高低原因以及论证该设计是否经济合理。

(6) 主要设备和材料数量：说明主要机械设备、电气设备及主要建筑材料的数量。

(7) 其他有关的问题：说明在编制概算文件过程中存在的其他有关问题。

2) 总概算表的编制方法

将各单项工程综合概算及其他工程和费用概算等汇总即为工程项目概算。

(1) 按总概算组成的顺序和各项费用的性质，将各个单项工程综合概算及其他工程和费用概算汇总列入总概算表(见表 2-10)。

表 2-10 总概算表

工程项目：×××

总概算价值：××× 回收金额：×××

序号	概算表编号	工程或费用名称	概算价值/万元						技术经济指标			占投资总额/%	备注
			建筑工程费	安装工程费	设备购置费	工器具及生产家具购置费	其他费用	合计	单位	数量	单位价值/元		
1	2	3	4	5	6	7	8	9	10	11	12	13	14
1 2		第一部分 一、主要生产工程项目 ×××厂房 ×××厂房 …… 小计	× × ×	× × ×	× × ×	× × ×		× × ×	× × ×	× × ×	× × ×	× × ×	
3 4		二、辅助生产项目 机修车间 木工车间 …… 小计	× × ×	× × ×	× × ×	× × ×		× × ×	× × ×	× × ×	× × ×	× × ×	
5 6		三、公用设施工程项目 变电所 锅炉房 …… 小计	× × ×	× × ×	× × ×	× × ×		× × ×	× × ×	× × ×	× × ×	× × ×	
7 8		四、生活、福利、文化教育及服务项目、职工住宅、办公楼 …… 小计	× × × ×	× × × ×	× × × ×	× × × ×	×	× × × ×	× × × ×	× × × ×	× × × ×	× × × ×	
9 10		第二部分：其他工程和费用项目 土地征购费 勘察设计费 …… 合计					× × ×	× × ×					
		第一、二部分工程费合计	×	×	×	×	×	×					
11 12 13 14 15 16 17		预备费 建设期利息 固定资产投资方向调节税 铺底流动资金 总概算价值 其中：回收金额 投资比例/%	× ×	× ×	× ×	× ×	× × × × × ×	× × × × × ×					

审核： 核对： 编制： 年 月 日

(2) 将工程项目和费用名称及各项数值填入相应各栏内，然后按各栏分别汇总。

(3) 以汇总后总额为基础，按取费标准计算预备费用、建设期利息、固定资产投资方向调节税、铺底流动资金。

(4) 计算回收金额。回收金额是指在整个基本建设过程中所获得的各种收入。例如，原有房屋拆除所回收的材料和旧设备等的变现收入的计算方法应按地区主管部门的规定执行。

(5) 计算总概算价值。

总概算价值=第一部分费用+第二部分费用+预备费+建设期利息+固定资产投资方向调节税+铺底流动资金-回收金额

特别提示

整个项目的技术经济指标应选择有代表性和能说明投资效果的指标填列。为对基本建设投资分配、构成等情况进行分析，应在总概算表中计算出各项工程和费用投资占总投资的比例，在表 2-10 的末栏计算出每项费用的投资占总投资的比例。

2.3.3 设计概算的审查

1. 设计概算审查的意义

(1) 有利于合理分配投资资金、加强投资计划管理。设计概算偏高或偏低，都会影响投资计划的真实性，从而影响投资资金的合理分配。进行设计概算审查是遵循客观经济规律的需要，通过审查可以提高投资的准确性与合理性。

(2) 有助于概算编制人员严格执行国家有关概算的编制规定和费用标准，提高概算的编制质量。

(3) 有助于促进设计的技术先进性与经济合理性的统一。概算中的技术经济指标是概算水平的综合反映，合理、准确的设计概算是技术经济协调统一的具体体现。

(4) 合理、准确的设计概算可使下阶段投资控制目标更加科学合理，堵塞了投资缺口或突破投资的漏洞，缩小了概算与预算之间的差距，可提高项目投资的经济效益。

2. 审查的主要内容

1) 审查设计概算的编制依据。

(1) 合法性审查。采用的各种编制依据必须经过国家或授权机关的批准，符合国家的编制规定。未经过批准的不得以任何借口采用，不得以特殊理由擅自提高费用标准。

(2) 时效性审查。对定额、指标、价格、取费标准等各种依据，都应根据国家有关部门的现行规定执行。对颁发时间较长、已不能全部适用的应按有关部门作的调整系数执行。

(3) 适用范围审查。各主管部门、各地区规定的各种定额及其取费标准均有其各自的适用范围，特别是各地区的材料预算价格区域性差别较大时，在审查时应予以高度重视。

2) 单位工程设计概算构成的审查

(1) 建筑工程概算的审查。①工程量审查。根据初步设计图纸、概算定额、工程量计算规则的要求进行审查。②采用的定额或缺项指标的审查。审查定额或指标的使用范围、定额基价、指标的调整、定额或缺项指标的补充等。其中，在审查补充的定额或指标时，其项目划分、内容组成、编制原则等须与现行定额水平一致。③材料预算价格的审查。以耗用量最大的主要材料作为审查的重点，同时着重审查材料原价、运输费用及节约材料运输费用的措施。④各项费用的审查。审查各项费用所包含的具体内容是否重复计算或遗漏、取费标准是否符合国家有关部门或地方的规定。

(2) 设备及安装工程概算的审查。设备及安装工程概算审查的重点是设备清单与安装费用的计算。

① 非标准设备原价，应根据设备所被管辖的范围，审查各级规定的统一价格标准。

② 标准设备原价，除审查价格的估算依据、估算方法外，还要分析研究非标准设备估价准确度的有关因素及价格变动规律。

③ 设备运杂费审查，需注意设备运杂费率应按主管部门或省、自治区、直辖市规定的标准执行；若设备价格中已包括包装费和供销部门手续费时不应重复计算，应相应降低设备运杂费率。

④ 进口设备费用的审查，应根据设备费用各组成部分及国家设备进口、外汇管理、海关、税务等有关部门不同时期的规定进行。

⑤ 设备安装工程概算的审查，除编制方法、编制依据外，还应注意审查采用预算单价或扩大综合单价计算安装费时的各种单价是否合适、工程量计算是否符合规则要求、是否准确无误；当采用概算指标计算安装费时采用的概算指标是否合理、计算结果是否达到规定的要求；审查所需计算安装费的设备及种类是否符合设计要求，避免某些不需安装的设备安装费计入在内。

(3) 综合概算和总概算的审查。

① 审查概算的编制是否符合国家经济建设方针和政策的要求，根据当地自然条件、施工条件和影响造价的各种因素，实事求是地确定项目总投资。

② 审查概算文件的组成。例如，概算文件反映的内容是否完整、工程项目确定是否满足设计要求、设计文件内的项目是否遗漏、设计文件外的项目是否列入；建设规模、建筑结构、建筑面积、建筑标准、总投资是否符合设计文件的要求；非生产性建设工程是否符合规定的要求、结构和材料的选择是否进行了技术经济比较、是否超标等。

③ 审查总图设计和工艺流程。例如，总图设计是否符合生产和工艺要求、场区运输和仓库布置是否优化或进行方案比较、分期建设的工程项目是否统筹考虑、总图占地面积是否符合“规划指标”和节约用地要求。工程项目是否按生产要求和工艺流程合理安排、主要车间生产工艺是否合理。

④ 审查经济概算是设计的经济反映，除对投资进行全面审查外，还要审查建设周期、原材料来源、生产条件、产品销路、资金回收和盈利等社会效益因素。

⑤ 审查项目的环保。设计项目必须满足环境改善及污染整治的要求，对未作安排或漏列的项目，应按国家规定的要求列入项目内容并计入总投资。

⑥ 审查其他具体项目。例如，审查各项技术经济指标是否经济合理；审查建筑工程费用；审查设备和安装工程费；审查各项其他费用，特别注意要落实以下几项费用：土地补偿和安置补助费，按规定列明的临时工程设施费用，施工机构迁移费和大型机器进退场费。

3. 审查的方式

设计概算审查一般采用集中会审的方式进行。由会审单位分头审查，然后集中研究共同定案；或组织有关部门成立专门审查班子，根据审查人员的业务专长分组，再将概算费用进行分解，分别审查，最后集中讨论定案。

设计概算审查是一项复杂而细致的技术经济工作，审查人员既要懂得有关专业技术知识，又要具有熟练编制概算的能力，一般情况下可按如下步骤进行见表 2-11。

表 2-11 审查步骤及内容

审查步骤	审查内容
概算审查准备	了解设计概算的内容组成、编制依据和方法；了解建设规模、设计能力和工艺流程；熟悉设计图纸和说明书；掌握概算费用的构成和有关技术经济指标；明确概算各种表格的内涵；搜集概算定额、概算指标、取费标准等有关规定的文件资料
概算审查	分别对设计概算的编制依据、单位工程设计概算、综合概算、总概算进行逐级审查
技术经济对比分析	利用规定的概算定额或指标以及有关的技术经济指标与设计概算进行分析对比，根据设计和概算列明的工程性质、结构类型、建设条件、费用构成、投资比例、占地面积、生产规模、建筑面积、设备数量、造价指标、劳动定员等与国内外同类型工程规模进行对比分析，找出与同类型项目的主要差距
调查研究	对概算审查中出现的问题进行对比分析，在找出差距的基础上深入现场进行实际调查研究。了解设计是否经济合理、概算编制依据是否符合现行规定和施工现场实际、有无扩大规模、多估投资或预留缺口等情况，并及时核实概算投资
积累资料	对审查过程中发现的问题要逐一理清，对建成项目的实际成本和有关数据资料等进行搜集并整理成册，为今后审查同类工程概算和国家修订概算定额提供依据

课题 2.4 施工图预算的编制与审查

2.4.1 施工图预算的内容

施工图预算是要根据批准的施工图设计、预算定额和单位计价表、施工组织设计文件以及各种费用定额等有关资料进行计算和编制的单位工程预算造价的文件。施工图预算是拟建工程设计概算的具体文件，也是单项工程综合预算的基础文件。施工图预算的编制对象为单位工程，因此也称单位工程预算。施工图预算通常分为建筑工程预算和设备安装工程预算两大类。根据单位工程和设备的性质、用途的不同，建筑工程预算可分为一般土建工程预算、卫生工程预算、工业管道工程预算、

特殊构筑物工程预算和电气照明工程预算；设备安装工程预算又可分为机械设备安装工程预算、电气设备安装工程预算。

2.4.2 施工图预算的编制依据

1. 经批准和会审的施工图设计文件及有关标准图集

编制施工图预算所用的施工图纸须经主管部门批准，须经业主、设计工程师参加的图纸会审并签署“图纸会审纪要”，应有与图纸有关的各类标准图集。通过上述资料可熟悉编制对象的工程性质、内容、构造等工程情况。

2. 施工组织设计

施工组织设计是编制施工图预算的重要依据之一，通过它可充分了解各分部、分项工

程的施工方法、施工进度计划、施工机械的选择、施工平面图的布置及主要技术措施等内容，与工程量计算、定额的套用密切相关。

3．工程预算定额

工程预算定额是编制施工图预算的基础资料，是分项工程项目划分、分项工程工作内容、工程量计算的重要依据。

4．经批准的设计概算文件

经批准的设计概算文件是控制工程拨款或贷款的最高限额，也是控制单位工程预算的主要依据。若工程预算确定的投资总额超过设计概算，必须补作调整设计概算，经原批准机构批准后方可实施。

5．单位计价表

地区单位计价表是单价法编制施工图预算最直接的基础资料。主要包括工程费用定额、材料预算价格、工程承包合同或协议书、预算工作手册等。

2.4.3 施工图预算的编制方法

1．单价法

单价法就是用地区统一单位计价表中各项工料单价乘以相应的各分项工程的工程量，求和后得到包括人工费、材料费和机械使用费在内的单位工程直接费。据此计算出其他直接费、现场经费、间接费以及计划利润和税金，经汇总即可得到单位工程的施工图预算。

其他直接费、现场经费、间接费和利润可根据统一规定的费率乘以相应的计取基数求得，单价法编制施工图预算的直接费计算公式及编制的基本步骤如下：

$$\text{单位工程施工图预算直接费}=\sum(\text{工程量}\times\text{工料单价}) \quad (\text{式 2-10})$$

使用单价法编制施工图预算的完整步骤见图 2.5。

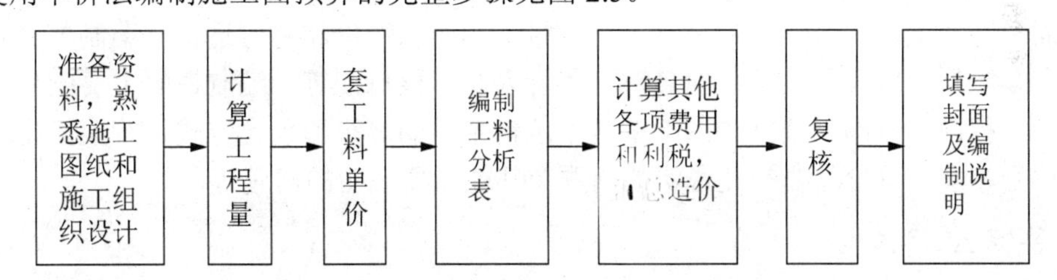

图 2.5 使用单价编制施工图预算的完整步骤

1) 准备资料，熟悉施工图纸和施工组织设计

搜集、准备施工图纸、施工组织设计、施工方案、现行建筑安装定额、取费标准、统一工程量计算规则和地区材料预算价格等各种资料。在此基础上对施工图纸进行详细了解，全面分析各分部、分项工程，充分了解施工组织设计和施工方案，注意影响费用的关键因素。

2) 计算工程量

工程量计算一般按如下步骤进行：①根据工程内容和定额项目，列出计算工程量分部

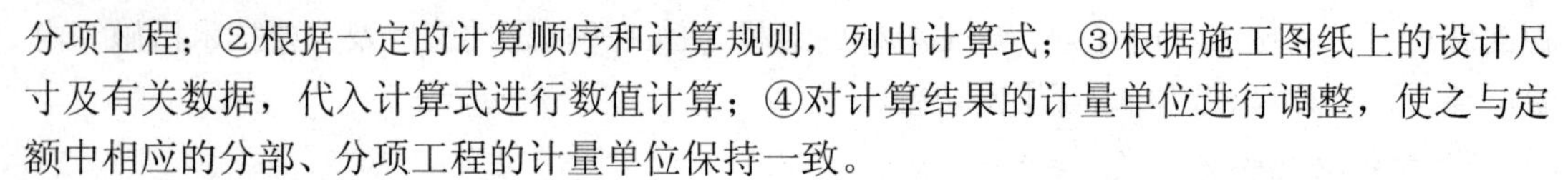
分项工程；②根据一定的计算顺序和计算规则，列出计算式；③根据施工图纸上的设计尺寸及有关数据，代入计算式进行数值计算；④对计算结果的计量单位进行调整，使之与定额中相应的分部、分项工程的计量单位保持一致。

3) 套工料单价

核对计算结果后，按单位工程施工图预算直接费计算公式求得单位工程人工费、材料费和机械使用费之和。

特别提示

(1) 分项工程的名称、规格、计量单位必须与预算定额工料单价或单位计价表中所列内容完全一致，以防重套、漏套或错套工料单位而产生偏差。

(2) 进行局部换算或调整时，换算指定额中已计价的主要材料因品种不同而进行的换价，一般不调整数量；调整指因施工工艺条件不同而进行的人工、机械的数量增减，一般调整数量不换价。

(3) 若分项工程不能直接套用定额、不能换算和调整时，应编制补充单位计价表。

(4) 定额说明允许换算与调整以外的部分不得任意修改。

4) 编制工料分析表

根据各分部、分项工程项目实物工程量和预算额中项目所列的用工及材料数量，计算各分部、分项工程所需人工及材料数量，汇总后算出该单位工程所需各类人工、材料的数量。

5) 计算并汇总造价

根据规定的税率、费率和相应的计取基数，分别计算其他直接费、现场经费、间接费、利润、税金等。将上述费用累计后与直接费进行汇总，求出单位工程预算造价。

6) 复核

对项目填列、工程量计算公式、计算结果、套用的单价、采用的各项取费费率、数字计算、数据精确度等进行全面复核，以便及时发现差错，及时修改，提高预算的准确性。

7) 填写封面及编制说明

封面应写明工程编号、工程名称、工程量、预算总造价和单方造价、编制单位名称、负责人和编制日期以及审核单位的名称、负责人和审核日期等。编制说明主要应写明预算所包括的工程内容范围、依据的图纸编号、承包企业的等级和承包方式、有关部门现行的调价文件号、套用单价需要补充说明的问题及其他需要说明的问题等。

2．实物法

实物法编制施工图预算是先用计算出的各分项工程的实物工程量分别套取预算定额，按类相加求出单位工程所需的各种人工、材料、施工机械台班的消耗量，再分别乘以当时当地各种人工、材料、机械台班的实际单价，求得人工费、材料费和施工机械使用费并汇总求和。实物法中单位工程预算直接费的计算公式为

单位工程预算直接费=Σ(工程量×材料预算定额用量×当时当地材料预算价格)
+Σ(工程量×人工预算定额用量×当时当地人工工资单价)
+Σ(工程量×施工机械预算定额台班用量×当时当地机械台班单价)

对于其他直接费、现场经费、间接费、计划利润和税金等费用的计算，则根据当时当地建筑市场供求情况予以确定。实物法编制施工图预算的步骤与单价法基本相似，但在具

体计算人工费、材料费和机械使用费及汇总3种费用之和方面有区别。其步骤见图2.6。

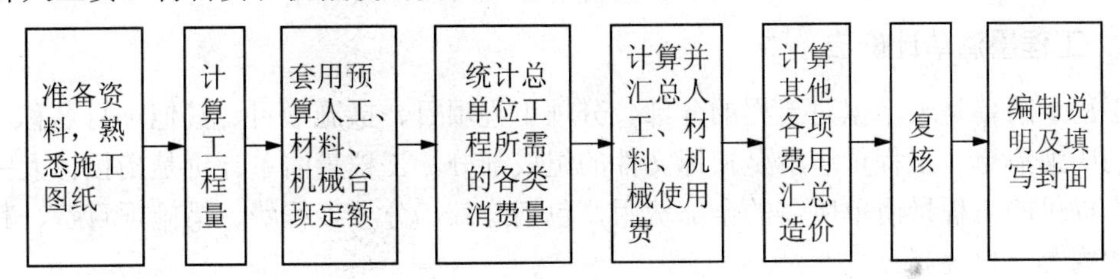

图2.6 实物法编制施工图预算步骤

1) 准备资料，熟悉施工图纸

全面搜集各种人工、材料、机械的当时当地的实际价格，包括不同品种、不同规格的材料预算价格，不同工种、不同等级的人工工资单价，不同种类、不同型号的机械台班单价等。要求获得的各种实际价格应全面、系统、真实、可靠。具体可参考单价法相应步骤的内容。

2) 计算工程量

本步骤的内容与单价法相同，不再赘述。

3) 套用预算人工、材料、机械台班定额

定额消耗量中的"量"在相关规范和工艺水平等未有较大突破性变化之前具有相对稳定性，据此确定符合国家技术规范和质量标准要求，并反映当时施工工艺水平的分项工程计价所需的人工、材料、施工机械的消耗量。

4) 统计汇总单位工程所需的各类消耗量

根据预算人工定额所列各类人工工日的数量，乘以各分项工程的工程量，计算出各分项工程所需各类人工工日的数量，统计汇总后确定单位工程所需的各类人工工日消耗量。同理，根据预算材料定额、预算机械台班定额分别确定出单位工程各类材料消耗数量和各类施工机械台班数量。

5) 计算并汇总人工费、材料费、机械使用费

根据当时当地工程造价管理部门定期发布的或企业根据自己实际情况自行确定的人工单价、材料价格、施工机械台班单价分别乘以人工、材料、机械消耗量，汇总后即为单位工程人工费、材料费和机械使用费。

6) 计算其他各项费用，汇总造价

上述单位工程直接费、现场经费、税率相对比较稳定，而间接费、利润则要受建筑市场供求状况的影响，随行就市，浮动较大。

7) 复核

检查人工、材料、机械台班的消耗量计算是否准确，有无漏算、重算或多算；套取的定额，是否正确；检查采用的实际价格是否合理。其他内容可参考单价法相应步骤的介绍。

8) 填写封面及编制说明

实物法编制施工图预算所用人工、材料和机械台班的单价都是当时当地的实际价格，编制出的预算可较准确地反映实际水平，误差较小，适用于市场经济条件下价格波动较大的情况。由于采用该方法需要统计人工、材料、机械台班消耗量，还需搜集相应的实际价格，因而工作量较大、计算过程繁琐。但随着建筑市场的开放、价格信息系统的建立、竞争机制作用的发挥和计算机的普及，实物法将是一种与统一"量"、指导"价"、竞争"费"

的工程造价管理机制相适应，与国际建筑市场接轨，符合发展趋势的预算编制方法。

3．工程量清单计价法

工程量清单是表示拟建工程的分部、分项工程项目、措施项目、其他项目名称和相应数量的明细清单。工程量清单是招标文件的组成部分。工程量清单计价是指投标人完成由招标人提供的工程量清单所需的全部费用，包括分部、分项工程费、措施项目费、其他项目费和规费、税金等。

工程量清单计价法是建设工程招标中，招标人按照国家统一的工程量计算规则或受其委托具有相应资质的工程造价咨询人编制的反映工程实体消耗和措施性消耗的工程量清单，并作为招标文件的一部分提供给投标人，由投标人依据工程量清单自主报价的计价方式。在工程招投标中采用工程量清单计价是国际上较为通行的做法，也是我国目前广泛推行的先进的计价方法。

特别提示

全部使用国有资金投资或国有资金投资为主工程建设项目，必须采用工程量清单计价。

2.4.4 施工图预算的审查

1．审查的内容

审查的重点是施工图预算的工程量计算是否准确、定额或单价套用是否合理、各项取费标准是否符合现行的规定等方面。审查的详细内容如下。

1) 审查工程量(见表 2-12)

表 2-12　工作量审查

审 查 项 目	审查主要内容
土方工程	①平整场地、地槽与地坑等土方工程量的计算是否符合定额的计算规定；施工图纸标示尺寸、土壤类别是否与勘察资料一致；地槽与地坑放坡、挡土板是否符合设计要求、有无重算或漏算。②地槽、地坑回填土的体积是否扣除了基础所占的体积、地面和室内填土的厚度是否符合设计要求。运土距离、运土数量。回填土土方的扣除等。③桩料长度是否符合设计要求、需要接桩时的接头数是否正确
砖石工程	①墙基与墙身的划分是否符合规定。②不同厚度的内墙和外墙是否分别计算、是否扣除门窗洞口及埋入墙体各种钢筋混凝土梁、柱等所占用的体积。③同砂浆强度的墙和定额规定按 m^3 或 m^2 计算的墙是否有混淆、错算或漏算
混凝土及钢筋混凝土工程	①现浇构件与预制构件是否分别计算，是否有混淆。②现浇柱与梁、主梁与次梁及各种构件计算是否符合规定，有无重算或漏算。③有筋和无筋的是否按设计规定分别计算，是否有混淆。钢筋混凝土的含钢量与预算定额含钢量存在差异时，是否按规定进行增减调整
结构工程	①门窗是否按不同种类、按框外面积或扇外面积计算。②木装修的工程量是否按规定分别以延长米或 m^2 进行计算
地面工程	①楼梯抹面是否按踏步和休息平台部分的水平投影面积计算。②当细石混凝土地面找平层的设计厚度与定额厚度不同时，是否按其厚度进行换算
屋面工程	①卷材屋面工程是否与屋面找平层工程量相符。②屋面找平层的工程量是否按屋面层的建筑面积乘以保温层平均厚度计算，不做保温层的挑檐部分是否按规定不作计算

续表

审 查 项 目	审查主要内容
构筑物工程	烟囱和水塔脚手架是否以座为单位编制，地下部分是否有重算
装饰工程	内墙抹灰的工程量是否按墙面的净高和净宽计算，有无重算和漏算
金属构件制作	各种类型钢、钢板等金属构件制作工程量是否以吨为单位，其形体尺寸计算是否正确，是否符合现行规定
水暖工程	①室内外排水管道、暖气管道的划分是否符合规定。②各种管道的长度、口径是否按设计规定计算。③对室内给水管道不应扣除阀门，接头零件所占长度是否多扣；应扣除卫生设备本身所附带管道长度是否漏扣。④室内排水采用插铸铁管时是否将异形管及检查口所占长度错误扣除，有无漏算。⑤室外排水管道是否已扣除检查井与连接井所占的长度。⑥暖气片的数量是否与设计相一致
电气照明工程	①灯具的种类、型号、数量是否与设计图一致。②线路的敷设方法、线材品种是否达到设计标准，有无重复计算预留线的工程量
设备及安装工程	①设备的品种、规格、数量是否与设计相符。②需要安装的设备和不需要安装的设备是否分清，有无将不需要安装的设备作为需要安装的设备多计工程量

2) 审查定额或单价的套用

(1) 预算中所列各分项工程单价是否与预算定额的预算单价相符，其名称、规格、计量单位和所包括的工程内容是否与预算定额一致。

(2) 对补充定额和单位计价表的使用应审查补充定额是否符合编制原则、单位计价表计算是否正确。

3) 审查其他有关费用

其他有关费用包括的内容有地区差异，具体审查时应注意是否符合当地的规定和定额的要求。

(1) 是否按本项目的工程性质计取费用、有无高套取费标准。

(2) 间接费的计取基础是否符合规定。

(3) 算外调整的材料差价是否计取间接费；直接费或人工费增减后，有关费用是否作了相应调整。

(4) 有无将不需安装的设备计取在安装工程的间接费中。

(5) 有无巧立名目、乱摊费用的情况。

(6) 计划利润和税金的审查，重点应放在计取基础和费率是否符合当地有关部门的现行规定、有无多算或重算。

2. 审查的步骤

1) 审查前准备工作

(1) 熟悉施工图纸。施工图纸是编制与审查预算分项数量的重要依据，必须全面熟悉了解。

(2) 根据预算编制说明，了解预算包括的工程范围，如配套设施、室外管线、道路，以及会审图纸后的设计变更等。

(3) 明确所用单位工程计价表的适用范围，搜集并熟悉相应的单价、定额资料。

2) 选择审查方法、审查相应内容

工程规模、繁简程度不同，编制工程预算的繁简和质量就不同，应选择适当的审查方法进行审查。

3) 整理审查资料并调整定案

综合整理审查资料，同编制单位交换意见，定案后编制调整预算。经审查如发现差错，应与编制单位协商，统一意见后进行相应增加或核减的修正。

3．审查的方法

1) 逐项审查法

逐项审查法又称全面审查法，即按定额顺序或施工顺序，对各分项工程中的工程项目逐项、全面、详细审查的一种方法。其优点是全面、细致，审查质量高、效果好。其缺点是工作量大，时间较长。这种方法适用于一些工程量较小、工艺比较简单的工程。

2) 标准预算审查法

标准预算审查法就是对利用标准图纸或通用图纸施工的工程，先集中力量编制标准预算，以此为准来审查工程预算的一种方法。按标准设计图纸或通用图纸施工的工程，一般上部结构和做法相同，只是根据现场施工条件或地质情况不同，仅对基础部分作局部改变。凡这样的工程，以标准预算为准，对局部修改部分单独审查即可，不需逐一详细审查。该方法的优点是时间短、效果好、易定案。其缺点是适用范围小，仅适用于采用标准图纸的工程。

3) 分组计算审查法

分组计算审查法就是预算中有关项目按类别划分若干组，利用同组中的一组数据审查分项工程量的一种方法。这种方法首先将若干分部、分项工程按相邻且有一定内在联系的项目进行编组，利用同组分项工程间具有相同或相近计算基数的关系，审查一个分项工程数量，由此判断同组中其他几个分项工程的准确程序。例如，一般的建筑工程中将底层建筑面积、地面面层、地面垫层、楼面面层、楼面找平层、楼板体积、天棚抹灰、天棚刷浆及屋面层可编为一组。先计算底层建筑面积或楼(地)面面积，从而得知楼面找平层、天棚抹灰、刷白的面积。该面积与垫层厚度乘积即为垫层的工程量，与楼板折算厚度乘积即为楼板的工程量等，以此类推。该方法的特点是审查速度快、工作量小。

4) 对比审查法

对比审查法是当工程条件相同时，用已完工程的预算或未完但已经过审查修正的工程预算对比审查拟建工程的同类工程预算的一种方法。

特别提示

采用该方法一般须符合下列条件。

(1) 拟建工程与已完工程采用同一施工图，但基础部分和现场施工条件不同，则相同部分可采用对比审查法。

(2) 工程设计相同，但建筑面积不同，两个工程在建筑面积之比与两个工程各分部、分项工程量之比大体一致。此时可按分项工程量的比例，审查拟建工程各分部、分项工程的工程量，或用两个工程每 m^2 建筑面积造价、每 m^2 建筑面积的各分部、分项工程量对比进行审查。

(3) 两个工程面积相同，但设计图纸不完全相同，则对相同的部分，如厂房中的柱子、屋架、屋面、砖墙等，可进行工程量的对照审查。对不能对比的分部、分项工程可按图纸计算。

5) "筛选法"审查法

"筛选法"是能较快发现问题的一种方法。建筑工程虽面积和高度不同，但其各分部、分项工程的单位建筑面积指标变化却不大。将这样的分部、分项工程加以汇集、优选，找出其单位建筑面积工程量、单价、用工的基本数值，归纳为工程量、价格、用工3个单方基本指标，并注明基本指标的适用范围。这些基本指标用来筛选各分部、分项工程，对不符合条件的进行详细审查，若审查对象的预算标准与基本指标的标准不符，就应对其进行调整。

“筛选法”的优点是简单易懂，便于掌握，审查速度快，便于发现问题但问题出现的原因尚需继续审查。该方法适用于审查住宅工程或不具备全面审查条件的工程。

6) 重点审查法

重点审查法就是抓住工程预算中的重点进行审核的方法。审查的重点一般是工程量较大或者造价较高的各种工程、补充定额以及各项费用(计取基础、取费标准)等。重点审查法的优点是重点突出、审查时间短、效果好。

课题2.5 推行限额设计

1. 限额设计的概念

所谓限额设计就是按照批准的可行性研究报告及投资估算控制初步设计，按照批准初步设计总概算控制技术设计和施工图设计，同时各专业在保证达到使用功能的前提下，按分配的投资限额控制设计，严格控制技术设计和施工图设计的不合理变更，保证总投资限额不被突破，从而达到控制投资的目的。

2. 限额设计的目标及过程

限额设计的目标(指标)是在初步设计开始前，根据批准的可行性研究报告及其投资估算确定的。在设计院，限额设计指标经项目经理或总设计师提出并审批下达，其总额度一般只下达直接工程费的90%，以便项目经理、总设计师和室主任留有一定的调节指标，限额指标用完后，必须经批准才能调整。专业之间或专业内部节约下来的单项费用，未经批准，不能相互调用。

3. 限额设计的控制

限额设计控制工程造价可以从两个角度入手：①按照设计过程从前向后依次进行控制，称为纵向控制；②对设计单位及其内部各专业、科室及设计人员进行考核，实施奖惩，进而保证不突破限额的控制方法，称为横向控制。

1) 限额设计的纵向控制

限额设计的纵向控制即按照设计阶段反设计过程的深入，以上一阶段确定的工程造价额作为限额目标进行造价控制的过程。

随着不同设计阶段及各阶段的深入，从可行性研究、方案设计、初步设计、扩大初步设计直到施工图设计，限额设计必须贯穿到每个阶段，而在每一阶段中又要贯穿到各个专业以及每道工序，在每个专业、每道工序中都要把限额设计作为控制工程造价的手段，这是实现总限额的保证。如果从初步设计到施工图设计，每个阶段、每个环节都能实现预定的造价控制目标，整个建设项目的造价也就得以实现。纵向控制是限额设计实现的保证。

(1) 投资分解。投资分解是实行限额设计的有效途径和主要方法。设计任务书获批准后，设计单位在设计之前应在设计任务书的总框架内将投资先分解到各专业，然后再分配到各单项工程和单位工程，作为进行初步设计的造价控制目标。各专业的造价控制目标就是限额设计目标。

(2) 限额进行初步设计。初步设计应严格按分配的造价控制目标进行设计。在初步设计开始之前，项目总设计师应将设计任务书规定的设计原则、建设方针和投资限额向设计人员交底，将投资限额分专业下达到设计人员，发动设计人员认真研究实现投资限额的可能性，切实进行多方案比选，对各个技术经济方案的关键设备、工艺流程、总图方案、总图建筑和各项费用指标进行比较和分析，从中选出既能达到工程要求，又不超过投资限额的方案，作为初步设计方案。如果发现重大设计方案或某项费用指标超出任务书的投资限额，应及时反映，并提出解决问题的办法。不能等到设计概算编出后，才发觉投资超限额，再被迫压低造价，减项目、减设备，这样不但影响设计进度，而且造成设计上的不合理，给施工图设计超出限额埋下隐患。

为达到初步设计限额目标，设计单位在设计前应进行工程资料的收集，建立起工程造价数据库，设计人员在设计前要充分了解项目建议书、可行性报告、设计任务书的要求，了解建设场地的水文、地质情况，了解地形地貌，了解工艺设备流程，了解新型建筑材料及性能，查阅工程造价数据库，包括技术标准、材料设备的市场价格、技术经济指标数据、统计资料等，以充分掌握与工程造价密切相关的资料、信息，确保在设计过程中有效地将造价控制在专业限额以内。

(3) 施工图设计阶段的造价控制。施工图设计是建筑安装工程的具体实施方案，在施工图设计中，无论是建设项目总造价，还是单项工程、单位工程造价，均不应该超过初步设计概算造价。设计单位按照造价控制目标确定施工图设计的构造，选用材料和设备。

施工图设计的质量控制应该是比较好把握的，因为有相应的规范、标准；而造价标准的把握与控制则有一定难度，关键在于设计过程中技术与经济的脱节。到了施工图设计阶段，工程建设的所有细节基本已经清楚，可以根据施工图设计计算出详细的工程量，造价也明确了。这时应该编制出施工图预算，分析单项工程、单位工程造价的数额、各部分组成并与概算造价的相应部分也即限额目标相比较，明确是超出还是降低，如果超过应分析原因并进行适当的调整。即使在施工图设计阶段，对工程方案的调整也是在“纸面”上进行的，因而比较容易而且几乎没有什么费用，比到施工阶段再调整代价要小得多。

施工图设计阶段也是最利于实现造价合理(提高价值)分配的阶段，限额一方面是限制总的造价额度，另一方面也是使总造价的分配最有利于不同结构、部位价值(功能与费用之比)的提高，这种最合理或最符合项目总体目标要求的分配在施工图设计阶段应该得到充分的体现，如果没有达到合理限额的分配，也应对设计作适当的调整。

施工图阶段，工程建设的蓝图已经绘就，大的轮廓、小的细节均已确定，如果没有施工中的设计变更，造价的目标包括总的价值和合理的分配，也已经实现。

(4) 设计变更。由于各种条件的制约和人们认识的局限，施工图设计完成后，在施工过程中由于现场条件、对工程的新要求或对已有设计发现问题等原因，有时要对已完成的设计进行局部修改和变更，这是使设计、建设更趋完善的正常现象，但是会引起已经确认的概预算价值的变化。这种变化在一定范围内是允许的，但要经过核算和调整。

当然，设计变更应该尽量控制，但一旦发生，应及时进行变更造价的调整。对设计变更管理应加强管理，实行限额动态控制。如果施工图设计变化涉及建设规模、产品方案、工艺流程或设计方案的重大变更，使原初步设计失去指导施工图设计的意义时，必须重新编制或修改初步设计文件，并重新报原审查单位审批。一般来说，设计变更是不可避免的，但不同阶段的变更，其损失费用也不相同。变更发生得越早，损失越小；反之，损失就越大。如果在设计阶段变更，则只需修改图纸，其他费用尚未发生，损失有限；如果在采购阶段变更，不仅需要修改图纸，而且设备、材料还必须重新采购；若在施工阶段变更，除上述费用外，已施工的工程还必须拆除，势必造成重大变更损失。为此，必须加强设计变更管理，尽可能把设计变更控制在设计阶段初期，尤其对影响工程造价的重大设计变更，更要用先算账后变更的办法解决，使工程造价得到有效控制。

2) 限额设计的横向控制

限额设计的横向控制是指在设计单位内部明确各部门的造价控制责任，在各设计阶段各部门互相配合，共同做好工程造价控制，也可称为全面造价控制。

限额设计的横向控制的重要工作是健全和加强设计单位对建设单位以及设计单位的内部经济责任制，而经济责任制的核心则是正确处理责、权、利三者之间的有机关系。为此，要建立设计总承包的责任体制，让设计部门对设计阶段实行全权控制，这样既有利于设计方案的质量及其产生的时效性，而且使设计部门内部管理清晰，从而达到控制造价的目的。

加强限额设计的横向控制，应该建立设计部门各专业投资分配考核制度。在设计开始前按照设计过程估算、概算、预算的不同阶段，将工程投资按专业进行分配，并分段考核。为此，应赋予设计单位及设计单位内部各科室及设计人员，对所承担的设计具有相应的决定权、责任权，并建立起限额设计的奖惩机制，从经济利益方面促进设计人员强化造价意识，了解新材料、新工艺，从各方面改进和完善设计，合理降低工程造价，将造价控制在限额目标以内。

在设计单位内部加强限额设计管理，要有相应的管理制度和有关规定，将设计阶段的投资控制纳入工程造价的管理体系，努力提高设计人员和经济人员的经济意识和业务素质，将技术与经济有机地结合起来，改变目前普遍存在的重技术、轻经济，设计保守，浪费投资，事后算账的做法，及时对工程造价进行分析对比，能动地影响设计。设计单位应建立自我约束机制，促使设计人员和工程经济人员自觉按照限额设计的有关规定搞好工程设计，控制投资。

限额设计是控制工程造价的重要手段，它抓住了工程造价控制的主要环节，如果顺畅实施，能够克服常见的“三超”现象，有利于处理好技术与经济的对立统一关系，提高设计质量；有利于强化设计人员的工程造价意识，扭转设计概预算的失控现象，可促使设计单位内部技术与经济部门形成一个有机的整体，克服相互脱节的现象。大量实例表明，限额设计是控制工程造价，提高投资效益的行之有效的手段，应大力推广。

4. 限额设计的完善

1)限额设计的不足

限额设计虽然能够有效地控制工程造价，但在应用中也有一些不足之处，主要表现在以下几个方面。

(1) 限额中的总额比较好把握，但其指标的分解有一定难度，操作也有一定困难，各专业设计人员在实际设计过程中如何按照分解的造价来控制设计，说起来容易做起来较难，这也是我国多年推行限额设计而效果不是很理想的原因之一。限额设计的理论及其操作技术都有待于进一步发展。

(2) 限额设计由于突出地强调了设计限额的重要性，而忽视了工程功能水平的要求，以及功能与成本的匹配性，可能会出现功能水平过低而增加工程运营维护成本的情况，或者在投资限额内没有达到最佳功能水平的现象。价值工程理论提出了5种提高价值的途径，其中之一是“成本稍有增加，但功能水平大幅度提高”，即允许在提高价值(大幅度提高功能水平)的前提下成本小幅度增加，那么，在限额设计要求下，这种提高价值的途径就是不能采用的。这实际是限制了提高价值的一种途径。

(3) 限额设计中的限额包括投资估算、设计概算、施工图预算等，均是指建设项目的一次性投资，而对项目建成后的维护使用费、能源消耗费用、项目使用期满后的报废拆除费用则考虑较少，也就是较少考虑建设项目的生命周期成本，这样就可能出现限额设计效果较好，但项目的全寿命费用不一定很经济的现象。尤其是在强调节能、环保、可持续发展等现化建筑观的背景下，仅仅以建造时期的造价作为限额指标可能有一些片面性。

2) 限额设计的完善

针对上述限额设计的不足之处，在推行过程中应该采取相应措施，首先要正确、科学地分解限额指标，在设计单位内部制定一系列技术、经济措施，促使技术、经济专业人员相互配合，共同完成总体和分部、分专业的限额设计指标。其次，不能单纯地过分强调限额，在对不同结构、部位进行功能分析的基础上，如果适当提高造价有助于价值的提高，就应该突破允许限额，通过降低其他部位(在不影响使用功能的前提下)造价等方法，保证总体限额不被突破，这时限额设计的意义更多地体现在造价的合理、科学分配上。最后，要将可持续发展观贯彻到设计中去，按照建设部强调的“四节”(节能、节水、节地、节材)、环保、与周边环境协调等要求，从建设项目生命周期的角度对造价进行分析、评价，如果有利于工程使用费用、能耗等的降低，建造成本的适当提高也是应该允许的。

课题 2.6 推广标准化设计

1．标准化设计的概念

按照国家或省、自治区、直辖市批准的建筑、结构和构件等整套标准技术文件、图纸进行的设计，称之为标准化设计。各专业设计单位按照专业需要自行编制的标准设计图纸所进行的设计，叫做通用设计。

近年来，我国设计标准化工作随着基本建设的扩大有了较大的进展，在总结基本建设技术革新和技术革命的经验基础上，编制了不少新的标准技术文件图纸。设计标准化工作开始走上自己发展的道路；为了与国际惯例接轨，还注意尽量与国际通用标准靠拢和采用国际标准。

2．设计标准规范和标准设计的分类

1) 国家设计规范和标准设计

国家设计规范和标准设计是指在全国范围内需要统一的标准规范和标准设计。由主编

部门提出，报住房和城乡建设部审批颁发，在全国执行。

2) 省、自治区、直辖市设计标准规范和标准设计

省、自治区、直辖市设计标准规范和标准设计是指在本地区范围内需要统一的标准规范和标准设计，由主编单位提出并报省、自治区、直辖市主管基建的综合部门审批颁发，并报住房和城乡建设部备案，在本地区范围内执行。

3) 部级设计规范和标准设计

部级设计规范和标准设计是指在全国某行业范围内需要统一的标准规范和标准设计，由主编单位提出并报主管部门审批颁发，再报住房和城乡建设部备案。一般在各自行业中执行。若经住房和城乡建设部认可，也可在国内范围内执行。

4) 设计单位标准规范

设计单位标准规范是指在设计单位范围内需要统一，在本设计单位内部使用的设计技术规范，设计技术文件图纸和规定，由设计单位批准执行，并报上一级主管部门备案。这种标准规范，能反映本设计单位的技术水平和管理水平及其特点，发挥了自己的优势，可增强竞争能力。

3. 标准化设计的优点

(1) 提高设计速度，节省设计费用。由于采用了已有的标准技术文件图纸，加快了设计速度，节约了设计费用。一般采用标准化设计可以加快设计速度一倍以上。

(2) 提高劳动生产率。构件预制厂和设计生产厂家按标准技术文件图纸生产标准件和设备，工艺定性，工人技术易提高，生产均衡，提高了劳动生产率，并能保证施工进度。

(3) 节约建筑材料，降低工程造价。采用标准设计，施工备料可减少浪费；生产标准构配件的预制厂，可统一安排、统一配料、集中制作，节材省料，降低了工程造价，如标准构件的木材消耗仅为非标准构件的25%。

(4) 提高设计质量，保证工程质量，降低工程造价。标准设计规范是在总结过去设计、生产经验的基础上，根据共通性原则编制的，并按规定程序批准的，具有技术上的先进性、可靠性，经济上的合理性。而标准构配件又是事先在预制厂加工并经检验合格后才使用的，既可提高设计质量，又可保证工程质量，还可降低造价，可谓一举三得。据上海的调查资料表明，采用标准构件的建筑工程可降低造价 10%～15%；天津市统计资料证明，采用标准构配件可降低建筑安装工程造价 16%。

(5) 总结和推广先进技术、促进建筑业工业化水平和标准化水平的提高。标准设计技术文件图纸本身就是先进经验的总结，大量重复使用的过程就是推广和再总结、再提高的过程。显然，它促进了建筑业工业化和标准化水平的不断提高和发展。

课题 2.7 工程设计阶段工程造价控制案例分析

1. 案例 1

【背景】某拟建办公楼建筑面积为 6000m^2。类似工程的建筑面积为 5400m^2，预算造价为 6200000 元。各种费用占预算造价的比例为人工费 6%，材料费 55%，机械使用费 6%，措施费 3%，其他费用 30%。各种价格的差异系数为人工费 K_1=1.02，材料费 K_2=1.05，机

械使用费 K_3=0.99，措施费 K_4=1.04，其他费用 K_5=0.95。

试用类似工程预算法编制工程概算。

【答案】

综合调整系数 K=6%×1.02+55%×1.05+6%×0.99+3%×1.04+30%×0.95=1.014

价差修正后的类似工程预算造价=6200000×1.014=6286800(元)

价差修正后的类似工程预算单方造价=6286800/5400=1164.22(元/m²)

所以，拟建办公楼的概算造价=1164.22×6000=6985320(元)

2. 案例 2

【背景】某市高新技术开发区有两幢科研楼和一幢综合楼，其设计方案对比如下：A 方案结构方案为大柱网框架轻墙体系，采用预应力大跨度叠合楼板，墙体材料采用多孔砖及移动可拆装式分隔墙，窗户采用单框双玻璃钢塑窗，面积利用系数为 93%，单方造价为 1438 元/m^2；B 方案结构同 A 方案，墙体采用内浇外砌，窗户采用单框双玻璃空腹钢窗，面积利用系数为 87%，单方造价为 1108 元/m^2；C 方案结构方案采用砖混结构体系，采用多孔预应力板，墙体材料采用标准粘土砖，窗户采用单玻璃空腹钢窗，面积利用系数为 79%，单方造价为 1082 元/m^2。各功能权重级各方案功能得分见表 2-13。

表 2-13　各功能权重级各方案功能得分表

方案功能	功能权重	方案功能得分		
		A	B	C
结构体系	0.25	10	10	8
模板类型	0.05	10	10	9
墙体材料	0.25	8	9	7
面积系数	0.35	9	8	7
窗户类型	0.1	9	7	8

【问题】

(1) 应用价值工程方法选择最优设计方案。

(2) 为控制工程造价和进一步降低费用，拟针对所选的最优设计方案的土建工程部分，以工程材料费为对象开展价值工程分析。将土建工程划分为 4 个功能项目，各功能项目评分价值及目前成本见表 2-14。按限额设计要求，目标成本额应控制为 12170 万元。

表 2-14　各功能评分价值与目前成本

功能项目	功能评分	目前成本/万元
桩基围护工程	10	1520
地下室工程	11	1482
主体结构工程	35	4705
装饰工程	38	5105
合计	94	12 812

试分析各功能项目的目标成本及其可能降低的额度，并确定功能的改进顺序。

【答案】

(1) 分别计算个方案的功能指数、成本指数和价值指数，并根据价值指数选择最优方案。

① 功能指数计算分析表(见表 2-15)。

表 2-15　功能指数计算分析表

方案功能	功能权重	方案功能加权得分		
		A	B	C
结构体系	0.25	10 × 0.25=2.5	10 × 0.25=2.5	8 × 0.25=2
模板类型	0.05	10 × 0.05=0.5	10 × 0.05=0.5	9 × 0.05=0.45
墙体材料	0.25	8 × 0.25=2	9 × 0.25=2.25	7 × 0.25=1.75
面积系数	0.35	9 × 0.35=2.15	8 × 0.35=2.8	7 × 0.35=2.45
窗户类型	0.1	9 × 0.1=0.9	7 × 0.1=0.7	8 × 0.1=0.8
合计		9.05	8.75	7.45
功能指数		9.05/25.25=0.358	8.75/25.25=0.347	7.45/25.25=0.295

注：各方案功能加权得分之和为：9.05+8.75+7.45=25.25。

② 各方案的成本指数分析计算(见表 2-16)。

表 2-16　功能指数计算分析表

方案	A	B	C	合计
单方造价/(元/m^2)	1438	1108	1082	3628
成本指数	0.396	0.305	0.298	0.999

③ 各方案的价值指数分析(见表 2-17)。

表 2-17　价值指数分析表

方案	A	B	C
功能指数	0.358	0.347	0.295
成本指数	0.396	0.305	0.298
价值指数	0.904	1.138	0.99

由以上计算结果可知，B 设计方案价值指数最高，为最优方案。

(2) 根据所选的设计方案进一步分析计算桩基围护工程、地下室工程、主体结构工程和装饰工程的功能指数、成本指数和价值指数；再根据给定的总目标成本额，计算各工程内容的目标成本额，从而确定其成本降低额度。具体计算分析(见表 2-18)。

表 2-18　确认成本降低额度

功能项目	功能评分	功能指数	目前成本/万元	成本指数	价值指数	目标成本/万元	成本降低额/万元
桩基围护工程	10	0.1064	1520	0.1186	0.8971	1295	225
地下室工程	11	0.1170	1482	0.1157	1.0112	1424	58
主体结构工程	35	0.3723	4705	0.3672	1.0139	4531	174
装饰工程	38	0.4043	5105	0.3985	1.0146	4920	185
合计	94	1	12812	1		12170	642

由结果分析可知，桩基围护工程、地下室工程、主体结构工程和装饰工程均应通过适当方式降低成本。根据成本降低额的大小，功能改进顺序依次为桩基围护工程、装饰工程、主体结构工程、地下室工程。

3. 案例 3

【背景】某房地产公司对某公寓项目的开发征集到若干设计方案，经筛选后对其中较为出色的4个设计方案作进一步的技术经济评价。有关专家决定从5个方面(分别以F_1，F_2，F_3，F_4，F_5表示)对不同方案的功能进行评价，并对各功能的重要性达成以下共识：F_2和F_3同样重要，F_4和F_5同样重要，F_1相对于F_4很重要，F_1相对于F_2较重要；此后，各专家对该4个方案的功能满足程度分别打分，其结果见表2-19。

据造价工程师估算，A、B、C、D 4个方案的单方造价分别为1420元/m²、1230元/m²、1150元/m²、1360元/m²。

表2-19　方案功能得分

功能	方案功能得分			
	A	B	C	D
F_1	9	10	9	8
F_2	10	10	8	9
F_3	9	9	10	9
F_4	8	8	8	7
F_5	9	7	9	6

【问题】

(1) 计算各功能的权重。

(2) 用价值指数法选择最佳设计方案。

【案例分析】

按0～4评分法的规定，两个功能因素比较时，其相对重要程度有以下3种基本情况：

① 很重要的功能因素得4分，另一个很不重要的功能因素得0分；

② 较重要的功能因素得3分，另一个较不重要的功能因素得1分；

③ 同样重要或基本同样重要时，则两个功能因素各得2分。

【答案】

(1) 各功能权重的计算结果(见表2-20)。

表2-20　功能权重计算结果

	F_1	F_2	F_3	F_4	F_5	得分	权重
F_1	—	3	3	4	4	14	14/40=0.35
F_2	1	—	2	3	3	9	9/40=0.225
F_3	1	2	—	3	3	9	9/40=0.225
F_4	0	1	1	—	2	4	4/40=0.1
F_5	0	1	1	2	—	4	4/40=0.1
合计						40	1

(2) 分别计算各方案的功能指数、成本指数、价值指数如下。

① 计算功能指数。将各方案的功能得分分别与该功能的权重相乘，然后汇总即为该方案的功能加权得分，各方案的功能加权得分为

$W_A=9\times0.35+10\times0.225+9\times0.225+8\times0.1+9\times0.1=9.125$

$W_B=10\times0.35+10\times0.225+9\times0.225+8\times0.1+7\times0.1=9.275$

$W_C=9\times0.35+8\times0.225+10\times0.225+8\times0.1+9\times0.1=8.9$

$W_D=8\times0.35+9\times0.225+9\times0.225+7\times0.1+6\times0.1=8.15$

各方案功能的加权总得分为 $W=W_A+W_B+W_C+W_D=9.125+9.275+8.9+8.15=35.45$。

因此，各方案的功能指数为

$F_A=9.125/35.45=0.257$

$F_B=9.275/35.45=0.262$

$F_C=8.9/35.45=0.251$

$F_D=8.15/35.45=0.23$

② 计算各方案的成本指数。

各方案的成本指数为

$C_A=1420/(1420+1230+1150+1360)=0.275$

$C_B=1230/5160=0.238$

$C_C=1150/5160=0.223$

$C_D=1360/5160=0.264$

③ 计算各方案的价值指数。

各方案的价值指数为

$V_A=F_A/C_A=0.257/0.275=0.935$

$V_B=F_B/C_B=0.262/0.238=1.101$

$V_C=F_C/C_C=0.251/0.223=1.126$

$V_D=F_D/C_D=0.23/0.264=0.871$

由于 C 方案的价值指数最大，所以 C 方案为最佳方案。

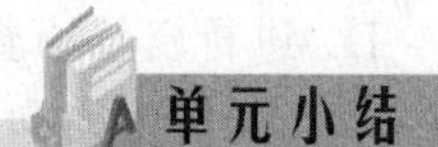

单元小结

设计阶段对建设项目的建设工期、工程造价、工程质量及建成后能否产生较好的经济效益和使用效益，起着决定性的作用。

建设项目设计程序主要有设计准备、初步方案、初步设计、技术设计、施工图设计、设计交底和配合施工。设计方案的优选有设计招投标，主要是邀请招标和公开招标的方式。设计方案的竞选和价值工程优化设计方案。价值工程在新建项目设计方案优选中的应用步骤主要有功能分析、功能评价、方案创新和方案评价。

设计概算是在初步设计或扩大设计阶段，由设计单位按照设计要求概略地计算拟建工程从立项开始到交付使用为止全过程所发生的建设费用的文件，是设计文件的重要组成部分。分为单位工程概算、单项工程综合概算、建设工程总概算三级。编制建筑单位工程概算的方法有概算定额法、概算指标法和类似工程预算法 3 种，可根据编制条件、依据和要求的不同适当选取。

施工图预算是要根据批准的施工图设计、预算定额和单位计价表、施工组织设计文件以及各种费用定额等有关资料进行计算和编制的单位工程预算造价的文件。施工图预算是拟建工程设计概算的具体文件，也是单项工程综合预算的基础文件。施工图预算的编制对象为单位工程，因此也称单位工程预算。施工图预算通常分为建筑工程预算和设备安装工程预算两大类。施工图预算的编制方法有单价法、实物法和工程量清单计价法。审查的方法有逐项审查法、标准预算审查法、分组计算审查法、对比审查法、“筛选法”审查法和重点审查法。

限额设计是按照批准的可研报告及投资估算控制初步设计，按照批准初步设计总概算控制技术设计和施工图设计，同时各专业在保证达到使用功能的前提下，按分配的投资限额控制设计，严格控制技术设计和施工图设计的不合理变更，保证总投资限额不被突破，从而达到控制投资的目的。限额设计分横向和纵向控制。

推广标准化设计，按照国家或省、自治区、直辖市批准的建筑、结构和构件等整套标准技术文件、图纸进行的设计，称之为标准化设计。设计标准按适应范围分为如下 4 类：国家设计规范和标准设计，省、自治区、直辖市设计标准规范和标准设计，部级设计规范和标准设计，设计单位标准规范。

习　　题

一、选择题(每题至少有一个正确答案)

1. 施工图设计深度的要求是(　　)。
   A. 满足设备材料的选择与确定　B. 满足非标设备的设计与加工制作
   C. 满足施工图预算的编制　D. 满足建筑工程施工和设备安装的要求
2. 下列哪些属于工程设计招标的步骤(　　)。
   A. 招标单位编制招标文件　B. 竞争性谈判
   C. 发布招标公告　D. 进行资格审查
3. 招标人应当在中标方案确定之日起(　　)日内，向中标人发出中标通知书。
   A. 7　B. 12　C. 28　D. 14
4. 价值工程的一般工作程序有(　　)。
   A. 准备阶段　B. 分析阶段　C. 控制阶段　D. 实施阶段
5. (　　)是属于编制建筑单位工程概算的方法。
   A. 概算定额法　B. 概算指标法
   C. 类似工程预算法　D. 招投标法
6. 施工图预算的编制方法有(　　)。
   A. 概算法　B. 单价法　C. 实物法　D. 清单计价法

二、简答题

1. 简述建设项目设计的含义。
2. 简述建设项目设计程序。
3. 简述设计方案竞选与设计招投标的区别。
4. 简述价值工程的含义。
5. 简述设计阶段实施价值工程的步骤。
6. 简述设计概算的作用。
7. 简述施工图预算的编制依据。
8. 简述限额设计的概念。

三、案例分析题

某市为改善交通状况，提出以下两个方案。

方案一：在原基础上加固、扩建。该方案预计投资 40000 万元，建成后可以通行 20 年。这期间每年需要维护费 1000 万元。每 10 年需进行一次大修，每次大修费用为 3000 元，运营 20 年后报废时没有残值。

方案二：拆除原桥，在原址建一座桥。该方案预计投资 120000 万元，建成后可通行 60 年。这期间每年需维护费 1500 万元。每 20 年需进行一次大修，每次大修的费用为 5000 万元，运营 60 年后报废时可回收残值 5000 万元。

不考虑两方案的建设期的差异，基准收益率为 6%。

主管部门聘请专家对该桥应具备的功能进行了深入分析，认为应从 F_1，F_2，F_3，F_4，F_5 共 5 个方面对功能进行评价。表 2-21 是专家采用 0～4 评分法对 5 个功能进行评分的部分结果，表 2-22 是专家对两个方案的 5 个功能的评分结果。

表 2-21 采用 0～4 评分法对 5 个功能进行评分的部分结果

	F_1	F_2	F_3	F_4	F_5	得分	权重
F_1	—	2	3	4	4		
F_2		—	3	4	4		
F_3			—	3	4		
F_4				—	3		
F_5					—		
合计							

表 2-22 功能评分表

功能 \ 方案	方案 1	方案 2
F_1	6	10
F_2	7	9
F_3	6	7
F_4	9	8
F_5	9	9

【问题】

(1) 计算各功能的权重(保留 3 位小数)。

(2) 计算两方案的年费用(保留两位小数)。

(3) 采用价值工程法对两种方案进行评价，确定最终入选方案(保留 3 位小数)。

(4) 该桥梁未来将通过收取车辆通行费的方式收回投资和维持运营，若预计该桥梁的机动车年通行量不会少于 1500 万辆，分别计算两个方案每辆机动车的平均最低收费额(保留两位小数)。

计算所需系数见表 2-23。

表 2-23 相关系数

n	10	20	30	40	50	60
$(P/F，6\%，n)$	0.5584	0.3118	0.1741	0.0972	0.0543	0.0303
$(A/P，6\%，n)$	0.1359	0.0872	0.0726	0.0665	0.0634	0.0619

单元3

建设工程招投标阶段的工程造价管理

教学目标

本单元介绍了工程招标投标的概念，招标文件的内容及招标程序；招标控制价概念及内容，招标控制价价格编制方法；施工投标报价的编制方法，投标的程序；建设工程施工合同。通过本单元的学习，学生应掌握工程招标招标控制价和投标报价的编制方法；熟悉建设项目招标投标程序、招标文件的组成与内容、评标方法和合同价款的确定。

教学要求

能力目标	知识要点	权　重
掌握招投标的概念，明确招投标的基本原则；熟悉招标的范围、种类与方式，能编制招标控制价	招标文件的组成与内容、招标程序；招标控制价概念及内容、招标控制价编制方法	40%
掌握工程投标报价书的编制，能够采用不同的投标策略进行投标	投标文件的概念，投标报价书编制内容、方法和步骤；投标报价策略的应用	40%
熟悉施工合同的类型和选择，能够根据不同情况选择合适的施工合同	施工合同分类、各类合同的特点及其适用条件	20%

某工程采用公开招标方式，有A、B、C、D、E、F共6家投标单位参加投标，经资格预审该6家投标单位均满足业主要求。该工程采用两阶段评标法评标，评标委员会由7名委员组成，第一阶段评技术标，共40分，其中施工方案15分，总工期8分，工程质量6分，项目班子6分，企业信誉5分。第二阶段评商务标，共计60分。以标底的50%与投标单位报价算术平均数的50%之和为基准价，即评标标准。以基准价为满分(60分)，报价比基准价每下降1%，扣1分，最多扣10分；报价比基准价每增加1%，扣2分，扣分不保底。

在学习本单元的过程中，请思考应如何进行招投标，并按综合得分最高者中标的原则确定中标单位。

课题3.1 概 述

建设工程项目招投标是市场经济的产物，是期货交易的一种方式。推行工程招投标的目的，就是要在建筑市场中建立竞争机制，招标人通过招标活动来选择条件优越者，力争用最优的技术、最佳的质量、最低的报价、最短的工期完成工程项目任务，投标人也是通过这种方式选择项目和招标人，以使自己获得丰厚的利润。

3.1.1 建设工程招标投标的概念

1．建设工程招标的概念

建设工程招标是指招标人(或招标单位)在发包建设工程项目之前，以公告或邀请书的方式公布招标项目的有关要求和招标条件；投标人(或投标单位)根据招标人的意图和要求提出报价，并择日当场开标，以便从中择优选定中标人的一种交易行为。

2．建设工程投标的概念

建设工程投标是建设工程招标的对应概念。它是指具有合法资格和能力的投标人(或投标单位)根据招标条件，经过初步研究和估算，在指定期限内填写标书，根据实际情况提出自己的报价，并希望通过竞争而被招标人选中，并等待开标后决定能否中标的一种交易方式。这种方式是投标人之间的直接竞争，而不通过中间人，在规定的期限内以比较合适的条件达到招标人要达到的目的。招标单位又叫发包单位，中标单位又叫承包单位。

招标投标实质上是一种市场竞争行为。建设工程招标投标是以工程设计或施工，或以工程所需的物资、设备、建筑材料等为对象，在招标人和若干个投标人之间进行的。它是商品经济发展到一定阶段的产物。在市场经济条件下，它是一种最普遍、最常见的择优方式。

3.1.2 建设工程招标投标的基本原则

建设工程招标投标的基本原则有公开原则、公平原则、公正原则和诚实信用原则。

(1) 公开原则。它是指有关招标投标的法律、政策、程序和招标投标活动都要公开，即招标采购前发布公告，公开发售招标文件，公开开标，中标后公开中标结果，使每个投标者拥有同样的信息、同等的竞争机会和获得中标的权利。任何一方不得以不正当的方式取得招标和投标信息上的优势，以确保采购具有较高透明度。

(2) 公平原则。它是指所有参加竞争的投标商机会均等，并受到同等待遇。

(3) 公正原则。它是指在招标投标的立法、管理和进行过程中，立法者应制定法律和规则，司法者和管理者按照法律和规则公正地执行法律和规则，给予一切被监管者以公正的待遇。所谓公正，即公平、正义之意。公平、公开和公正 3 个原则互相补充，互相涵盖。公开原则是公平、公正原则的前提和保障，是实现公平、公正原则的必要措施。公平、公正原则也正是公开原则所追寻的目标。

(4) 诚实信用原则。它是指民事主体在从事民事活动时应诚实守信，以善意的方式履行其义务，不得滥用权力及规避法律或合同规定的义务，在招标投标活动中体现为购买者、中标者在依法进行采购和招标投标活动中要有良好的信用。

3.1.3 建设项目招标的范围、种类与方式

1. 建设项目招投标的范围

总投资或单项合同估算价在限额以上的下列工程建设项目，包括项目的勘察、设计、施工、监理以及与工程建设有关的重要设备、材料等的采购，必须进行招标。

1) 大型基础设施、公用事业等关系社会公共利益、公众安全的项目

(1) 关系社会公共利益、公众安全的基础设施项目包括如下内容。

① 煤炭、石油、天然气、电力、新能源等能源项目。

② 铁路、公路、管道、水运、航空以及其他交通运输业等交通运输项目。

③ 邮政、电信枢纽、通信、信息网络等邮电通信项目。

④ 防洪、灌溉、排涝、引(供)水、滩涂治理、水土保持、水利枢纽等水利项目。

⑤ 道路、桥梁、地铁和轻轨交通、污水排放及处理、垃圾处理、地下管道、公共停车场等城市设施项目。

⑥ 生态环境保护项目。

⑦ 其他基础设施项目。

(2) 关系社会公共利益、公众安全的公用事业项目包括如下内容。

① 供水、供电、供气、供热等市政工程项目。

② 科技、教育、文化等项目。

③ 体育、旅游等项目。

④ 卫生、社会福利等项目。

⑤ 商品住宅，包括经济适用住房。

⑥ 其他公用事业项目。

2) 全部或者部分使用国有资金投资或者国家融资的项目

(1) 使用国有资金投资的项目包括如下内容。

① 使用各级财政预算资金的项目。

② 使用纳入财政管理的各种政府性专项建设基金的项目。

③ 使用国有企业事业单位自有资金，并且国有资产投资者实际拥有控制权的项目。

(2) 使用国家融资的项目包括如下内容。

① 使用国家发行债券所筹资金的项目。

② 使用国家对外借款或者担保所筹资金的项目。

③ 使用国家政策性贷款的项目。

④ 国家授权投资主体融资的项目。

⑤ 国家特许的融资项目。

3) 使用国际组织或者外国政府贷款、援助资金的项目

使用国际组织或者外国政府贷款、援助资金的项目包括如下内容。

① 使用世界银行、亚洲开发银行等国际组织贷款资金的项目。

② 使用外国政府及其机构贷款资金的项目。

③ 使用国际组织或者外国政府援助资金的项目。

上述规定范围内的各类建设工程项目的勘察、设计、施工、监理和重要建设物资的采购，达到下列标准之一必须进行招标：施工单位合同估算价在200万元人民币以上的；重要设备、材料等货物的采购，单项合同估算价在100万元以上的；勘察、设计、监理等服务，单项合同估算价在50万元以上的；单项合同估算价低于前3项规定的标准，但总投资额在3000万元人民币以上的项目，也必须进行招标。

2．建设项目招投标的种类

(1) 工程总承包招标投标。工程总承包招标投标又称建设项目全过程招标投标，在国外也称“交钥匙”承包方式。它从项目建议书开始，包括可行性研究报告、勘察设计、设备材料与采购、工程施工、生产准备、投料试车直至竣工投产、交付使用全面实行招标。工程总承包单位根据建设单位提出的工程使用要求，对项目建议书、可行性研究、勘察设计、设备询价与选购、材料订货、工程施工、生产准备、试生产及竣工投产等进行全面投标报价。

(2) 勘察招标投标。建设工程勘察招标是指招标人就拟建工程的勘察任务发布通告，以法定方式吸引勘察单位参加竞争，经招标人审查获得投标资格的勘察单位按照招标文件的要求，在规定时间内向招标人填报标书，招标人从中选择条件优越者完成勘察任务。

(3) 设计招标投标。建设工程设计招标是指招标人就拟建工程的设计任务发布通告，以吸引设计单位参加竞争，经招标人审查获得投标资格的设计单位按照招标文件的要求，在规定时间内向招标人填报标书，招标人择优确定中标单位来完成工程设计任务。

(4) 施工招标投标。建设工程施工招标是指招标人就拟建工程的工程发布公告或邀请，以法定方式吸引施工企业参加竞争，经招标人审查获得投标资格的设计单位按照招标文件的要求，在规定时间内向招标人填报标书，招标人择优确定中标单位来完成工程施工任务。

(5) 监理招标投标。建设工程监理招标是指招标人为了委托监理任务的完成，以法定方式吸引监理单位参加竞争，招标人择优确定中标单位来完成工程监理任务的法律行为。

(6) 工程材料设备招标投标。建设工程材料设备招标是指招标人就拟购买的材料设备建筑工程造价管理发布公告或邀请，以法定方式吸引建设工程材料设备供应商参加竞争，招标人从中择优确定条件优越者并购买其材料设备的法律行为。

3．建设项目招标的方式

我国自2000年1月1日施行的《中华人民共和国招标投标法》明确规定了两种招标方式，即公开招标和邀请招标。议标方式不是法定的招标形式，然而，议标作为一种简单、便捷的方式，目前仍在我国建设工程咨询服务行业被广泛采用。

公开招标和邀请招标作为主要的招标方式，是由招标投标的本质特点决定的。这两种招标方式都具有竞争性，体现了招标投标本质特点的客观要求。

1) 公开招标

公开招标也叫开放型招标，是一种无限竞争性招标。采用这种形式，由招标单位利用报刊、网站、电台，通过刊载、传播、广播等方式，公开发布招标公告，宣布招标项目的内容和要求。各承包企业不受地区限制，一律机会均等。凡有投标意向的承包商均可参加投标资格预审，审查合格的承包商都有权利购买招标文件，参加投标活动。招标单位则可在众多的承包商中优选出理想的施工承包商为中标单位。

(1) 公开招标方式的优点是它可为承包商提供公平竞争的平台，同时使招标单位有较大的选择余地，有利于降低工程造价，缩短工期和保证工程质量。

(2) 公开招标方式的缺点是采用公开招标方式时，投标单位多且良莠不齐，不但招标工作量大，所需时间较长，而且容易被不负责任的单位抢标。因此，采用公开招标方式时对投标单位进行严格的资格预审就特别重要。

(3) 公开招标方式的适用范围如下。全部使用国有资金投资或国有资金投资占控制地位或主导地位的项目，应当实行公开招标。一般情况下，投资额度大、工艺或结构复杂的较大型建设项目实行公开招标较为合适。

2) 邀请招标

邀请招标又称有限竞争性招标、选择性招标，是由招标单位根据工程特点有选择地邀请若干个具有承包该项工程能力的承包人前来投标，是一种有限竞争性招标。它是招标单位根据见闻、经验和情报资料而获得这些承包商的能力、资信状况，加以选择后，以发投标邀请书来进行的。邀请招标同样需进行资格预审等程序，经过评审标书择优选定中标人，并发出中标通知书。一般邀请5～10家承包商参加投标，最少不得少于3家。

这种招标方式，目标明确，经过选定的投标单位，在施工经验、施工技术和信誉上都比较可靠，基本上能保证工程质量和进度。邀请招标的整个组织管理工作比公开招标要相对简单一些，但是前提是要对承包商有充分的了解，其报价可能高于公开招标方式。

(1) 邀请招标方式的优点是招标所需的时间较短，工作量小，目标集中，且招标花费较省；被邀请的投标单位的中标概率高。

(2) 邀请招标方式的缺点有以下几个方面。邀请招标不利于招标单位获得最优报价，取得最佳投资效益；投标单位的数量少，竞争性较差；招标单位在选择邀请人前所掌握的信息不可避免地存在一定的局限性，招标单位很难了解市场上所有承包商的情况，常会忽略一些在技术、报价方面更具竞争力的企业，使招标单位不易获得最合理的报价，有可能找不到最合适的承包商。

(3) 邀请招标方式的适用范围如下。全部使用国有资金投资或国有资金投资占控制或主导地位的项目，必须经国家发展和改革委员会或者省级人民政府批准方可实行邀请招标；其他工程项目则由招标单位自行选用邀请招标方式或公开招标方式。

在国内，有关国际竞争性招标的建设工程的招标方式按照我国招标投标法的规定只包括公开招标和邀请招标，必须掌握二者的区别与联系。

3) 公开招标和邀请招标方式的区别

公开招标和邀请招标的区别如下。

(1) 发布信息的方式不同。公开招标是招标单位在国家指定的报刊、电子网站或其他媒体上发布招标公告。邀请招标采用投标邀请书的形式发布。

(2) 竞争的范围或效果不同。公开招标是所有潜在的投标单位竞争，范围较广，优势发挥较好，易获得最优效果。邀请招标的竞争范围有限，易造成中标价不合理，遗漏某些技术和报价有优势的潜在投标单位。

(3) 时间和费用不同。邀请招标的潜在投标单位一般为 3～10 家，同时又是招标单位自己选择的，因而缩短招标的时间和费用。公开招标的资格预审工作量大，时间长，费用高。

(4) 公开程度不同。公开招标必须按照规定程序和标准运行，透明度高。邀请招标的公开程度相对要低些。

(5) 招标程序不同。公开招标必须对投标单位进行资格审查，审查其是否具有与工程要求相近的资质条件。邀请招标对投标单位不进行资格预审。

课题 3.2 建设工程招标与控制价

3.2.1 建设工程招标文件的编制原则

招标文件的编制必须系统、完整、准确、明了，即目标明确，能够使投标单位一目了然。编制招标文件一般应遵循以下原则。

(1) 招标单位、招标代理机构及建设项目应具备的招标条件。1992 年，建设部颁发了《工程建设施工招标投标管理办法》，对建设单位、招标代理机构及建设项目的招标条件作了明确规定，其目的在于规范招标单位的行为，确保招标工作有条不紊地进行，稳定招投标市场秩序。

(2) 必须遵守国家的法律、法规及贷款组织的要求。招标文件是中标人签订合同的基础，也是进行施工进度控制、质量控制、成本控制及合同管理等的基本依据。按《中华人民共和国合同法》规定，凡违反法律、法规和国家有关规定的合同均属无效合同。因此，招标文件必须遵守《中华人民共和国合同法》、《中华人民共和国招标投标法》等有关法律法规。如果建设项目是贷款项目，则其必须按该组织的各种规定和审批程序来编制招标文件。

(3) 公平、公正处理招标单位和承包商的关系，保护双方的利益。在招标文件中过多地将招标单位风险转移给投标单位一方，势必使投标单位加大风险费，提高投标报价，反而会使招标单位增加支出。

(4) 招标文件的内容要力求统一，避免文件之间的矛盾。招标文件涉及投标单位须知、合同条件、技术规范、工程量清单等多项内容。当项目规模大、技术构成复杂、合同段较多时，编制招标文件应重视内容的统一性。如果各部分之间矛盾多，就会增加投标工作和履行合同过程中的争议，影响工程施工，造成经济损失。

(5) 详尽地反映项目的客观和真实情况。只有客观、真实的招标文件才能使投标单位的投标建立在可靠的基础上，减少签约和履约过程中的争议。

(6) 招标文件的用词应准确、简洁、明了。招标文件是投标文件的编制依据，投标文件是工程承包合同的组成部分，客观上要求在编写中必须使用规范用语、本专业术语，做到用词准确、简洁和明了，避免歧义。

(7) 尽量采用行业招标范本格式或其他贷款组织要求的范本格式编制招标文件。

3.2.2 施工招标文件的主要内容

施工招标文件一般包含下列几个方面的内容，即投标邀请书、投标须知、合同通用条款、合同专用条款、合同格式、技术规范、投标书及其附录与投标保证格式、工程量清单与报价表、辅助资料表、资格审查表、图纸等，下面分别对其进行介绍。

1．投标邀请书

投标邀请书用来邀请资格预审合格的投标人按招标人规定的条件和时间前来投标。它一般应说明以下问题。

(1) 招标人名称、地址。

(2) 招标项目的内容、规模、资金来源。

(3) 招标项目的地点、工期。

(4) 获取招标文件的时间、地点、费用。

(5) 投标文件送交的地点、份数、截止时间。

(6) 提交投标保证金的规定额度、时间。

(7) 开标的时间、地点。

(8) 现场勘察和召开标前会议的时间、地点。

2．投标须知

投标须知是指导投标单位进行报价的依据，它规定了编制投标文件和投标的一般要求。招标文件范本关于投标须知内容规定有 7 个部分：①总则；②招标文件；③投标文件的编制；④投标文件的提交；⑤开标；⑥评标；⑦合同的授予。

3．合同条款

合同条款包括合同通用条款和合同专用条款。

4．合同格式

合同文件格式有合同协议书，房屋建设工程质量保修书，承包方银行履约保函或承包方履约担保书、承包方履约保证金，承包方预付款银行保函，发包方支付担保银行保函或发包方支付担保书等。

5．技术规范

技术规范主要说明工程现场的自然条件、施工条件及本工程的施工技术要求和采用的技术规范。

(1) 工程现场的自然条件，即要说明工程所处的地理位置、现场环境、地形、地貌、地质与水文条件、地震烈度、气温、雨雪量等。

(2) 施工条件，即要说明建设用地面积、建筑物占地面积、现场拆迁情况、施工交通、水电、通信等情况。

(3) 施工技术要求，即主要说明施工的材料供应、技术质量标准、工期等以及对分包的要求，各种报表(如开工报告、测量报告、试验报告、材料检验报告、工程进度报告、报价报告、竣工报告等)的要求，以及测量、试验、工程检验、施工安装、竣工等要求。

(4) 技术规范。一般采用国际国内公认的标准规范以及施工图中规定的施工技术要求，一般由招标人委托咨询设计单位编写。

6．投标书及其附录、投标保证格式

1) 投标书格式

投标书是由投标人授权的代表签署的一份投标文件，是对承包商具有约束力的合同的重要组成部分。

投标书应附有投标书附录，投标书附录是对合同条件中重要条款的具体化，如列出条款号并列出下述内容：履约保证金、误期赔偿费、预付款、保留金、竣工时间、保修期等。

2) 投标保函格式

投标保函能够决定投标人的投标文件能否被招标人所接受。

7．工程量清单与报价表

1) 工程量清单与报价表的编制

(1) 按工程的施工要求将工作分解立项。注意：要将不同性质的工程分开，不同等级的工程分开，不同部位的工程分开，不同报价的工程分开，单价、合价分开。

(2) 尽可能不遗漏招标文件规定需施工并报价的项目。

(3) 既便于报价，又便于工程进度款的结算与支付。

2) 工程量清单与报价表的前言说明

工程量清单与报价表的前言说明既可以指导投标人报价，同时也对合同价及结算支付控制具有重要作用，通常应作如下说明。

(1) 工程量清单应与投标须知、合同条件、技术规范和图纸一并理解使用。

(2) 工程量清单中的工程量是暂定工程量，仅为报价所用。施工时支付工程款以监理工程师核实的实际完成的工程量为依据。

(3) 工程量清单的单价、合价已经包括了人工费、材料费、施工机械费、其他直接费、间接费、利润、税金、风险等全部费用。

(4) 工程量清单中的每一项目必须填写，未填写项目不予支付，因为此项费用已包含在工程量清单中的其他单价和合价中。

3) 报价表格

(1) 报价汇总表。

(2) 工程量清单报价表。

(3) 单价分析表。

(4) 计日工表。

8．辅助资料表

辅助资料表是投标人除报价以外的其他投标资料。一般列出的辅助资料表如下。

(1) 施工组织设计。

① 投标单位应编制的施工组织设计。

② 拟投入的主要施工机械设备表。

③ 劳动力计划表。

④ 计划开工、竣工日期和施工进度网络图。

⑤ 施工总平面图。

(2) 项目管理机构配备情况。

① 项目管理机构配备情况表。

② 项目经理简历表。

③ 项目技术负责人简历表。

④ 项目管理机构配备情况辅助说明资料。

(3) 拟分包项目情况表。

(4) 价格指数和权重表。

(5) 资金流估算表。

9．资格审查表

资格审查申请书格式如下。

(1) 申请资格预审人简介。

(2) 近 5 年已完成和在建的类似工程情况。

(3) 拟用于本工程项目的主要施工机械设备。

(4) 财务状况表。

(5) 提供资格审查证明材料清单。

(6) 其他。

10．图纸

图纸是投标人据以拟定施工方案，确定施工方法和核算工程量及报价的重要资料。图纸的详细程度取决于设计的深度与合同的类型。

3.2.3 建设工程施工招标的程序

建设工程施工招标的程序，是指建设工程招标活动按照一定的时间和空间应遵循的先后顺序，是以招标单位和其代理人为主进行的有关招标的活动程序。

建设工程施工招标的程序分为以下 3 个阶段。

1．招标准备阶段

招标准备阶段的主要工作有办理工程报建手续、选择招标方式、设立招标组织或委托招标代理人、编制招标有关文件和标底、办理招标备案手续等。

1) 招标项目应当具备的条件

(1) 履行项目审批手续。招标项目按照国家有关规定需要履行项目审批手续的，应当履行审批手续，并取得批准。建设工程项目获得立项批准文件或者列入国家投资计划后，应按规定到工程所在地的建设行政主管部门办理工程报建手续。报建时应当交验的资料主要有立项批准文件(概算批准文件、年度投资计划)、固定资产投资许可证、建设工程规划许可证、资金证明文件等。

(2) 资金落实。招标单位应当有与进行招标项目相应的资金或者资金来源已经落实，并在招标文件中写明。

2) 选择招标方式

应根据招标单位的条件和招标工程的特点做好以下工作。

(1) 确定自行办理招标事宜或是委托招标代理。确定自行办理招标事宜的要依法办理备案手续。委托招标代理的应当选择具有相应资质的代理机构办理招标事宜，并在签订委托代理合同后的法定时间内到建设行政主管部门备案。目前招标代理的选择也按照相关规定进行招标。

(2) 确定发包范围、招标次数及每次的招标内容。发包范围根据工程特点和招标单位的管理能力确定。场地集中、工程量不大、技术上不复杂的工程宜实行一次招标，反之可考虑分段招标。实行分段招标的工程，要求招标单位有较强的管理能力。现场上各承包商所需的生活基地、材料堆场、交通运输等需要进行安排和协调，要做好工程进度的各项衔接工作。

(3) 选择合同计价方式。招标单位应在招标文件中明确规定合同的计价方式。计价方式主要有固定总价合同、单价合同和成本加酬金合同 3 种，同时规定合同价的调整范围和调整方法。

(4) 确定招标方式。招标单位应当依法选定公开招标或邀请招标方式。

3) 编制招标有关文件和招标控制价

(1) 编制招标有关文件。招标有关文件包括投标邀请书、投标须知、合同通用条款、合同专用条款、合同格式、技术规范、投标书及其附录与投标保证格式、工程量清单与报价表、辅助资料表、资格审查表、图纸等。

(2) 编制招标控制价。招招标控制价是根据国家或省级、行业建设主管部门颁发的有关计价依据和计价办法，按设计施工图纸计算出来的，对招标工程限定的最高工程造价。

4) 办理招标备案手续

按照法律法规的规定，招标单位将招标文件报建设行政主管部门备案，接受建设行政主管部门依法实施的监督。建设行政主管部门在审查招标单位的资格、招标工程的条件和招标文件等的过程中，发现有违反法律法规内容的，应当责令招标单位改正。

2．招标投标阶段

招标投标阶段主要包括发布招标公告或发出投标邀请书，进行投标资格预审，发放招标文件和有关资料，组织现场勘察、标前会议和接受投标文件等。

1) 招标单位发布招标公告或发出投标邀请书

实行公开招标的工程项目，招标人要在报纸、杂志、广播、电视等大众媒体或工程交易中心公告栏上发布招标公告，邀请一切愿意参加工程投标的不特定的承包商申请投标资格审查或申请投标。实行邀请招标的工程项目应向 3 家以上符合资质条件的、资信良好的承包商发出投标邀请书，邀请他们参加投标。

招标公告或投标邀请书应写明招标单位的名称和地址，招标工程的性质、规模、地点以及获取招标文件的办法等事项。

2) 资格审查

招标单位或招标代理机构可以根据招标项目本身的要求，对潜在的投标单位进行资格审查。资格审查分为资格预审和资格后审两种。资格预审是指招标单位或招标代理机构在发放招标文件前，对报名参加投标的承包商的承包能力、业绩、资格和资质、注册建造师、纳税、财务状况和信誉等进行审查，并确定合格的投标单位名单；在评标时进行的资格审查称为资格后审。两种资格审查的内容基本相同。通常公开招标采用资格预审方法，邀请招标采用资格后审方法。

3) 发放招标文件

招标单位或招标代理机构按照资格预审确定的合格投标单位名单或者投标邀请书发放招标文件。

招标文件是全面反映招标单位建设意图的技术经济文件，又是投标单位编制标书的主要依据。招标文件的内容必须正确，原则上不能修改或补充。如果必须修改或补充的，须报招标投标主管部门备案，并在投标截止前 15 天以书面形式通知每一个投标单位。

招标单位发放招标文件可以收取工本费，对其中的设计文件可以收取押金，确定并公布中标人后收回设计文件并退还押金。

4) 现场勘察

招标单位应当组织投标单位进行现场勘察，了解工程场地和周围环境情况，收集有关信息，使投标单位能结合现场提出合理的报价。现场勘察可安排在招标预备会议前进行，以便在会上解答现场勘察中提出的疑问。

现场勘察时招标单位应介绍以下情况。

(1) 现场是否已经达到招标文件规定的条件。

(2) 现场的自然条件，包括地形地貌，水文地质，土质，地下水位，气温及风、雨、雪等条件。

(3) 工程建设条件，包括工程性质和标段、可提供的施工临时用地和临时设施、料场开采、污水排放、通信、交通、电力、水源等条件。

(4) 现场的生活条件和工地附近的治安情况等。

5) 标前会议

标前会议，又称招标预备会、答疑会，主要用来澄清招标文件中的疑问，解答投标单位提出的有关招标文件和现场勘察的问题。

(1) 投标单位有关招标文件和现场勘察的疑问应在招标预备会议前以书面形式提出。

(2) 对于投标单位有关招标文件的疑问，招标单位只能采取会议形式公开答复，不得私下单独作解释。

(3) 标前会议应当形成书面的会议纪要，并送达每一个投标单位。它与招标文件具有同等的效力。

3．定标签约阶段

定标签约阶段包括开标、评标、定标和签约 4 项工作。

3.2.4 招标控制价

1．招标控制价的概念

招标控制价是根据国家或省级、行业建设主管部门颁发的有关计价依据和计价办法，按设计施工图纸计算出来的，对招标工程限定的最高工程造价。招标控制价由成本、利润、税金等组成。

2．招标控制价文件的内容

(1) 招标控制价的综合编制说明。

(2) 招标控制价价格的审定书、计算书、带有价格的工程量清单、现场因素，各种施工措施费的测算明细以及采用固定价格工程的风险系数测算明细表。

(3) 主要人工、材料及机械设备用量表。

(4) 招标控制价附件，如各项交底纪要、各种材料及设备的价格来源、现场地质及水文条件等。

(5) 招标控制价价格编制的有关表格。

3．招标控制价价格编制方法

目前，招标控制价价格编制方法主要有定额计价法和工程量清单计价法两种。

1) 定额计价法编制招标控制价

(1) 单位估价法：先算出工程量，然后套(概)预算定额，用工程量乘以定额单价(定额基价)得出直接工程费，再加措施费得出直接费后，再以直接费或人工费为基础计算出间接费，最后求出利润、税和价差并汇总即得工程建安费用。然后，在此基础上综合考虑工期、质量、自然地理及工程风险等因素所增加的费用就是招标控制价价格。

(2) 实物计价法：首先算出工程量，然后套消耗量定额计算出工程所需的人工、材料、机械台班所需数量，然后再分别乘以工程所在地相对应的人工、材料、机械单价，建筑工程造价管理相加得出直接工程费、措施费，进而算出直接费、间接费、利润、税，汇总后即是工程建安费用。在此基础上综合考虑工期、质量、自然地理及工程风险等因素所增加的费用就是招标控制价价格。

2) 工程量清单计价法编制招标控制价

工程量清单计价法编制招标控制价就是根据统一项目设置的划分，按照统一的工程量计算规则先计算出分项工程的清单工程量和措施项目的清单工程量(并注明项目编码、项目名称及计量单位)，然后再分别计算出对应的综合单价，两者相乘就得到合价，即分部分项工程的清单费用和部分措施费用，再按相关规定算出其他措施费、规费、其他费用和税后即得的招标控制价价格。

3.2.5 开标、评标、定标

在工程项目招投标中，评标是选择中标人、保证招标成功的重要环节。只有评标客观、

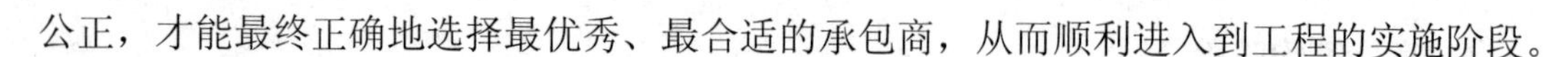

公正，才能最终正确地选择最优秀、最合适的承包商，从而顺利进入到工程的实施阶段。

1．开标

开标是指招标人将所有投标人的投标文件启封揭晓。《中华人民共和国招标投标法》规定，开标应当在招标通告中约定的地点、招标文件确定的提交投标文件截止时间公开进行。开标由招标人主持，邀请所有投标人参加。开标时要当众宣读投标人名称、投标价格、有无撤标情况以及招标单位认为其他合适的内容。

投标单位法定代表人或授权代表未参加开标会议的视为自动弃权。投标文件有下列情形之一的将被视为无效。

(1) 投标文件未按规定的标志密封。

(2) 未经法定代表人签署或未加盖投标单位公章或未加盖法定代表人印鉴。

(3) 未按规定的格式填写，内容不全或字迹模糊、辨认不清。

(4) 投标截止时间以后送达的投标文件。

2．评标

1) 评标机构

《中华人民共和国招标投标法》规定，评标由招标人依法组建的评标委员会负责。依法必须招标的项目，评标委员会由招标人的代表和有关技术、经济等方面的专家组成，成员人数为 5 人以上的单数，其负责人由法定代表人或授权代理人担任，评标工作由招标人主持。

技术、经济等专家应当从事相关领域工作满 8 年且具有高级职称或具有同等专业水平，由招标人从国务院有关部门或省、自治区、直辖市人民政府有关部门提供的专家名册或者招标代理机构的专家库内的相关专业的专家名单中确定。一般招标项目可以采取随机抽取方式，特殊招标项目可以由招标人直接确定。与投标人有利害关系的人不得进入相关项目的评标委员会，已经进入的应当更换。评标委员会成员的名单在中标结果确定前应当保密。

2) 评标的保密性与独立性

依据《中华人民共和国招标投标法》，招标人应当采取必要措施以保证评标在严格保密的情况下进行。评标的严格保密是指评标在封闭状态下进行，评标委员会在评标过程中有关检查、评审和授标的建议等情况均不得向投标人或与该程序无关的人员透露。

由于招标文件中对评标的标准和方法进行了规定，列明了价格因素和价格因素之外的评标因素及其量化计算方法，因此，评标保密并不是在这些标准和方法之外另搞一套标准和方法进行评审和比较，这个评审过程是招标人及其评标委员会的独立活动。其有权对整个方法进行评审和比较，有权对整个过程保密，以免投标人及其他有关人员了解到其中的某些意见、看法或决定而想方设法干扰评标活动的进行，也可以制止评标委员会成员对外泄漏和沟通有关情况，以免造成评标的不公平。

3) 投标文件的澄清和说明

评标时，评标委员会可以要求投标人对投标文件中含义不明确的内容做必要的澄清或者说明。例如，若投标文件有关内容前后不一致，有明显的打字(书写)错误或纯属计算上的错误等，评标委员会应通知投标人，投标人的答复必须经法定代表人或授权代表人签字后才能作为投标文件的组成部分。

投标人的澄清或说明仅仅是对上述情形的解释和补正，不得有下列行为。

(1) 超出投标文件的范围。例如，投标文件中没有规定的内容，澄清时加以补充；投标文件提出的某些承诺条件与解释不一致等。

(2) 改变或谋求和提议改变投标文件中的实质性内容。改变实质性内容是指改变投标文件中的报价、技术规格或参数、主要合同条款等内容。这种实质性内容的改变，其目的就是为了使不符合要求的或竞争为较差的投标变成竞争力较强的投标。实质性内容的改变将会引起不公平的竞争，因此是不允许发生的。

在实际操作中，部分地区采取“询标”的方式来要求投标单位进行澄清和解释。询标一般由受托的中介机构来完成，通常包括审标、提出书面询标报告、质询与解答、提交书面询标经济分析报告等环节。提交的书面询标经济分析报告将作为评标委员会进行评标的参考，有利于评标委会员在较短的时间内完成对投标文件的审查、评审和比较。

4) 评标原则和程序

为保证评标的公正、公平，评标必须按照招标文件确定的评标标准、步骤和方法进行，不得采用招标文件中未列明的任何评标标准和方法，也不得改变招标确定的评标标准和方法，设有标底的应当参考标底。评标委员会完成评标后，应向招标人出具书面评标报告，并推荐合格的中标候选人。招标人根据评标委员会提供的书面评标报告和推荐的中标候选人来确定中标人，招标人也可授权评标委员会直接确定中标人。大型项目设备承包的评标工作最多不应超过 30 天。

(1) 评标原则。只对有效投标进行评审。在建设工程中，评标应遵循以下几点原则。

① 竞争优选。

② 公正、公平、科学合理。

③ 价格合理，保证质量、工期。

④ 反不正当竞争。

⑤ 规范性与灵活性相结合。

(2) 中标人的投标应当符合的条件。招标投标法规定，中标人的投标应当符合下列条件之一。

① 能够最大限度地满足招标文件中规定的各项综合评价标准。

② 能够满足招标文件的实质性要求，并经评审的投标价格最低，但投标价格低于成本的除外。

(3) 评标程序一般分为初步评审和详细评审两个阶段。

① 初步评审，包括对投标文件的符合性评审、技术性评审和商务性评审。

符合性评审包括商务符合性评审和技术符合性鉴定。投标文件需实质性响应招标文件的所有条款和条件，不应有显著差异和保留。显著差异和保留包括以下情况：对工程的范围、质量以及使用性能产生实质性影响；对合同中规定的招标单位的权利及投标单位的责任造成实质性限制；纠正这种差异或保留将会对其他实质性响应的投标单位的竞争地位产生不公正的影响等。

技术性评审包括方案可行性评审和关键工序评审，劳务、材料、机构设备、质量控制措施评估以及对施工现场周围环境污染的保护措施的评估等。

商务性评审包括投标报价校核、审查全部报价数据计算的正确性，分析报价构成的合理性等。

在初步评审中，评标委员应当根据招标文件审查并逐项列出投标文件的全部投资偏差。投标偏差分为重大偏差和细微偏差，出现重大偏差视为未能实质性响应招标文件，作废标处理；细微偏差指实质上响应招标文件要求，但在个别地方存在漏项或者提供了不完整的技术信息和资料等情况，且补正这些遗漏或不完整不会对其他投标人造成不公正的结果，细微偏差不影响投标文件的有效性。

② 详细评审。经过初步评审合格的投标文件，评标委员会应当根据招标文件确定的评标标准和方法对其技术部分和商务部分作进一步评审、比较。

5) 评标方法

评标的方法是运用评标标准评审，比较投标的具体方法。评审方法一般包括综合评估法、经评审的最低投标价法和法律法规允许的其他评标方法等。

(1) 综合评估法是指对投标文件提出的工程质量、施工工期、投标价格、施工组织设计或者施工方案、投标人及项目经理业绩等，能否最大限度地满足招标文件中规定的各项综合评价标准进行评审和比较。

(2) 经评审的最低投标价法是能够满足招标文件的各项要求，投标价格最低的投标即可中选投标。采取这种方法选择中标人时必须注意的是，投标价不得低于成本。这里的成本，应该理解为招标人自己的个别成本，而不是社会平均成本。投标人以低于社会平均成本但不低于其个别成本的价格投标，则应该受到保护和鼓励。

经评审的最低投标价法一般适用于具有通用技术、性能标准或者招标人对其技术、性能没有特殊要求的招标项目。

6) 否决所有投标

评标委员通过评审认为所有投标都不符合招标文件要求时，可以否决所有投标。所有投标被否决后，招标人应当按照招标投标法的规定重新招标。在重新招标前一定要分析所有投标都不符的原因，因为导致所有投标都不符合招标文件的要求的原因往往是招标文件的要求过高或不符合实际造成的，在这种情况下，一般需要在修改招标文件后再进行重新招标。

3. 定标

1) 中标候选人的确定

经评标后，评标委员会推荐的中标候选人应当限定在1～3人之间，并标明顺序。然后由招标人确定中标人，一般确定第一名为中标人。如果第一名放弃或未在规定期限内提交履约保证金则可确定第二名中标，以此类推。

招标人可以授权评标委员直接确定中标人。评标委员会提出书面评标报告后，招标人一般应当在15日内确定中标人，但最迟应当在投标有效期结束日30个工作日前确定。

2) 发出中标通知书并订立书面合同

(1) 中标人确定后，招标人应当向中标人发出中标通知书，并同时将中标结果通知所有未中标的投标人，中标通知书对招标人和投标人具有法律效力，任何一方改变中标结果或放弃中标项目都要依法承担法律责任。

(2) 招标人和中标人应当自中标通知书发出之日起30日内，按照招标文件和中标人的投标文件订立书面合同。中标人应当提交履约保证金，同时招标人应当向中标人提供工程支付担保。中标人不与招标人订立合同则投标保证金不予退还，并取消中标资格。给招标人造成损失且超过投标保证金的，应当对超过部分予以赔偿。

(3) 中标人应当按合同约定履行义务，完成中标项目。中标人不得向他人转让中标项目，也不得肢解后分别向他人转让。

(4) 招标人与中标人签订合同后 5 个工作日内，应当向中标人和未中标的投标人退还投标保证金。

课题3.3 建设工程投标报价与策略

某承包商通过资格预审后，对招标文件进行了仔细分析，发现业主所提出的工期要求过于苛刻，且合同条款中规定每拖延1天工期罚合同价的0.1%。若要保证实现该工期要求，则必须采取特殊措施，但会大大增加成本；还发现原设计结构方案采用框架剪力墙体系过于保守。因此，该承包商在投标文件中说明业主的工期要求难以实现，因而在工期方面就按自己认为的合理工期(比业主要求的工期增加6个月)编制施工进度计划并据此报价；还建议采用框架体系，因为其不仅能保证工程结构的可靠性和安全性、增加使用面积、提高空间利用的灵活性，而且可降低造价约3%。

该承包商将技术标和商务标分别封装，在封口处加盖本单位公章，并经项目经理签字后，在投标截止日期前1天上午将投标文件报送业主。次日(投标截止日当天)下午，在规定的开标时间前，该承包商又递交了一份补充材料，其中，声明将原报价降低4%。但是，招标单位的有关工作人员认为，根据国际上“一标一投”的惯例，一个承包商不得递交两份投标文件，因而拒收承包商的补充材料。

开标会由市招标投标办公室的工作人员主持，市公证处有关人员到会，各投标单位代表均到场。开标前，市公证处人员对各投标单位的资质进行审查，并对所有投标文件进行审查，确认所有投标文件均有效后，正式开标。主持人宣读投标单位名称、投标价格、投标工期和有关投标文件的重要说明。

【问题】

1. 该承包商运用了哪几种报价技巧？其运用是否得当？请逐一加以说明。
2. 招标人对投标人进行资格预审应包括哪些内容?
3. 从所介绍的背景资料来看，在该项目招标程序中存在哪些问题？请分别进行简单说明。

3.3.1 施工投标程序

建设工程施工投标是经过招标单位审查获得投标资格的建筑施工企业按照招标文件的要求，在规定的时间内向招标单位填报投标书并争取中标的法律行为，其程序一般有以下几步。

(1) 报名参加投标。承包人根据招标广告或邀请招标函的要求，对符合本企业经营目标和承包能力的招标项目做出投标决策后，在规定的期限内报名参加投标。报名参加投标的单位应向招标单位提供如下资料：企业经营执照和资质证书；企业简历；自有资金情况；全员职工人数，包括技术人员、技术工人数量、平均技术等级及企业自有主要施工机械设备一览表；近 3 年承建的主要工程及质量情况；现有主要施工任务和在建或尚未开工工程一览表等。

(2) 编制并填写资格预审书。资格预审是在投标之前，由招标单位对各承包人财务状况、技术能力、社会信誉等方面进行一次全面审查，只有技术力量和财力雄厚、社会信誉高的企业才能顺利通过资格预审。

(3) 领取招标文件。通过资格预审的施工企业可以领到或购买招标单位发送的招标文件。领取招标文件需交纳投标保证金，投标保证金的额度最高不超过 1000 元。当报名参加投标的企业无故不来投标时，招标单位将没收投标保证金；当投标的企业落标时，招标单位应返还投标保证金。

(4) 研究招标文件。招标文件是投标和报价的主要依据。承包人领取了招标文件后，应充分了解招标文件的内容，对不明白之处做好记录，以便在答疑会上予以澄清。

(5) 调查投标环境。投标环境是指中标后工程施工的自然、经济和社会环境。调查投标环境时，要着重了解施工现场的地理位置，现场地质条件、交通情况，现场临时供电、供水、通信设施情况，当地劳动力资源和材料资源、地方材料价格等，以便正确地确定投标策略。

(6) 确定投标策略。确定投标策略目的在于探索如何达到中标的最大可能性，以期用最小的代价获得最大的经济效益。投标中常见的投标策略有如下几种：靠经营管理水平高得标，靠改进设计得标,靠缩短建设工期、保证工程质量得标，靠“低利”得标，靠低报价着眼于索赔得标等。

(7) 编制施工计划，制订施工方案。编制投标文件的核心工作是计算标价，而标价计算又与施工方案和施工计划密切相关。所以，在编制标价前必须核定工程量和制订施工方案。

(8) 编制投标文件。承包人在充分领会招标文件、进行工程施工现场考察和企业环境调查基础上，应组织人员编制投标文件。投标文件的主要内容包括：对投标文件的综合说明；按照工程量清单计算的标价及钢材、水泥、木材等主要材料用量，投标单位可以依据统一的工程量计算规划自主报价；施工方案和选用的主要施工机械；保证工程质量、进度、施工安全的主要技术组织措施；计划开工、竣工日期，工程总进度；对招标文件中合同主要条件的确认等。

(9) 报送投标文件。承包人将投标文件备齐并由负责人签名盖章后，装订成册封入密封袋中，在规定的期限内投送到招标单位指定的地点。

特别提示

投标人应当在招标文件要求的提交投标文件的截止时间前将投标文件送达投标地点。招标人收到投标文件后应当签收保存，不得开启。投标人少于 3 个的，招标人应当依照本法重新招标。

(10) 参加开标会、中标。承包人应按指定的日期参加开标会。《建设工程招标投标暂行规定》明确规定，开标必须公开进行，投标单位不参加开标会的，其投标书视为废标。

承包人收到招标单位的授标通知书，叫中标或得标。确定中标单位后，招标单位应在 7 日内发出中标通知书。中标的承包人应在招标单位规定的时间内与招标单位谈判签订合同。

3.3.2 施工投标报价编制

1．投标报价的原则

投标报价的编制主要是投标单位对承建招标工程所要发生的各种费用的计算。在进行投标计算时，必须首先根据招标文件进一步复核工程量。作为投标计算的必要条件，应预先确定施工方案和施工进度，此外，投标计算还必须与采用的合同形式相协调。报价是投标的关键，报价是否合理直接关系到投标的成败。

(1) 以招标文件中设定的发承包双方责任划分作为考虑投标报价费用项目和费用计算的基础，根据工程发承包模式考虑投标报价的费用内容和计算深度。

(2) 以施工方案、技术措施等作为投标报价计算的基本条件。

(3) 以反映企业技术和管理水平的企业定额作为计算人工、材料和机械台班消耗量的基本依据。

(4) 充分利用现场考察、调研成果、市场价格信息和行情资料等来编制基价，并确定调价方法。

(5) 报价计算方法要科学严谨、简明适用。

2．投标报价的编制依据

(1) 招标人提供的招标文件。

(2) 招标人提供的设计图样、工程量清单及有关的技术说明书等。

(3) 国家及地区颁发的现行建筑、安装工程预算定额及与之相配套执行的各种费用定额规定等。

(4) 地方现行材料预算价格、采购地点及供应方式等。

(5) 因招标文件及设计图样等不明确，经咨询后由招标人书面答复的有关资料。

(6) 企业内部制定的有关取费、价格等的规定和标准。

(7) 其他与报价计算有关的各项政策、规定及调整系数等。

(8) 在报价的计算过程中，对于不可预见费用的计算必须慎重考虑，不得遗漏。

3．施工投标文件的内容

建设工程投标文件是建设工程投标单位单方面阐述自己响应招标文件要求，旨在向招标单位提出愿意订立合同的意思表示，是投标单位确定、修改和解释有关投标事项的各种书面表达形式的统称。从合同订立过程来分析，建设工程投标文件在性质上属于一种要约，其目的在于向招标单位提出订立合同的意愿。建设工程投标文件作为一种要约，必须符合一定的条件才能发生约束力。这些条件主要是如下几项。

(1) 必须明确向招标单位表示愿意按招标文件的内容订立合同的意思。

(2) 必须对招标文件提出的实质性要求和条件作出响应，不得以低于成本的报价竞标。

(3) 必须由有资格的投标单位编制。

(4) 必须按照规定的时间、地点递交给招标单位。

凡不符合上述条件的投标文件，将被招标单位拒绝。

建设工程投标文件是由一系列有关投标方面的书面资料组成的。一般来说，投标文件由以下几个部分组成。

(1) 投标书。

(2) 投标书附录。

(3) 投标保证金。

(4) 法定代表人资格证明书。

(5) 授权委托书。

(6) 具有标价的工程量清单与报价表。

(7) 辅助资料表。

(8) 资格审查表。

(9) 对招标文件中的合同协议条款内容的确认和响应。

(10) 施工组织设计。

(11) 按招标文件规定提交的其他资料。

投标单位必须使用招标文件提供的投标文件表格格式，但表格可以按同样格式扩展。招标文件中拟定的供投标单位投标时参照填写的一套投标文件主要包括投标书及投标书附录、工程量清单与报价表、辅助资料表等。

4．投标文件编制的步骤

投标单位在领取招标文件以后，就要进行投标文件的编制工作。编制投标文件的一般步骤如下。

(1) 熟悉招标文件、图纸、资料，图纸、资料有不清楚、不理解的地方，可以以书面或口头形式向招标人询问、澄清。

(2) 参加招标单位施工现场情况介绍和答疑会。

(3) 调查当地材料供应和价格情况。

(4) 了解交通运输条件和有关事项。

(5) 编制施工组织设计，复查、计算图纸工程量。

(6) 编制或套用投标单价。

(7) 计算取费标准或确定采用取费标准。

(8) 计算投标造价。

(9) 核对调整投标造价。

(10) 确定投标报价。

5．投标报价的编制方法

与招标控制价编制方法类似，投标报价的编制方法也分为定额计价法与工程量清单计价法。

1) 定额计价法

通常采用的是单位估价法：先算出工程量，然后套(概)预算定额，用工程量乘以定额单价(定额基价)得出直接工程费，再加措施费得出直接费，以直接费或人工费为基础计算出间接费，最后求出利润、税和价差并汇总即得工程建安费用。然后，在此基础上综合考虑工期、质量、自然地理及工程风险等因素所增加的费用就是投标报价。

2) 工程量清单计价法

目前，在我国基本上都采用工程量清单计价模式进行招标，其具体做法如下。

(1) 清单工程量审核与调整。投标单位要根据招标文件规定，确定其中所列的工程量清单是否可以调整。如果可以调整，就要详细审核工程量清单所列的各项工程量，对其中误差大的，要在招标单位答疑会上提出调整意见，取得招标单位同意后进行调整；如果不允许调整，则不需要对工程量进行详细审核，只对主要项目或工程量大的项目进行审核，发现有较大误差时可以通过调整这些项目的综合单价进行解决。

(2) 综合单价计算。投标单位根据施工现场实际情况及拟定的施工方案或施工组织设计、企业定额和市场价格信息对招标文件中所列的工程量清单项目进行综合单价计算，综合单价包括了人工费、材料费、机械台班费、管理费及利润，并适当考虑风险因素等费用。

(3) 分部分项工程费和部分措施费计算。清单工程量乘以其对应的综合单价就可得到分部分项工程的合价和部分措施项目费，再按费率或其他计算规则算出另一部分措施费。

(4) 计算规费、其他费用、税，汇总后即得该工程投标书的报价。

3.3.3 工程投标报价策略

1．工程投标报价策略的概念

工程投标报价策略就是投标人在投标竞争中的系统工作部署及其参与投标竞争的方式和手段。它体现在整个投标活动中。

2．工程投标报价策略的分类

1) 不平衡报价法

所谓不平衡报价，就是在不影响投标总报价的前提下，将某些分部分项工程的单价定得比正常水平高一些，某些分部分项工程的单价定得比正常水平低一些。不平衡报价是单价合同投标报价中常见的一种方法。

不平衡报价主要分成两个方面的工作，一个是早收钱，另一个是多收钱。

早收钱是通过参照工期时间合理调整单价后得以实现的，而多收钱是通过参照分项工程数量合理调整单价后得以实现的。尽早收回验工计价款，加速项目资金周转。承包商验工计价款回收的快慢对于顺利实施整个项目有着实质性的影响，尤其在市场经济的竞争条件下，资金都是有偿占用的，加速资金周转就显得更为重要。一般可以考虑在以下几方面采用不平衡报价。

① 对能早期得到结算付款的分部分项工程(如土石方工程、基础工程等)的单价定得较高，对后期的施工分项(如粉刷、油漆、电气设备安装等)单价定得适当低些。

② 估计施工中工程量可能会增加的项目，单价提高；工程量会减少的项目单价降低。

③ 设计图纸不明确或有错误的，估计今后修改后工程量会增加的项目，单价提高；工程内容说明不清的，单价降低。

④ 没有工程量，只填单价的项目(如土方工程中的挖淤泥、岩石等)，其单价提高些。这样做既不影响投标总价，以后发生时承包人又可多获利。

⑤ 对于暂列数额(或工程)，预计会做的可能性较大，价格定高些，估计不一定发生的则单价定低些。

⑥ 零星用工(计日工)的报价高于一般分部分项工程中的工资单价，因它不属于成包总价的范围，发生时实报实销，价高些会多获利。

【例 3.1】某工程分为 A、B 两分项工程，清单工程量及初始估算单价见表 3-1，报价时经过分析得知，工程 A 在施工中工程量可能会增加，而工程 B 在施工中可能会减少。则进行不平衡报价，后经施工验收实际工程量的确发生了变化，经验收计算工程量见表 3-1。试分析用不平衡报价与常规平衡报价所增加的收益额。

表 3-1 常规平衡报价单

工程项目名称	清单工程量/m^3	实际工程量/m^3	单价/(元/m^3)
A	5000	7500	100
B	3000	2000	80

解：

(1) 常规平衡报价。

常规平衡报价两分项工程的总报价为 5000×100+3000×80=740000(元)。

(2) 不平衡报价。

调整单价

若 A、B 两个分项工程的单价分别增减 25%，则 A 项工程的单价增至 125 元，B 项工程的单价减至 60 元。

调整后 A、B 两分项工程的总报价为 5000×125+3000×60=805000(元)。

即比用常规平衡报价时增加 65000 元。但是，为了保持合同总价不变，这种形式上的增加应予以消除，即将增值调回到零。

调零的方法是将上面调整的单价之一固定，在总价不变的条件下，再对另一个单价进行修正。

若 B 项工程的单价维持不变，经调整后 A 项工程的单价为 x，则

$$5000x+3000\times60=740000$$

$$x=112(元/m^3)$$

即 A 项工程的单价调整为 112 元/m^3。

此时，A、B 两个分项工程的总报价为 5000×112+3000×60=740000(元)。

即调整后仍维持总报价不变。同理，若将 A 项工程的单价维持在 125 元/m^3 不变，也可求出调零后 B 项工程的单价。

承包商在进行综合比较后，通常会提高预计实际工程数量发生概率较高的那些分项工程的单价并对其他分项工程进行调零修正。表 3-2 就是 A、B 两个工程在不平衡报价时填报的报价单。

表 3-2 不平衡报价单

工程项目名称	清单工程量/m^3	实际工程量/m^3	单价/(元/m^3)
A	5000	7500	120
B	3000	2000	60

这样，投标在递交标书时，纸面填报的报价单就可以保证不平衡报价的总报价与常规平衡报价的总报价完全相等。

但是，承包商在执行合同的过程中，A、B 两个分项工程验收计价的实际结果却如下所示。

当使用常规平衡报价时，总收入为

$$7500\times100+2000\times80=910000(元)$$

改用不平衡报价后，总收入为

$$7500\times112+2000\times60=960000(元)$$

不平衡报价比原常规平衡报价实际上多收入

$$960000-910000=50000(元)$$

如果说 A 分项工程再涉及早期完工，工程款早回收，则不平衡报价与常规平衡报价还可形成相应的利息差。

总之，承包商应该认真对待不平衡报价的分析和复核工作，绝不能冒险乱下赌注，而必须切实把握工程数量的实际变化趋势，测准效益。否则，若实际情况没能像投标时预测的那样发生变化，则承包商就达不到原预期的收益，甚至可能造成亏损。另外，不平衡报价过多和过于明显，也会引起业主反感，甚至导致废标。

2) 根据招标项目的不同特点而采用不同报价

(1) 遇到某些情况报价可高一些，如施工条件差的工程、专业要求高技术密集型工程、总价低的小工程以及自己不愿做的工程、特殊工程(如港口码头及地下开挖工程等)、工期急的工程、投标人少的工程、支付条件不理想工程。

(2) 遇到某些情况报价可低一些，如施工条件好的工程；工作简单、工程量大而其他投标人都可以做的工程；机械设备等无工地转移时，招标人在附近有工程，而本项目又可利用该工程的设备、劳务或有条件短期内突击完成的工程；投标对手多、竞争激烈的工程；非急需工程；支付条件好的工程。

3) 突然降价法

突然降价法是投标单位先按一般情况报价或表现出自己对该工程兴趣不大，到投标快截止时再突然降价，为最后中标打下基础。但一定要考虑好在准备投标限价的过程中降价的幅度，以便在临近投标截止前根据所获取的信息进行认真分析并作出最后决策。

4) 多方案报价法

投标单位在投标报价时如果发现工程范围很不明确，条款不清楚或很不公正，或技术规范要求过于苛刻时，就要在充分估计投标风险的基础上，按多方案报价法处理，也就是按原招标文件报一个价，然后再提出，如某条款作某些变动，报价可降低多少，由此可报出一个较低的价，这样可以降低总价，吸引招标人。

5) 增加建议方案

有时招标文件规定，可以提出一个建议方案，即可修改原设计方案，提出投标者的方案。投标人此时应抓住机会，组织一批有经验的设计和施工工程师，对原招标文件的设计和施工方案进行仔细研究，提出更为合理的方案以吸引业主，促使自己的方案中标。这种新建议方案可降低总造价或是缩短工期，或使工程运用更为合理。但要注意，一定也要对原招标方案报价。建议方案不要写得太具体，要保留方案的技术关键，防止招标人将此方案交给其他投标人。同时应强调的是，建议方案一定要比较成熟，具有很强的操作性。

6) 可供选择项目的报价

有些工程项目的分项工程，招标人可能要求按某一方案报价，而后再提供几种可供选择方案的比较报价。投标时，应对不同规格情况下的价格都进行调查，对于将来有可能被选择使用的规格应适当提高其报价；对于技术难度大或其他原因导致的难以实现的规格，可有意将价格抬高得更高些，以阻挠招标人选用。但是，所谓“可供选择项目”并非由投标人任意选择，而是由招标人进行选择。因此，虽然适当提高了可供选择项目的报价，并不意味着一定可以取得较高的利润，只是提供了一种可能性，一旦招标人今后选用，投标人即可得到额外加价的利益。

7) 零星用工(计日工)单价的报价

如果是单纯报零星用工单价，而且不计入总价中，可以报高一些，以便在招标人额外用工或使用施工机械时多盈利。但如果零星用工单价要计入总报价时，则需具体分析是否报高价，以免抬高总报价。总之，要分析招标人在开工后可能使用的零星用工数量，再来确定报价方针。

8) 暂定工程量的报价

暂定工程量有以下3种。

(1) 招标人规定了暂定工程量的分项内容和暂定总价款，并规定所有投标人均必须在总报价中加入此笔固定金额，但由于分项工程量不很准确，允许将来投标人按报单价和实际完成的工程量付款。在这种情况下，由于暂定总价款是固定的，对各投标人的总报价水平竞争力没有任何影响，因此，投标时应当适当提高暂定工程量的单价。

(2) 招标人列出了暂定工程量的项目的数量，但并没有限制这些工程量的估价总价款，要求投标人既列出单价，也应按暂定项目的数量计算总价，当将来结算付款时可按实际完成的工程量和所报单价支付。在这种情况下，投标人必须慎重考虑。一般来说，这类工程量可以采用正常价格，如果能确定这类工程量将来肯定增多，则可适当提高单价。

(3) 只有暂定工程的一笔固定金额，将来这笔金额的用途由招标人确定。这种情况对投标竞争没有实际意义，按招标文件要求将规定的暂定款列入总报价即可。

9) 分包商报价的采用

总承包商通常应在投标前先取得分包商的报价，并增加总承包商摊入的一定的管理费，将其作为自己投标总价的一个组成部分一并列入报价单中。因此，总承包商在投标前就应找两家或三家分包商分别报价，而后选择其中一家信誉较好、实力较强且报价合理的分包商签订协议，同意该分包商作为本分包工程的唯一合作者，并将其分包商的姓名列到投标文件中，同时要求分包商提交投标保函。这样可避免分包商在投标前可能同意接受总承包商压低其报价的要求，但等到总承包商得标后，他们常以种种理由要求提高分包价格，使总承包商处于十分被动的地位的情况出现。

10) 无利润报价

缺乏竞争优势的承包商，在不得已的情况下，只能在报价时根本不考虑利润而去招标。此办法一般适用于以下条件。

(1) 有可能在得标后，将大部分工程分包给索价较低的分包商。

(2) 对于分期建设的项目，先以低价获得首期工程，而后赢得机会创造第二期工程中的竞争优势，并在以后的实施中盈利。

(3) 在较长时期内，投标人没有在建的工程项目，如果再不得标，就难以维持生存。因此，虽然本工程无利可图，但能维持公司的正常运转，可渡过难关，为以后的发展打下基础。

课题3.4 建设工程施工合同

3.4.1 建设工程施工合同的类型

在施工合同中，建设单位是发包方，施工单位是承包方，施工单位承包多少工程内容和采用什么形式承包，往往是由建设单位决定的。建设单位发包的形式多种多样，现把施工合同的分类简述如下。

1．按承包人所处的地位来划分

1) 总承包

建设单位把整个建设工程全部交给一个施工单位承包。这种施工单位必须是具有总承包资质和能力的总承包公司。总承包公司可以把部分专业任务交给专业公司去分包，但是工程中的所有管理工作仍由总承包公司负责。总承包公司可为设计施工总承包，即所谓的“交钥匙”工程；总承包公司也可为施工总承包，它承包的内容是土建施工和设备安装，但是不包括勘察设计。

2) 分包

分包单位从总承包单位分包部分专项工程，如电梯安装、土方工程等专业较强的工程项目。分包单位只与总承包单位签订承包合同，它对总承包单位负责，但总承包单位对建设单位负责，因此总承包单位选择的分包单位应得到建设单位的认可。

3) 独立承包

凡是工程项目不大、技术并不复杂的工程，建设单位往往只交给一家施工单位承包工程而不同意转包给其他分包单位，这家施工单位就是独立承包。独立承包单位必须具有完成独立承包的资质和能力。

4) 联合承包

联合承包是指由两家以上的建筑企业联合起来承包一项建设工程项目，如设计施工联合承包。由两家以上的施工企业联合组成承包单位统一与建设单位签订合同。参加联合承包的企业在该项工程上是联合承包，但在其他方面仍是各自独立的，自助经营、独立核算。

5) 直接承包

建设单位由于自己的管理力量比较强，往往把工程中的不同专业直接交于不同性质的专业施工单位进行直接承包，由建设单位直接管理，协调各个专业承包单位的关系。直接承包给各个不同专业施工单位的总费用要比直接由总承包付出的费用低得多。

2．按计价方式划分

特别提示

根据具体建设项目选择合适的计价方式，以便于降低风险，加强成本控制。

1) 总价合同

根据合同规定的工程施工内容和有关条件，业主应付给承包商的款额是一个规定的金额，即明确的总价。总价合同也称作总价包干合同，即根据施工招标时的要求和条件，当施工内容和有关条件不发生变化时，业主付给承包商的价款总额就不发生变化。如果由于承包人的失误导致投标价计算错误，合同总价格也不予调整。总价合同又分固定总价合同和变动总价合同。

(1) 固定总价合同，即合同总价一次包死，不因环境因素(如通货膨胀、法律等)的变化而调整，承包人承担全部风险，通常仅在设计和合同工程范围发生变化时才允许调整合同总价。这种合同用于工期较短(一般不超过一年)且要求十分明确的项目。

(2) 可调总价合同。承包人以总价结算，总价在合同执行中可以因工资、物价、法律等因素的变化而调整。在这种合同中，发包人承担了通货膨胀的风险，而承包人则承担其他风险，一般适用于工期较长(一年以上)的项目。

(3) 固定工程量总价合同。发包人要求投标者在投标时按单价合同办法分别填报分项工程单价，并根据计算出的工程总价签订合同。原定工程项目全部完成后，根据合同总价付款给承包人；如果改变设计或增加新项目，则用合同中已确定的单价来计算新的工程量和调整总价。这种方式适用于工程量变化不大的项目。

2) 单价合同

当发包工程的内容和工程量尚不能明确、具体地予以规定时，则可以采用单价合同形式。单价合同是根据技术工程内容和估算工程量，在合同中明确每项工程内容的单位价格，实际支付时则根据实际完成的工程量乘以合同单价计算应付的工程款。在实际工程中单价合同又分为以下 3 种形式。

(1) 估算工程量单价合同。这种合同是以工程量表和工程单价表为基础和依据来计算合同价格的。通常是由发包人委托咨询单位按分部分项工程列出工程量表及估算的工程量，由承包人以此为基础填报单价，据此计算出合同总价作为投标报价之用。在每月结账时，以实际完成的工程量结算；在工程全部完成时，以竣工图最终结算工程的总价。这种合同对双方风险都不大，所以是比较常用的一种形式。

(2) 纯单价合同。采用这种形式的合同，发包人只向承包人给出发包工程的有关分部分项工程以及工程范围，不需对工程量做任何规定。承包人在投标时只需对这种给定范围的分部分项工程做出报价即可，工程量则按实际完成的数量结算。这种合同形式主要适用于没有施工图、工程不明，却急需开工的紧迫工程。

(3) 单价与包干混合式合同。以单价合同为基础，但对其中某些不易计算工程量的分项工程(如施工导流、小型设备购置与安装调试)采用包干办法；而对能用某种单位计算工程量的，均要求报单价，按实际完成工程量及合同上的单价结账。

由于单价合同允许随工程量变化而调整工程总价，业主和承包商都不存在工程量方面的风险，因此对合同双方都比较公平。另外，在招标前，发包单位无需对工程范围做出完整的、详细的规定，从而可以缩短招标准备时间；投标人也只需对所列工程内容报出自己的单价，从而缩短投标时间。

3) 成本加酬金合同

成本加酬金合同也称为成本补偿合同，工程施工的最终合同价格将按照工程的实际成本再加上一定的酬金进行计算。在合同签订时，工程实际成本往往不能确定，只能确定酬金的取值比例或者计算原则。

(1) 成本加固定百分比酬金合同。根据这种合同，发包人对承包人支付的人工、材料和施工机械使用费、其他直接费、施工管理费等按实际直接成本全部据实补偿，同时按照实际直接成本的固定百分比付给承包人一笔酬金作为承包人的利润。由于这种合同形式建筑安装工程总承包价及付给承包人的酬金随工程成本而水涨船高，不利于鼓励承包人降低成本，这也是此种形式的弊病所在，因此很少被采用。

(2) 成本加固定金额酬金合同。这种合同形式与成本加固定百分比酬金合同相似。其不同之处仅在于所增加费用是一笔固定金额的酬金。酬金一般是按估算的工程成本的一定百分比确定，数额是固定不变的。采用上述两种合同计价方式时，为了避免承包人为获得更多的酬金而对工程成本不加控制，往往在承包合同中规定一些“补充条款”，以鼓励承包人节约资金、降低成本。

(3) 成本加奖罚合同。采用这种形式的合同，首先要确定一个目标成本，这个目标成本是根据粗略估算的工程量和单价表编制出来的，在这一基础上，根据目标成本来确定酬金的数额，它可以是百分数的形式，也可以是一笔固定酬金，另外还可根据成本降低额来得到一笔奖金。当实际成本高出目标成本时，承包人仅能得到成本加酬金的补偿；此外还要视实际成本高出目标成本情况处以一笔罚金；除此之外，还可设工期奖罚。

(4) 最高限额成本加固定最大酬金合同。在这种形式的合同中，首先要确定限额成本、报价成本和最低成本，当实际成本没有超过最低成本时，承包人花费的成本费用及应得酬金等都可以得到发包人的支付，并与发包人分享节约额；如果实际工程成本在最低成本与报价成本之间，承包人只能得到成本和酬金；如果实际工程成本在报价成本与最高限额成本之间，则只有全部成本可以得到支付；实际工程成本超过最高限额成本，则超过部分发包人不予支付。

采用成本加酬金这种合同，承包商不承担任何价格变化或工程量变化的风险，这些风险主要由业主承担，对业主的投资控制很不利。而承包商则往往缺乏控制成本的积极性，常常不仅不愿控制成本，甚至还会期望提高成本以提高自己的经济效益，因此这种合同容易被那些不道德或不称职的承包商滥用，从而损害工程的整体效益。所以，应该尽量避免采用这种合同。

成本加酬金合同通常用于如下情况。

① 工程特别复杂，工程技术、结构方案不能预先确定，或者尽管可以确定工程技术和结构方案，但是不可能进行竞争性的招标活动并以总价合同或单价合同的形式确定承包商，如研究开发性质的工程项目。

② 时间特别紧迫来不及进行详细的计划和商谈的工程，如抢险、救灾等工程。

3. 按劳动和材料供应来划分

1) 包工包料

承包工程的所有材料和人工都是由施工单位承包。

2) 包工不包料

承包工程的施工企业负责施工中的全部技术工种和普工，并负责施工技术和管理，但不负责材料供应，材料由建设单位负责供应。

3) 包工及部分包料

承包工程的施工企业负责施工中的全部人工及部分材料，但其中有部分材料由总承包单位或建设单位负责供应。

3.4.2 建设工程施工合同的选择

这里仅从以付款方式划分的合同类型中进行选择，合同的内容不作为考虑因素。选择建设工程施工合同时，应考虑以下几种因素。

(1) 项目规模大小和工期长短。

(2) 项目竞争情况。

(3) 项目复杂程度。

(4) 项目单项工程的确定程度。

(5) 项目准备时间的长短。

(6) 项目的外部环境因素。

总而言之，在选择合同类型时，一般情况下是发包人占据主动权。但发包人不能单纯考虑自己的利益，应当综合考虑项目的各种因素及承包人的承受能力，以确定双方都能认可的合同类型。

3.4.3 建设工程施工合同文本的主要条款

根据《建筑安装工程承包合同条例》及相关法律的规定，签订建设工程施工合同应具备以下主要条款。

(1) 工程名称和地点。

(2) 工程范围和内容。

(3) 开工、竣工日期及中间交工工程开工、竣工日期。

(4) 工程质量保修期和保修条件。

(5) 工程造价。

(6) 工程价款的支付、结算及交工验收办法。

(7) 设计文件及(概)预算，技术资料提供日期。

(8) 材料和设备的供应和进场期限。

(9) 双方相互协作事项。

(10) 违约责任。

(11) 争议的解决方式。

由于建设工程施工合同标的物的特殊，合同执行期长，还有关于安全施工、专利技术实用、发现地下障碍和文物、工程分包、不可抗力、工程有无保险、工程停建或缓建等问题，都是建设工程施工合同的重要内容。

课题 3.5 建设工程招投标阶段工程造价控制案例分析

3.5.1 案例 1

某办公楼的招标人于 2010 年 10 月 11 日向具备承担该项目能力的 A、B、C、D、E 5

家投标单位发出投标邀请书，其中说明10月17日—10月18日的9:00—16:00在该招标人总工程师室领取招标文件，11月8日14:00为投标截止时间。这5家投标单位均接受了邀请，并按规定时间提交了投标文件。但投标单位A在送出投标文件后发现报价估算有较严重的失误，便赶在投标截止时间前10分钟递交了一份书面申明，撤回已提交的投标文件。

开标时，由招标人委托的市公证处人员检查投标文件的密封情况，确认无误后，由工作人员当众拆封。出于投标单位A已撤回投标文件，故招标人宣布有B、C、D、E 4家投标单位投标，并宣读了这4家投标单位的投标价格、工期和其他主要内容。

评标委员会委员由招标人直接确定，共由7人组成，其中招标人代表2人、本系统技术专家2人、经济专家1人、外系统技术专家1人、经济专家1人。

在评标过程中，评标委员会要求B、D两投标人分别对其施工方案作详细说明，并针对若干技术要点和难点提出问题，并要求其提出具体、可靠的实施措施。评标委员会的招标人代表希望投标单位B再适当考虑一下降低报价的可能性。

按照招标文件中确定的综合评标标准，4个投标人综合得分从高到低的顺序依次为B、D、C、E，故评标委员会确定投标单位B为中标人。由于投标单位B为外地企业，招标人于11月10日将中标通知书以挂号信方式寄出，投标单位B于11月14日收到中标通知书。

由于从报价情况来看，4个投标人的报价按从低到高的顺序依次为D、C、B、E，因此，从11月16日至12月11日，招标人又与投标单位B就合同价格进行了多次谈判，结果投标单位B将价格降到略低于投标单位C的报价水平，最终双方于12月12日签订了书面合同。

【问题】

(1) 从招标投标的性质看，本案例中的要约邀请、要约和承诺的具体表现是什么?

(2) 从所介绍的背景资料来看，该项目的招标投标程序在哪些方面不符合《中华人民共和国招标投标法》的有关规定？请逐一说明。

【案例分析】

(1) 在本案例中，要约邀请是招标人的投标邀请书，要约是投标人的投标文件，承诺是招标人发出的中标通知书。

(2) 该项目的招标投标程序在以下几个方面不符合《中华人民共和国招标投标法》的有关规定，分述如下。

① 招标人不应仅宣布4家投标单位参加投标。《中华人民共和国招标投标法》规定，招标人在招标文件要求提交投标文件的截止时间前收到的所有投标文件开标时都应当众拆封、宣读。这一规定是比较模糊的，仅按字面理解，已撤回的投标文件也应当宣读，但这显然与有关撤回投标文件的规定的初衷不符。按国际惯例，虽然投标单位A在投标截止时间前已撤回投标文件，但仍应作为投标人宣读其名称，但不宣读其投标文件的其他内容。

② 评标委员会委员不应全部由招标人直接确定。按规定，评标委员会中的技术、经济专家，一般招标项目应采取从专家库中随机抽取方式来确定，特殊招标项目可以由招标人直接确定。本项目显然属于一般招标项目。

③ 评标过程中不应要求投标单位考虑降价问题。按规定，评标委员会可以要求投标人对投标文件中含义不明确的内容作必要的澄清或者说明，但是澄清或者说明不得超出投标

文件的范围或者改变投标文件的实质性内容；在确定中标人之前，招标人不得与投标人就投标价格、投标方案的实质性内容进行谈判。

3.5.2 案例 2

某国外援助资金建设项目施工招标，该项目是职工住宅楼和普通办公大楼，划分为甲、乙两个标段。招标文件规定，国内投标人有 7.5%的评标价优惠；同时投两个标段的投标人给予评标优惠；若甲标段中标，乙标段扣减 4%作为评标优惠价；合理工期为 24～30 个月，评标工期基准为 24 个月，每增加 1 个月在评标价中加 0.1 百万元。经资格预审，A、B、C、D、E 5 个投标人的投标文件获得通过，其中 A、B 两投标人同时对甲、乙两个标段进行投标；B、D、E 为国内投标人。投标人的投标情况见表 3-3。

表 3-3 投标人投标情况

投标人	报价/百万元		投标工期/月	
	甲标段	乙标段	甲标段	乙标段
A	10	10	24	24
B	9.7	10.3	26	28
C		9.8		24
D	9.9		25	
E		9.5		30

【问题】

(1) 该工程如果仅邀请 3 家施工单位投标，是否合适？为什么？

(2) 可否按综合评标得分最高者中标的原则确定中标单位？你认为采用什么方式合适并说明理由。

(3) 若按照经评审的最低投标价法评标，是否可以把质量承诺作为评标的投标价修正因数？为什么？

(4) 确定两个标段的中标人。

【案例分析】

(1) 该工程采用的是公开招标的方式，如果仅邀请 3 家施工单位投标不合适。因为根据有关规定，对于技术复杂的工程允许采用邀请招标方式，邀请参加投标的单位不得少于 3 家，而公开招标的应该适当超过 3 家。

(2) 不宜按综合评标得分最高者中标的原则确定中标单位，应采用经评审的最低投标价法评标。①经评审的最低投标价法评标一般适用于施工招标，需要竞争的是投标人价格，报价是主要的评标内容。②因为经评审的最低投标价法评标适用于具有通用技术、性能标准，或者招标人对其技术、性能没有特殊要求的普通招标项目，如一般住宅工程的施工项目。本例中的职工住宅楼和普通办公大楼就属于此类项目。

(3) 可以。因为质量承诺是技术标的内容，可以作为最低投标价法的修正因数。

(4) 甲标段评标结果见表 3-4。

表 3-4　甲标段评标结果

投　标　人	报价/百万元	修　正　因		评标价/百万元
		工期因素/百万元	本国优惠/百万元	
A	10		+0.75	10.75
B	9.7	+0.2		9.9
D	9.9	+0.1		10

因此，甲标段的中标人应为投标人 B。

乙标段评标结果见表 3-5。

表 3-5　乙标段评标结果

投　标　人	报价/百万元	修　正　因　数			评标价/百万元
		工期因素/百万元	两个标段优惠/百万元	本国优惠/百万元	
A	10			+0.75	10.75
B	10.3	+0.4	−0.412		10.288
C	9.8			+0.73	10.535
E	9.5	+0.6			10.1

因此，乙标段的中标人应为投标人 E。

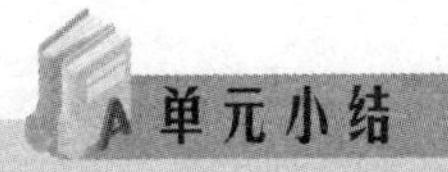

本单元主要介绍了工程招标、工程投标和施工合同。

工程招标主要介绍了招标的概念，招标方式、范围及种类；施工招标文件的内容、施工招标程序；招标控制价的概念、内容，招标控制价价格编制方法。重点掌握招标控制价的编制方法。

工程投标主要介绍了投标的概念，施工投标报价的编制依据，施工投标报价书的编制内容，工程量清单计价与投标报价的编制方法，投标报价的程序及工程投标报价策略等。重点掌握工程量清单计价与投标报价的编制方法和投标报价策略应用。

施工合同主要介绍了总价合同、单价合同和成本加酬金合同，建设工程施工合同文本的主要条款。学习的重点是掌握上述这几种合同的特点及其适用条件。

习　题

一、单项选择题

1．下列有关招标工程招标控制价的说法中，正确的是(　　)。

A.《中华人民共和国招标投标法》明确规定了招标工程必须设置招标控制价价格

B．招标控制价价格对工程招标阶段的工作起着决定性的作用

C．招标控制价价格是招标人控制建设工程投资、确定投标人投标价格的参考依据

D．招标控制价价格是衡量、评审投标人投标报价是否合理的尺度和依据

2．我国目前建设工程施工招标控制价的编制方法主要采用(　　)。

A．工程量清单计算与工程量清单计价法　B．单位估价法和实物量法

C．预算定额法和投标价平均法　D．单位估价法和综合单价法

3．定额计价法编制招标控制价采用的是(　　)。

A．工料单价　B．全费用单价

C．综合单价　D．投标报价的平均价

4．对于一个没有先例的工程或工程内容及其技术经济指标尚未全面确定的新项目，一般采用(　　)。

A．固定总价合同　B．可调总价合同

C．估算工程量单价合同　D．成本加酬金合同

5．作为施工单位，采用(　　)合同形式，可最大限度地减少风险。

A．不可调值总价　B．可调值总价

C．单价　D．成本加酬金

6．采用固定单价合同的工程，每个结算周期期末时应根据(　　)办理工程结算。

A．投标文件中估计的工程量

B．经过业主或监理工程师核实的实际工程量

C．合同中规定的工程量

D．承包商报送的工程量

7．编制招标控制价应遵循的原则中，不正确的是(　　)。

A．一个工程只能编制一个招标控制价

B．招标控制价作为建设单位的合同价，应力求与市场的实际吻合

C．招标控制价应由本、利润及税金组成，应控制在批准的总概算及投资包干的限额内

D．招标控制价应考虑保险及采用固定价格工程的风险

8．下列情况标书有效的是(　　)。

A．投标书封面无投标单位或其代理人印鉴

B．投标书未密封

C．投标书逾期送达

D．授标单位未参加开标会议

9．采用不平衡报价法，不正确的做法是(　　)。

A．施工条件好，工作简单，工作量大的工程报价可以高一些

B．能早日结账收款项目适当提高报价

C．预计今后工作量会增加的项目单价可以适当提高

D．工程内容解释不清楚的单价可以适当降低

10．招标单位在评标委员会中人员不得超过三分之一，其他人员应来自(　　)。

A．参与竞争的投标人　B．招标单位的董事会

C．上级行政主管部门　D．省、市政府部门提供的专家名册

二、多项选择题

1．下列对有关共同投标联合体的基本条件的描述中，正确的是(　　)。

A．联合体各方均应当具备承担招标项目的相应能力

B．联合体当中至少一方应当具备招标文件对投标人要求的条件

C．由同一专业的单位组成的联合体，按照资质等级较低的单位确定资质等级

D．招标人不得强制投标人组成联合体共同投标

2．固定总价合同一般适用于(　　)工程。

A．设计图样完整齐备　　B．工程规模小

C．工期较短　　D．技术复杂

E．施工图设计阶段后开始组织招标

3．依照国际惯例，建设工程合同价的主要形式为(　　)。

A．总价合同　　B．单价合同

C．预算价合同　　D．概算价合同

E．成本加酬金合同

4．成本加酬金合同的形式包括(　　)。

A．成本加固定百分比酬金合同　　B．成本加递增百分比酬金合同

C．成本加递减百分比酬金合同　　D．成本加固定酬金合同

E．最高限额成本加固定最大酬金合同

5．采用固定总价合同时，承包人须承担(　　)的风险。

A．物价波动　　B．气候条件恶劣

C．洪水与地震　　D．地质地基条件

6．以工程量清单计价法编制招标控制价时，工程量清单计价的单价按所综合内容不同，可以分为(　　)。

A．概算指标　　B．工料单价

C．完全费用单价　　D．综合单价

7．编制一个合理可靠的招标控制价价格需要考虑的因素包括(　　)。

A．目标工程的要求

B．招标方的质量要求

C．建筑材料采购渠道和市场价格的变化

D．招标方的资金到位情况

8．在不平衡报价中，应当降低报价的是(　　)。

A．混凝土浇筑项目　　B．预计工程量可能减少的项目

C．装饰工程　　D．将来可能分标的暂定项目

9．在投标报价中，当承包商无竞争优势时，可以采用无利润报价的情况有(　　)。

A．得标后，将大部分工程分包给索价较低的分包商

B．希望二期工程中标，赚得利润

C．希望修改设计方案

D．希望改动某些条款

E．较长时期内承包商没有在建工程，如再不中标，就难以生存

10．属于招标文件主要内容的是(　　)。

A．设计文件　　B．工程量清单

C．施工方案　　D．投标书的编制要求

E．选用的主要施工机械

三、案例题

某大型工程由于技术难度大，对施工单位的施工设备和同类工程施工经验要求较高，而且对工期的要求也比较紧迫。业主在对有关单位和在建工程考察的基础上，仅邀请了 3 家国有一级施工企业参加投标，并预先与咨询单位和该 3 家施工单位共同研究制定了施工方案。业主要求投标单位将技术标和商务标分别装订报送。经招标领导小组研究确定的评标规定如下。

1．技术标共 30 分，其中，施工方案 10 分(因已确定施工方案，各投标单位均得 10 分)、施工总工期 10 分，工程质量 10 分。满足业主总工期要求(36 个月)者得 4 分，每提前 1 个月加 1 分，不满足者不得分；自报工程质量合格者得 4 分，自报工程质量优良者得 6 分(若实际工程质量未达到优良将扣罚合同价的 2%)；近 3 年内获得鲁班工程奖每项加 2 分，获省优工程奖每项加 1 分。

2．商务标共 70 分。报价不超过标底(35500 万元)的±5%者为有效标，超过者为废标。报价为标底的 98%者得满分(70 分)，在此基础上，报价比标底每下降 1%扣 1 分，每上升 1%扣 2 分(计分按四舍五入取整)。

各投标单位的有关情况见表 3-6。

表 3-6　各投标单位的有关情况

投标单位	报价/万元	工期/月	工程质量	鲁班工程奖	省优工程奖
A	35642	33	优良	1	1
B	34364	31	优良	0	2
C	3867	32	合格	0	0

【问题】

1．该工程采用邀请招标方式且仅邀请 3 家施工单位投标是否违反有关规定？为什么？

2．请按综合评标得分最高者中标的原则确定中标单位。

3．若改变该工程评标的有关规定，将技术标增加到 40 分，其中施工方案 20 分(各投标建设工程招投标阶段工程造价控制单位均得 20 分)，商务标减少为 60 分，是否会影响评标结果，为什么？若影响，应是哪家施工单位中标？

单元 4

施工阶段的造价管理

教学目标

通过本单元的学习，应明确建设项目施工阶段工程造价管理的内容，掌握工程变更的确认、处理及变更后合同价款的确定；工程索赔的程序与计算；工程备料款的预付与扣回；工程款的支付与结算方法；工程投资偏差的分析与纠正。熟悉工程变更产生的原因与内容，索赔的概念、处理原则、分类与内容，业主反索赔。了解 FIDIC 合同条件①下的工程变更、索赔、工程款的支付与结算。

教学要求

能力目标	知识要点	权重
掌握工程变更的确认、处理及变更后合同价款的确定	工程变更产生的原因及变更内容；工程变更的确认；变更处理程序及变更后合同价款的确定	25%
熟悉索赔的程序和要求，掌握索赔管理的内容	索赔产生的原因；索赔处理的原则；索赔的程序和索赔的计算	25%
掌握工程价款的计算和调整及竣工结算的编制和审查	工程价款的结算方式、内容和程序；工程预付款及其计算；工程进度款的支付；工程竣工结算及审查；工程价款价差调整的主要方法	35%
熟悉施工阶段的资金使用计划，掌握投资偏差的分析与纠正方法	施工阶段投资使用计划的作用及编制；投资的偏差、偏差的分析及纠正	15%

① FIDIC 合同条件，FIDIC 即是国际咨询工程师联合会(Fédération Internationale DesIngénieurs-Conseils)，它于 1913 年在英国成立，第二次世界大战结束后迅速发展起来，至今已有 60 多个国家和地区成为其会员。中国于 1996 年正式加入。FIDIC 是世界上多数独立的咨询工程师的代表，是最具权威的咨询工程师组织，它推动着全球范围内高质量、高水平的工程咨询服务业的发展。FIDIC 条款是 FIDIC 编制的《土木工程施工合同条件》的简称，也称为 FIDIC 合同条件。

案例导入

某大型商业中心大楼的建设工程，按照 FIDIC 合同条件进行招标和施工管理。中标合同价为 28379237 元人民币，工期 16 个月。工程内容包括场地平整、主楼土建工程、停车场、餐饮厅等。在施工过程中，由于地基条件较预计的要差，施工条件受交通干扰大，以及设计多次修改，导致工期拖延、施工费用增加。根据业主的要求，承包商采取了加速施工的措施。承包商多次提出索赔要求，并经协商，业主和监理工程师批准工期延长 112 天。承包商的费用索赔为 1434821 元。

费用索赔组成如下所示。

(1) 加速施工期间的生产效率降低费。承包商根据自己的施工记录，证明在业主正式通知采取加速措施以前，工人们的劳动效率可以达到投标文件所列的生产效率。采取加速措施后，由于进行两班作业，夜班工作效率降低，并由于改变了某些部位的施工顺序，工效降低，导致技工多用工日 7826 个，普工多用工日 14275 个。技工日平均工资为 65 元，普工日平均工资为 46 元。因此，共计增加工资支出 7826×65+14275×46=1165340(元)。

(2) 延期施工管理费增支。在中标的合同价 28379237 元中，包含施工现场管理费及企业管理费 1420012 元。原定工期 16 个月，486 个日历天数，每日平均管理费 2921 元。延长工期 112 天，承包商应当获得管理费为 2921 × 112=327152(元)。但承包商已经完成的变更工程费中包含管理费 156211 元，故承包商应当获得的管理费为 327152−156211=170941(元)。

(3) 材料费调价增支。根据材料费上调的幅度，对施工期第二年内采购的钢材、水泥、木材及其他建筑材料进行调价，上调 5%。第二年内使用的材料总价为 988121 元，故应增调材料费 988121 × 5.5%=54346.66(元)。

(4) 增加的机械租赁费 25770 元。

(5) 利润。承包商增加的直接费、间接费等开支总额 1165340+170941+54346.66+25770，按照合同原定的利润率 8.5%计算，为 120393.80 元。

以上 5 项，总计索赔额为 1536791.46 元。

课题 4.1 概　　述

施工阶段是建设工程由“蓝图”变为实物的阶段，也是资金投入量最大的阶段。在实践中，往往把施工阶段作为建设项目造价管理的保障阶段。施工阶段建设项目造价管理的主要任务是通过工程付款控制、工程变更费用控制、预防并处理好费用索赔、挖掘节约项目造价潜力，以保证将实际发生的费用控制在施工图预算的范围内。虽然施工阶段对项目造价的影响仅为 10%～15%，但这并不表明施工阶段对项目的造价管理无所谓。相反，施工阶段的造价管理更具有现实意义。首先，施工阶段的造价控制是实现总体目标的最后阶段，该阶段的控制效果决定了总体的管理效果。其次，施工阶段的造价控制进入了实质性操作阶段，影响因素更多，情况更加复杂，许多不确定性因素纷纷呈现出来，其控制难度更大。最后，在施工阶段，由于业主、承包商、监理、设备材料供应商等是不同的利益主体，他们之间相互交叉、相互影响、相互制约，其行为往往也是围绕工程造价展开的，因而施工阶段工程造价的控制是一项涉及各方面利益协调的复杂工作。

施工阶段工程造价的管理工作内容包括组织、经济、技术、合同等多个方面的内容。

1．组织工作内容

(1) 在项目管理班子中，落实从事工程造价管理的人员分工、任务分工和职能分工。

(2) 制订施工阶段工程造价管理的工作计划和详细的工作流程。

2．经济工作内容

(1) 编制资金的使用计划，确定、分解工程造价控制目标。

(2) 对建设项目造价管理目标进行风险分析，并制定防范性对策。

(3) 进行工程计量。

(4) 复合项目付款账单，签发付款证书。

(5) 在施工过程中，进行工程造价跟踪控制，定期进行投资偏差分析。发现偏差，分析偏差产生的原因，采取纠偏措施。

(6) 协商确定工程变更的价款。

(7) 审核竣工结算。

(8) 对项目施工过程中的价款支出作好分析与预测，定期向业主提交项目造价控制及存在问题的报告。

3．技术工作内容

(1) 对设计变更进行技术经济比较，严格控制设计变更。

(2) 继续寻找通过设计挖潜节约造价的可能性。

(3) 审核施工组织设计，对主要的施工方案进行技术经济的比较与分析。

4．合同工作内容

(1) 做好工程施工记录，保存各种文件图纸，特别是与施工变更有关的图纸，注意积累素材，为处理可能发生的索赔提供依据。

(2) 参与处理索赔事宜。

(3) 参与合同修改、补充工作，着重考虑其对造价的影响。

4.1.1 施工阶段质量、工期、造价三大基本目标的相互关系

在施工阶段，项目管理最理想的目标是质量好、工期短、造价低，但实际上这是不可能实现的目标。这三者之间是相互影响、相互制约、相互联系的对立统一关系，高质量和短工期都是要付出高投资的代价的。因此，施工阶段工程造价控制的目标是在满足合理质量标准和保证计划工期的前提下，尽可能降低工程造价。其控制的主要内容就是正确处理质量、工期、造价三者之间的关系，如图 4.1 所示。

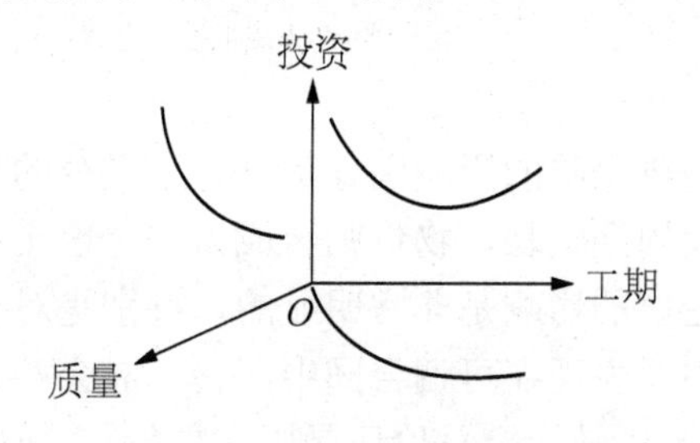

图 4.1　基本目标间的关系

可以把三者之间的关系分为 A、B、C、D、E 5 种因素。

A 类因素：这类因素关系到质量、进度和造价，是施工阶段造价控制的重点，也是控制最有效的因素。例如，施工方案不仅能保证施工质量、确保工期，也能有效地控制工程造价。

B 类因素：这类因素主要是质量和工程造价的关系问题。高质量要付出一定的代价。在项目建设过程中，并不一定要追求过高的质量标准，因为这样有时会得不偿失。

C 类因素：这类因素主要是指进度和工程造价的关系问题。一般情况下，加快进度，缩短工期，既可以减少时间成本和使项目提前发挥效益，也可以降低建设期内物价上涨的风险。但是，不适当地压缩工期也会导致生产效率降低及增加质量事故发生的概率。在处理进度与工程造价的关系时，应做定量分析，只有加快进度付出代价，但能够获得更高的效益时，才能作出正确的决策。

D 类因素：这类因素与质量、工期无关，其主要目标就是如何降低工程造价。例如，不影响施工质量的材料的管理，某些施工辅助手段的采用，土石方工程的优化调配等。

E 类因素：这类因素与工程造价无直接关系，当质量与工期关系处理不好时，就可能涉及工程造价。例如，因追求质量而导致工期的延长则会影响到工程造价。

4.1.2 施工阶段影响工程造价的因素

建设项目是一个开放的系统，与外界有许多信息方面的交流。社会的、经济的、自然的因素不断地作用于建设项目这个系统，其重要表现之一就在于对工程造价的影响。施工阶段影响工程造价的因素可概括为 3 个方面：社会经济因素、人为因素和自然因素。

1. 社会经济因素

社会经济因素是不可控制因素，但它对项目造价的影响却是直接的。社会经济因素是项目造价动态控制的重要因素，它包括以下几个方面。

1) 政府的干预

政府的干预是指宏观的财政税收政策以及利率、汇率的变化和调整等。在施工阶段，国家财政政策和税收政策的变化将会直接影响工程造价。通常情况下，对于财政政策的变化或调整，在签订工程承包合同时，均不在承包人应承担的风险范围内，即一旦发生政策的变化，对项目造价应进行相应调整。利率的调整将会直接影响建设期内贷款利息的支出，从而影响工程造价。对于承包商而言，也会影响到流动资金、贷款利息的变化和成本的变动。对于利用外汇的建设项目，汇率的变化也会直接影响工程造价。这类因素往往就是合同价款调整、系统费用计算及风险识别与分担计算的直接依据，对于业主和承包商而言都是十分重要的。

2) 物价因素

在项目施工之前，对物价上涨的影响因素都进行了充分的预测和估算，但进入实际的实施阶段，因为项目的建设周期较长，物价则会成为一个现实问题，成为合同双方利益的焦点。物价因素对于项目造价的影响是非常明显的，特别是对于那些大型建设项目。物价因素对于项目造价的影响主要表现在可调合同中，它一般会明确因物价上涨而采取的具体的调整办法。对于固定价(无论是固定总价还是固定单价)合同虽然形式上在施工阶段对物价波动不予调整，即不涉及项目造价的变动，但实际上，物价上涨的风险费用已包含在合同价之中。

2．人为因素

任何人的认知都是有限的，因此，人的行为也会出现偏差。例如，在施工阶段对事件的主观判断失误、错误的指令、不合理的变更、认知的局限性以及管理的不当行为等都可能导致工程造价的增加。人为因素对工程造价的影响包括业主的行为因素、承包商的行为因素、工程师的行为因素和设计方的行为因素等。

1) 业主行为的影响

(1) 因业主造成的工期延误、暂停施工。一般情况下，因业主造成的工期延误、暂停施工，承包商均有权要求延长工期和获得经济补偿。

(2) 业主要求缩短工期。出于建设项目的需要或因业主导致的工期延误，如果业主要求承包商赶工，则承包商有权索赔因赶工而增加的费用。

(3) 因业主要求的不合理变更而增加的费用。

(4) 工程款延误支付，承包人要求的利息等索赔。

(5) 业主其他行为导致的费用增加或引起的索赔。

2) 承包商行为的影响

承包商行为的影响主要是使成本增加，从而使自身的利益受到影响，其主要表现在以下几个方面。

(1) 施工方案不合理或施工组织不力导致工效降低。

(2) 因承包人而引起的赶工措施费用。

(3) 由于承包人违约导致的分包人或业主的索赔。

(4) 由于承包人工作失误导致的损失费用，如索赔失败等。

(5) 其他原因造成的施工成本增加。

3) 工程师行为的影响

(1) 工程师的错误指令导致承包商的索赔。

(2) 工程师未按规定的时间到场进行工程量计量或验收而造成的损失。

(3) 工程师其他行为导致项目造价的增加。

4) 设计方行为的影响

(1) 不合理的设计变更导致的工程造价的增加。

(2) 设计失误导致的损失。虽然设计方有责任赔偿由于设计失误造成的损失，但这种赔偿责任是有限的，很难全部弥补业主的损失。

(3) 设计的行为失误造成的损失，如提供图纸不及时导致的承包人索赔等。

3．自然因素的影响

建设项目施工阶段的一个突出特点是受自然因素的制约大。自然因素可分为两类，第一类是不可抗的自然灾害，如洪水、台风、地震、滑坡等，这类因素具有随机性。在项目的施工阶段，不可抗力的自然灾害对项目造价的影响是巨大的。第二类是自然条件，如地质、地貌、气象、气温等。不利的地质条件变化和水文条件的变化是施工过程中常常遇到的问题，这往往会导致设计的变更和施工难度的增加，而设计变更和施工方案的改变会使得工程造价增加。

课题 4.2 工程变更与合同价款调整

某工程项目合同工期为 100 天，合同价为 500 万元(其中含现场管理费 60 万元)。根据投标书规定，塔吊租赁费为 600 元/天，现场管理费费率为 8%，利润率为 5%，人工费为 30 元/工日，人员窝工为 20 元/工日，赶工费为 5000 元/天。

施工过程中，不利的现场条件使得人工费、材料费、施工机械费分别增加 1.5 万元、3.8 万元、2 万元；另因设计变更，新增工程款 98 万元，工期延误 25 天。问承包人可提出的现场管理费索赔应是多少？

4.2.1 工程变更的概念及其控制意义

1. 工程变更产生的原因

在建设项目实施过程中，由于建设周期长，涉及的经济关系和法律关系复杂，受自然条件和客观因素影响大，项目的实际情况与项目招投标时的情况相比会发生一些变化，如发包人修改项目计划，对项目有了新的要求，因设计错误而对图纸的修改，施工过程中发生了不可预见的事故，政府对建设项目有了新要求等。

特别提示

工程变更常常会导致工程量变化、施工进度变化等情况，都有可能使项目的实际造价超出原来的预算造价。因此，需要严格控制、密切注意工程变更对工程造价的影响。

2. 工程变更的内容

工程变更包括设计变更、进度计划变更、施工条件变更、工程量变更及原招标文件和工程量清单中未包括的“新增工程”。大部分的变更往往需要经过设计发出相应的施工图和说明后方可变更，即最终体现为设计变更。因此，工程变更可分为设计变更和其他变更两大类。

1) 设计变更

设计变更包括更改工程有关部分的标高、基线、位置、尺寸，增减合同中约定的工程量，改变有关工程的施工时间和顺序和其他有关工程变更需要的附加工作。施工中如果发生设计变更，很可能会对施工进度产生影响，也容易造成投资失控，因此应尽量减少设计变更。对于必需的变更，应先做工程量和造价的分析，严禁通过设计变更扩大建设规模、增加建设内容、提高建设标准。变更超过原设计标准建设规模时，发包人应经规划部门和其他有关部门重新审查批准，并获取原设计单位提供的有关变更的相应的图纸和说明后，方可发出变更的通知。

2) 其他变更

合同履行中除设计变更外，其他能够导致合同内容变更的都属于其他变更。例如，发包人要求变更工程质量标准、双方对工期要求的变化、施工条件和环境的变化导致施工机械和材料的变化等。

3．工程变更的确认

工程变更可能源于许多方面，如建设单位的原因、承包商的原因、工程师的原因等。不论是由哪一方提出的工程变更，均应经工程师确认并签发变更指令。工程变更指令发出后，应迅速落实变更。

4．工程变更控制的意义

工程变更的控制是施工阶段控制工程造价的重要内容之一。一般情况下，工程变更都会带来合同价格的调整，而合同价格的调整又是双方利益的焦点。合理地处理好工程变更可以减少不必要的纠纷，保证合同的顺利实施，也有利于保护承包、发包双方的利益。工程变更分为主动变更和被动变更。主动变更是指为了改善项目功能、加快建设速度、提高工程质量、降低工程造价而提出的变更。被动变更是指为了纠正人为的失误和降低自然条件的影响而不得不进行的变更。工程变更控制是指为实现建设项目的目标而对工程变更进行的分析、评价，以保证工程变更的合理性。工程变更控制的意义在于能够有效控制不合理变更和工程造价，保证建设项目目标的实现。

4.2.2 工程变更的程序

1) 设计变更程序

(1) 发包人对原设计进行变更。施工中发包人需对工程设计进行变更，应提前14天以书面形式向承包人发出变更通知。承包人对发包人的变更通知没有拒绝的权利。因变更导致合同价款的增减及造成的承包人的损失由发包人承担，延误的工期相应顺延。

承包人应严格按图施工，施工中承包人不得对原工程设计进行变更。若承包人擅自变更设计，发生的费用和由此导致发包人的直接损失由发包人承担，延误的工期不予顺延。

(2) 承包人在施工中提出合理化建议，涉及图纸或施工组织设计的更改及对材料、设备的换用须经工程师同意，所发生的费用和获得的收益由发包人与承包人另行约定分担和分享。

(3) 未经工程师同意，擅自更改图纸或施工组织设计或换用材料、设备时，承包人承担由此发生的费用，并赔偿发包人的有关损失，延误的工期不予顺延。

2) 其他变更的程序

其他的变更一般由一方提出，经双方协商一致、签署补充协议后，方可进行变更。

4.2.3 变更价款的确定

1) 变更价款的确定程序

(1) 承包人按照工程师发出的变更通知及有关要求进行有关变更。承包人在工程变更确定14天内，提出变更工程价款报告，经工程师确认后调整合同价款。承包人在14天内不向工程师提出变更价款报告，则视为该项变更不涉及合同价款的变更。

(2) 工程师在收到变更工程价款报告之日起 7 天内予以确认。若工程师无正当理由不予确认，自变更工程价款报告送达14天后，视为变更价款报告已被确认。

(3) 工程师确认增加的工程变更价款作为追加合同价款，与同期工程款一并支付。

(4) 若工程师不同意承包人提出的工程变更价款，可协商解决。若协商不能达成一致，则由造价管理部门调解，调解不成，按合同纠纷解决。

(5) 因承包人自身原因导致的工程变更，承包人无权要求追加合同价款。

2) 变更合同价款的确定原则

(1) 合同中已有适用于变更工程的价款，按合同已有的价格变更合同价款。

(2) 合同中有类似于变更工程的价款，可以参照该价格变更。

(3) 合同中没有适用或类似于变更工程的价格，由承包人提出适当的变更价格经工程师确认后执行。

4.2.4 FIDIC合同条件下的工程变更

1) 工程变更

根据FIDIC施工合同条件规定，在颁发工程接收证书前的任何时间，工程师都可以在业主授权范围内，根据施工现场的实际情况，在认为有必要时通过发布变更指令或以要求承包商递交建议书的任何形式提出变更。

2) 变更范围

(1) 改变合同中任何工作的工作量。合同实施过程中出现实际工程量与招标文件提供的“工程量清单”不符，工程量以实际计量的结果为准，单价在双方合同专用条款内约定。

(2) 任何工程质量或其他特性的变更，如提高或降低质量标准。

(3) 工程任何部分标高、位置和尺寸的改变。

(4) 删减任何合同约定的工作内容。取消的工作应是不再需要的工作，不允许用变更指令的方式将承包范围内的工作内容变更为由其他承包商实施。

(5) 改变原定的施工顺序或时间安排。

(6) 开展永久工程所必需的任何附加工作、永久设备或其他服务，包括任何竣工检验或勘察工程。

3) 变更程序

(1) 工程师将设计变更事项通知承包商，并要求承包商实施变更建议书。

(2) 承包商应尽快予以答复。承包商依据工程师的指示递交变更说明，包括对实施工作的计划以及说明、对进度计划做出修改的建议、对变更估价的建议、提出变更费用的要求。若承包商因非自身原因无法执行此项变更，承包商应立刻通知工程师。

(3) 工程师作出是否变更的决定，尽快通知承包商。

(4) 承包商在等待答复期间，不应延误任何工作。

① 承包商提出的变更建议书只能作为工程师决定是否实施变更的参考。除工程师作出指示或批准以总价方式支付的情况外，每一项变更均应依据计量工程量进行估价和支付。

② 变更估价。工程师对每一项工作的估价应与合同双方协商并尽力达成一致。如果未达成一致，工程师应按照合同规定，在考虑实际情况后作出公正的决定。工程师应将每一项协议或决定向每一方发出通知，并附有具体的证明材料。

③ 估价原则。变更工作在工程量表中有同种工作内容的单价，以该单价计算变更工程

费用。工程量表中列有同类工作的单价，应在原单价或价格的基础上，制定合理的单价或价格。变更工作的内容在工程量表中没有同类工作的单价或价格，应按照与合同单价或价格相一致的原则，确定新的单价或价格。

④ 可以调整合同工作单价的原则。具备以下条件时，允许对某一项工作的单价或价格加以调整。此项工作时间测量的工作量与工程量表其他报表中的工程量变动超过10%的工作。工程量的变更与对该项工作规定的具体单价的乘积超过了接受的合同款额的0.01%。

(5) 承包商申请的变更。承包商可以根据工程施工的具体情况，向工程师提出合同内任何一个项目或工作的详细变更请求报告。未经工程师批准前，承包商不得擅自变更。若工程师同意，则按发布变更指令的程序执行。

课题4.3 工程索赔

4.3.1 索赔的概念与分类

1. 索赔的概念

索赔是在工程承包合同履行过程中，当事人一方因对方不履行或不完全履行合同所规定的义务，或出现了因应当由对方承担的风险而使己方遭受到损失时，向另一方提出赔偿要求的行为。索赔既包括承包商向发包人提出的索赔，也包括发包人向承包商提出的索赔。通常情况下，索赔是指在合同实施过程中，承包人因非自身原因造成的损失而要求发包人给予补偿的一种权利要求。常将发包人对承包人的索赔称为反索赔。

知识链接

索赔的性质属于经济补偿行为，而不是惩罚。

索赔成立须具备3个条件。

(1) 索赔事件发生并非出于承包商的原因，如发包人违约、发生应由发包人承担责任的特殊风险或遇到不利的自然灾害等情况。

(2) 索赔事件发生确实使承包商蒙受了损失。

(3) 索赔事件发生后，承包商在规定的时间范围内，按照索赔的程序，提交了索赔意向书及索赔报告。

2. 索赔产生的原因

1) 当事人违约

当事人没有按照合同约定履行自己的义务。当事人违约包括发包人违约和承包人违约。

(1) 发包人违约。根据《建设工程施工合同(示范文本)》的规定，发包人应按专用条款约定的内容完成以下工作。

① 在合同约定的时间内开展土地征用、房屋拆迁、平整施工场地等工作，使施工场地具备施工条件。

② 将施工所需水、电、电讯线路从施工场地外部接至专用条款约定地点，并保证施工期间的需要。

③ 开通施工场地与城乡道路的通道以及施工场地内的主要交通干道，满足施工运输的需要，并保证施工期间的畅通。

④ 向承包商提供施工场地的工程地质和地下管网线路资料，对所提供数据的真实准确性负责。

⑤ 办理施工所需各种证件、批件和临时用地、用水、用电、占道等申请批准手续。

⑥ 将水准点与坐标控制点以书面形式交给承包人。

⑦ 组织有关单位和承包商进行图纸会审和设计交底。

⑧ 协调处理施工现场周围地下管线和邻近建筑物、构筑物、古树名木的保护，承担有关费用。

⑨ 合同约定的其他工作。

发包人可以将部分工作委托给承包人办理，双方在专用条款中约定，其费用由发包人承担。发包人因未按合同约定完成各项义务、未按合同约定的时间和数额支付工程款而导致施工无法进行，或发包人无正当理由不支付竣工结算价款等，由发包人承担违约责任，赔偿因其违约给承包人造成的经济损失，顺延延误工期。双方要在合同专用条款内约定赔偿损失的计算方法或发包人支付违约金的数额或计算方法。

(2) 承包人违约。根据《建设工程施工合同(示范文本)》的规定，承包人应按专用约定的内容完成以下工作。

① 根据发包人委托，在其设计资质等级和业务允许范围内，完成施工图设计或与工程配套的设计，经工程师确认后使用，发包人承担由此发生的费用。

② 向工程师提供年、季、月度工程进度计划及相应进度统计报表。

③ 根据工程需要，提供和维修非夜间施工使用照明、围栏设施，并负责安全保卫。

④ 按专用条款约定的数量和要求向发包人提供施工场地办公和生活的房屋及设施，发包人承担由此发生的费用。

⑤ 遵守政府有关主管部门对施工场地交通、施工噪声以及环境保护和安全生产等的管理规定，按规定办理手续，并以书面形式通知发包人，发包人承担由此发生的费用，因承包人责任造成的罚款除外。

⑥ 已竣工工程未交付发包人之前，承包人按专用条款约定负责已完工程的保护工作，保护期间发生损坏，承包人自费予以修复，发包人要求采取特殊措施保护的工程部位和相应的追加合同价款由双方在专用条款内约定。

⑦ 按专用条款约定做好施工场地地下管线和邻近建筑物、构筑物和古树名木的保护工作。

⑧ 保证施工场地清洁，使之符合环境卫生管理的有关规定。交工前清理现场，达到专用条款约定的要求，承担因己方违反有关规定造成的损失和罚款。

⑨ 双方在专用条款中约定的其他工作。

承包人未能履行各项义务、未能按合同约定的期限和规定的质量完成施工，或由于不当的行为给发包人造成损失，承包人承担违约责任，赔偿因其违约给发包人造成的损失。双方应在合同专用条款内约定赔偿损失的计算方法或承包人支付违约金的数额或计算方法。

2) 工程师不当行为

(1) 工程师发出的指令有误。

(2) 工程师未按合同规定及时向承包商提供指令、批准、图纸或未履行其他义务。

(3) 工程师对承包商的施工组织设计进行不合理的干预，对施工造成影响。

从施工合同的角度，工程师的不当行为给承包商造成的损失应由业主承担。

3) 不可抗力事件

不可抗力事件是指当事人在订立合同时，不能预见、对其发生和后果不能避免、也不能克服的事件。建设工程施工中不可抗力事件包括战争、动乱、空中飞行物坠落或其他非发包人责任造成的爆炸、火灾，以及专业条款约定的风、雪、洪水、地震等自然灾害。

4) 合同缺陷

合同缺陷指合同文件规定不严谨或有矛盾，合同中有遗漏或错误。

合同文件应能相互解释，互为说明。当合同文件内容不相一致时，除专用条款另有约定外，合同文件的优先解释顺序如下。

(1) 合同协议书。

(2) 合同专用条款。

(3) 中标通知书。

(4) 投标书及其附件。

(5) 合同通用条款。

(6) 标准、规范及有关技术文件。

(7) 图纸。

(8) 工程量清单。

(9) 工程报价单或预算书。

当合同文件内容含糊不清时，在不影响工程正常进度的情况下，由承包人协商解决，双方也可以请工程师做出解释。双方协商不成或不同意工程师解释时，按争议约定处理。

由合同文件缺陷导致承包商费用增加和工期延长，应由发包人给予补偿。

5) 合同变更

合同变更表现形式有设计变更、追加或取消某些工作、施工方法变更、合同规定的其他变更等。

6) 其他第三方原因

在施工合同履行中，需要有多方面的协助和协调，与工程有关的第三方的问题会给工程带来不利影响。

3．索赔的分类

1) 按涉及的当事人分类

(1) 承包商与业主间的索赔。

(2) 承包商与分包商间的索赔。

(3) 承包商与供货商间的索赔。

2) 按索赔的依据分类

(1) 合同规定的索赔。索赔涉及的内容在合同中已被明确指出，如工程变更暂停施工造成的索赔。

(2) 非合同规定的索赔。索赔内容和权利虽然难以在合同中直接找到，但可以根据合同的某些条款的含义推论出承包人有索赔权。

3) 按索赔的目的分类

(1) 工期索赔。由非承包商责任而导致施工进度延误，要求批准顺延合同工期的索赔。

(2) 费用索赔。由发包人或发包人应承担的风险而导致承包人增加开支而给予的费用补偿。

4.3.2 索赔处理原则和计算

1. 工程索赔的处理原则

1) 以合同为依据

索赔是合同赋予双方的权利，无论索赔事件出于何种原因，在索赔处理中，都必须在合同中找到相应的依据。工程师必须对合同条件、协议条款等有详细的了解，以合同为依据来评价处理合同双方的利益纠纷。

合同文件包括合同协议书、图纸、合同条件、工程量清单、双方有关工程的洽商、变更、来往函件等。

2) 索赔事件的真实性和关联性

索赔事件必须是在合同实施过程中确实存在的，索赔事件必须有关联性，即索赔事件的发生确实是他人的行为或其他影响因素造成的，因果关系明确。

3) 索赔处理必须及时

一方面，索赔处理的时间要限制在合同规定的范围内，超过规定的时间，索赔不能成立；另一方面，索赔事件发生后如果处理不及时，随着时间的推移，会降低处理索赔的合理性，特别是持续时间较短的事件，一旦时过境迁很难准确处理。

4) 加强索赔的前瞻性，尽量避免索赔事件的发生

对于索赔，无论发包人、承包人还是工程师都不希望发生，因为索赔的处理会牵涉到各方的利益，论证、谈判工作量大，需要付出较多的时间和精力。加强索赔的前瞻性，尽量避免索赔事件的发生，对于各方都是有利的。当然，避免并不是回避，一旦索赔事件发生，各方还应认真对待。

2. 《建设工程施工合同(示范文本)》规定的工程索赔程序

当合同当事人一方向另一方提出索赔时，要有正当的索赔理由，且有索赔事件发生时的有效证据。发包人未能按合同约定履行自己的各项义务或发生错误以及第三方原因，给承包人造成延期支付合同价款、延误工期或其他经济损失，包括不可抗力延误的工期。

(1) 承包人提出索赔申请。索赔事件发生 28 天内，向工程师发出索赔意向通知。合同实施过程中，凡由不属于承包人责任导致项目拖期或成本增加事件发生后的 28 天内，必须以正式函件通知工程师，声明对此项要求索赔，同时仍需遵照工程师的指令继续施工。逾期申报时，工程师有权拒绝承包人的索赔要求。

(2) 发出索赔意向通知后 28 天内，向工程师提出补充经济损失或延长工期的索赔报告及有关资料。正式提出索赔申请后，承包人应抓紧准备索赔的证据资料，包括事件的原因、对其权益影响的证据资料、索赔的依据，以及其他计算出的该事件影响所要求的索赔数额

和申请推延工期的天数，并在索赔申请发出的28天内报出。

(3) 工程师审核承包人的索赔申请。工程师在收到承包人送交的索赔报告和有关资料后，于28天内给予答复，或要求承包人进一步补充索赔理由和证据。接到承包人的索赔信件后，工程师应立即研究承包人的索赔资料，在不确认责任方的情况下，依据自己的同期纪录资料，客观分析事件发生的原因，重温有关合同条款，研究承包人提出的索赔证据。必要时，工程师还可以要求承包人进一步提交补充资料，包括有关索赔的更详细的说明材料或索赔计算依据。工程师在28天内未予答复或未对承包人作进一步要求，视为该项索赔已被认可。

(4) 当该索赔事件持续发生时，承包人应当阶段性地向工程师表达索赔意向，在索赔事件结束后28天内，向工程师提供索赔的有关资料和最终索赔报告。

(5) 工程师与承包人谈判。双方对这一事件的处理方案进行友好协商，若能通过谈判达成一致意见，则该索赔较容易解决。如果双方对该事件的责任、索赔数额或工期推延的天数分歧较大，通过谈判达不成共识的话，按照条款规定，工程师有权确定一个他认为合理的单价或价格作为最终的处理意见，报送业主并通知承包人。

(6) 发包人审批工程师的索赔处理证明。发包人首先根据事件发生的原因、责任范围、合同条款审核承包人的索赔申请和工程师的处理报告，再根据项目的目的、投资控制、竣工验收要求，以及针对承包人在合同实施过程中的缺陷或不符合合同要求的地方提出反索赔方面的考虑，决定是否批准工程师的索赔报告。

(7) 承包人是否接受最终的索赔决定。承包人同意了最终的索赔决定，这一索赔事件即告结束。若承包人不接受工程师的单方面决定或业主删减的索赔内容，就会导致合同纠纷。通过谈判和协调，双方达成互让的解决方案是处理纠纷的理想方式。如果双方不能达成一致，则只能诉诸仲裁或诉讼。

承包人未能按合同约定履行自己的各项义务或因发生的错误，给发包人造成损失的，发包人也可按上述时限向承包人提出索赔。

3．FIDIC合同条件规定的工程索赔程序

(1) 承包商发出索赔通知。如果承包商认为己方有权得到任何竣工时间的延长期和任何追加付款，承包商应当向工程师发出通知，说明索赔的事件或情况。该通知应尽快在承包商察觉或应当觉察该事件或情况后28天内发出。

(2) 承包商未及时发出索赔通知的后果。如果承包商未能在上述28天期限内发出索赔通知，则竣工时间不得延长，承包商无权获得追加付款，而业主应免除有关该索赔的全部责任。

(3) 承包商递交详细的索赔报告。在承包商觉察或者应当觉察该事件或情况后42天内，或在承包商可能建议并经工程师认可的其他期限内，承包商应当向工程师递交一份充分详细的索赔报告，包括索赔的依据、要求延长的时间和追加付款的全部详细资料。如果引起索赔的事件或者情况具有连续影响，则：①上述充分详细索赔报告应被视为中间报告；②承包商应当按月递交进一步的中间索赔报告，说明累计索赔延误时间和金额，以及说明合理要求的进一步的详细资料；③承包商应当在索赔事件或情况产生影响结束后28天内，或者在承包商可能建议并经工程师认可的其他期限内，递交一份最终索赔报告。

(4) 工程师的答复。工程师在收到索赔报告或任何对过去索赔的进一步证明资料后42天内，或在工程师可能建议并经承包商认可的其他期限内，作出回应，表示批准或不批准并附具体意见。工程师应当商定或者确定应给予竣工时间的延长期及承包商有权得到的追

加付款。

索赔程序如图 4.2 所示。

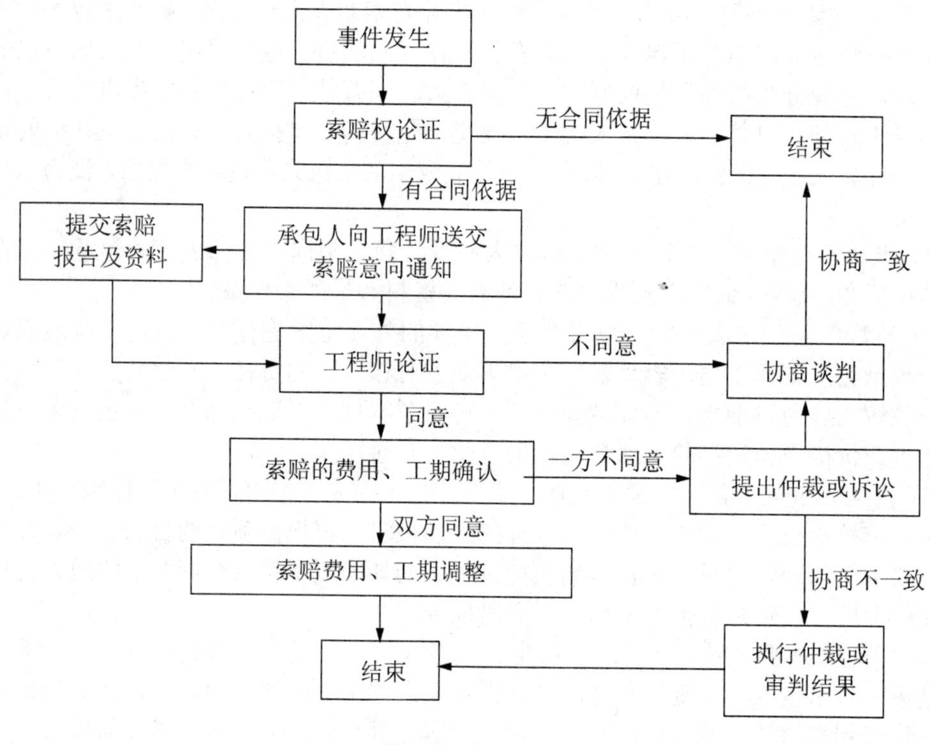

图 4.2　索赔程序

4．索赔的依据

索赔是一项重证据的工作，索赔的证据应该具有真实性、全面性，并具有法律证明效力，即一般要求证据必须是书面文件。因此，为了取得索赔的成功，应十分注意收集具有法律效力的证据。在索赔实践中，下列书面文件可作为索赔的证据。

(1) 根据文件，工程合同及附件，业主认可的施工组织设计、工程图纸、技术规范等。
(2) 工程各项有关设计交底记录、变更图纸、变更施工指令等。
(3) 工程各项经业主或监理工程师签认的签证。
(4) 工程各项往来信件、指令、信函、通知、答复等。
(5) 工程各项会议纪要。
(6) 施工计划及现场实施情况记录。
(7) 施工日报及工长工作日志、备忘录。
(8) 工程送电，送水，道路开通、封闭的日期及数量记录。
(9) 工程停电、停水和各种干扰事件影响的日期及恢复施工的日期。
(10) 工程预付款、进度付款的数额及日期记录。
(11) 工程图纸、图纸变更、交底记录的递送份数及日期记录。
(12) 业主供材料、设备送达日期记录。
(13) 工程有关施工部位的照片及录像等。
(14) 工程现场气候记录等气象资料。
(15) 工程验收报告及各项技术签证报告等。

(16) 国家法律、法规、行业规定等有关文件资料等。

可见，索赔要有证据，证据是索赔报告的重要组成部分。证据不足或没有证据索赔就不可能成立。总之，施工索赔是利用经济杠杆进行项目管理的有效手段，对承包人、发包人和监理工程师而言，其处理索赔问题水平的高低可以反映其项目管理水平的高低。由于索赔是合同管理的重要环节，也是计划管理的动力，更是挽回成本损失的重要手段，所以随着建筑市场的建立和发展，它将成为项目管理中越来越重要的问题。

5．费用索赔

1) 可索赔的费用

费用内容一般可以包括以下几个方面。

(1) 人工费，包括增加工作内容的人工费、停工损失费和工作效率降低的损失费等累计，不能简单地用计日工费计算。

(2) 设备使用费，包括机械台班费、机械折旧费、设备租赁费等。

(3) 材料费。

(4) 保函手续费。工程延期时，保函手续费相应增加；反之，取消部分工程且发包人与承包人达成提前竣工协议时，承包人的保函金额相应折减，则计入合同价内的保函手续费也应减扣。

(5) 贷款利息。

(6) 保险费。

(7) 利润。

(8) 管理费是指承包商完成额外工程、索赔事项工作及工期延长期间的管理费，包括管理人员工资、办公费。

不同的索赔事件中可以索赔的费用是不同的。例如，在FIDIC合同条件中，不同的索赔事件导致的索赔内容不同，大致有以下区别，见表4-1。

表4-1 可以合理补偿承包商索赔的条款

序号	款条号	主要内容	可补偿内容		
			工期	费用	利润
1	1.9	延误发放图纸	√	√	√
2	2.1	延误移交施工现场	√	√	√
3	4.7	承包商依据工程师提供的错误数据导致放线错误	√	√	√
4	4.12	不可预见的外界条件	√	√	
5	4.24	施工中遇到文物和古迹	√	√	
6	7.4	非承包商原因检验导致施工延误	√	√	√
7	8.4(a)	变更导致竣工时间的延长	√		
8	(b)	异常不利的气候条件	√		
9	(c)	由于传染病或其他政府行为导致工期的延误	√		
10	(d)	业主或其他承包商的干扰	√		
11	8.5	公共当局引起的延误	√		
12	10.2	业主提前占用工程		√	√
13	10.3	对竣工检验的干扰	√	√	√
14	13.7	后续法规引起的调整	√	√	
15	18.1	业主办理的保险未能从保险公司获得补偿部分		√	
16	19.4	不可抗力事件造成的损害	√	√	

2) 费用索赔的计算

费用索赔的计算方法一般有以下几种。

(1) 总费用法是一种较简单的计算方法。其基本思路是，把固定总价合同转化为成本加酬金合同，即以承包商的额外成本为基础加上管理费和利息等附加费作为索赔值。

使用总费用法计算索赔值应符合以下条件。

① 合同实施过程中的总费用核算是准确的；工程成本核算符合认可的会计原则；成本分摊方法，分摊基础选择合理；实际成本与报价成本所包括的内容一致。

② 承包商的报价是合理的，能够反映实际情况。

③ 费用损失的责任或干扰事件的责任与承包商无任何关系。

④ 合同争执的性质不适合其他计算方法确定索赔值，如特殊的附加工程、业主要求加速施工、承包商向业主提供特殊服务等。

(2) 分项法是按每个或每类干扰事件引起的费用项目损失分别计算索赔值的方法，其特点如下。

① 比总值法复杂，处理较困难。

② 能反映实际情况，比较科学合理。

③ 能为索赔报告的进一步分析、评价、审核、明确双方责任提供方法。

④ 应用面广，容易被人们接受。

(3) 因素分析法亦称连环替代法。为了保证分析结果的可比性，应将各项指标按客观存在的经济关系分解为若干因素指标连乘积的形式。

6．工期索赔

1) 工期索赔中应当注意的问题

在工期索赔中应当注意的问题有以下两个。

(1) 划清施工进度拖延的责任。因承包人的原因造成施工进度滞后属于不可原谅的延期，只有承包人不应承担任何责任的延误才是可原谅的延期。有时，工期延期的原因中可能包含双方的责任，此时，工程师应进行详细分析，分清责任比例，只有可原谅延期部分才能批准顺延合同工期。可原谅延期，又可细分为可原谅并给予补偿费用的延期和可原谅但不给予补偿费用的延期；后者是指非承包人责任的影响并未导致施工成本的额外支出，大多属于发包人应承担风险责任的影响，如异常恶劣的气候条件导致的停工等。

(2) 被延误的工作应是处于施工进度计划的关键线路上的施工内容。只有位于关键线路上的工作内容的滞后，才会影响到竣工日期。但有时也应注意，既要看被延误的工作是否在批准进度计划的关键路线上，又要详细分析这一延误对后续工作的可能影响。因为若对非关键路线工作的影响时间较长，超过了该工作可用于自由支配的时间，也会导致进度计划中非关键路线转化为关键路线，其滞后将导致总工期的拖延。此时，应充分考虑该工作的自由时间，给予相应的工期顺延，并要求承包人修改施工进度计划。

2) 工期索赔计算

工期索赔的计算主要有网络分析法、比例计算法及其他方法。

(1) 网络分析法是利用进度计划的网络图分析其关键线路。如果延误的工作为关键工作，则总延误的时间为批准顺延的工期；如果延误的工作为非关键工作，当该工作由于延误超过时差限制而成为关键工作时，可以批准顺延工期为延误时间与时差的差值；若该工作延误后仍为非关键工作，则不存在工期索赔问题。

(2) 比例计算法。在工程实施中，业主推迟设计资料、设计图纸、建设场地、行驶道路等条件的提供，会直接造成工期的推迟或中断，从而影响整个工期。通常，上述活动的推迟时间可直接作为工期的延长天数。但是，当提供的条件能满足部分施工时，应按比例法来计算工期，其公式为

对于已知部分工程的延期时间：

工期索赔值=受干扰部分工程合同价/原合同总价×该受干扰部分工期拖延时间

对于已知额外增加工程量的价格：

工期索赔值=额外增加工程量的价格/原合同总价×原合同总工期

比例计算法简单方便，但有时不尽符合实际情况。比例计算法不适用于变更施工顺序、加速施工、删减工程量等事件的索赔。

(3) 其他方法。在实际工程中，工期补偿天数的确定方法可以是多样的。例如，在干扰事件发生前由双方商讨在变更协议或其他附件协议中直接确定补偿天数或者按实际工期延长记录确定补偿天数等。

7. 索赔报告的内容

索赔报告的具体内容会因索赔事件的性质和特点的不同而有所不同。但从报告的必要内容与文字结构方面而论，一个完整的索赔报告应包括以下几个部分。

1) 总论部分

总论部分一般包括序言、索赔事项概述、具体索赔要求、索赔报告编写及审核人员名单。

文中首先应概括地论述索赔事件的发生日期与过程、施工单位为该索赔事件所付出的努力和附加开支及施工单位的具体索赔要求。在总论部分末，应附上索赔报告编写组主要人员及审核人员的名单，注明有关人员的职称、职务等，以表示该索赔报告的严肃性和权威性。总论部分的阐述要简明扼要，能够说明问题。

2) 根据部分

根据部分主要是说明自己具有索赔的权利，这是索赔能否成立的关键。根据部分的内容主要来自该建设项目的合同文件，并参照有关法律的规定。该部分中，施工单位应当引用合同中的具体条款来说明自己理应获得经济补偿或工期延长。

一般情况下，根据部分应包括索赔事件的发生情况，已递交索赔意向书的情况，索赔事件的处理过程，索赔要求的合同根据及所附的证据资料。

在写法结构上，按照索赔事件的发生、发展、处理和最终解决的过程编写，并明确全文引用的有关的合同条款，使建设单位和监理工程师能历史地、逻辑地了解索赔事件的始末，并充分认识该项索赔的合理性和合法性。

3) 计算部分

索赔计算的目的是以具体的计算方法和计算过程说明自己应得经济补偿的款额和延长的工期。如果说根据部分的任务是解决索赔能否成立，则计算部分的任务就是决定应得到索赔款额的多少和工期延长的长短。

在款额计算部分，施工单位必须阐明下列问题：索赔款的总额；各项索赔款的计算，如额外开支的人工费、材料费、管理费和所失的利润；指明各项开支的计算依据及证据资料，施工单位应注意采用合适的计价方法。其次，应注意每项开支款的合理性，并指出相应的证据资料的名称及编号。切忌采用笼统的计价方法和不实的开支款项。

4) 证据部分

证据部分包括该索赔事件所涉及的一切证据资料以及对这些证据的说明。证据是索赔报告的重要组成部分，若缺少翔实可靠的证据，索赔是很难成功的。在引用证据时，要注意证据的效力和可信度。为此，重要的证据资料最好要附以文字证明或确认件。

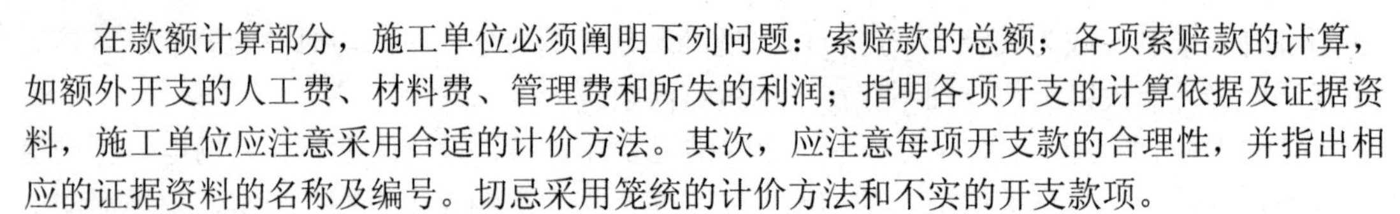

课题 4.4　工程价款结算

某工程计划完成年度建筑安装工程量为 850 万元，根据合同规定，工程预付款额度为 25%，材料比例为 50%，试计算累计工作量起扣点。

工程价款结算是指承包商在工程实施过程中，依据承包合同中有关付款条款的规定和已经完成的工程量，并按照规定的程序向业主收取工程款的一项经济活动。

4.4.1　工程价款结算的方式

我国现行工程价款结算根据不同情况可采取多种方式。

(1) 按月结算。实行月末或月中预支，月中结算，竣工后清算。

(2) 竣工后一次结算。建设项目或单项工程全部建筑安装工程建设期在 12 个月以内，或工程承包合同价在 100 万以下的，可实行工程价款每月月中预支、竣工后一次结算，即合同完成后，承包人与发包人进行合同价款结算，确认的工程价款为承包、发包双方结算的合同价款总额。

(3) 分段结算，即当年开工但当年不能竣工的单项工程或单位工程，按照工程形象进度划分为不同阶段进行结算。分段结算可以按月预支工程款。分段的划分标准由各部门、自治区、直辖市规定。

(4) 目标结款方式即在工程合同中，将承包工程的内容分解为不同的控制界面，以业主验收控制界面作为支付工程价款的前提条件。也就是说，将合同中的工程内容分解为不同的验收单元，当承包商完成单元工程内容并经业主(或其委托人)验收后，业主支付构成单元工程内容的工程价款。

特别提示

在目标结算方式下，承包商要想获得工程款，则其必须按照合同约定的质量标准完成控制面工程内容；要想尽快获得工程款，承包商必须充分发挥自己的组织实施能力，在保证质量的前提下，加快施工进度。

(5) 双方约定的其他结算方式。

4.4.2 工程价款结算的内容和程序

工程价款结算的内容和一般程序如图 4.3 所示。

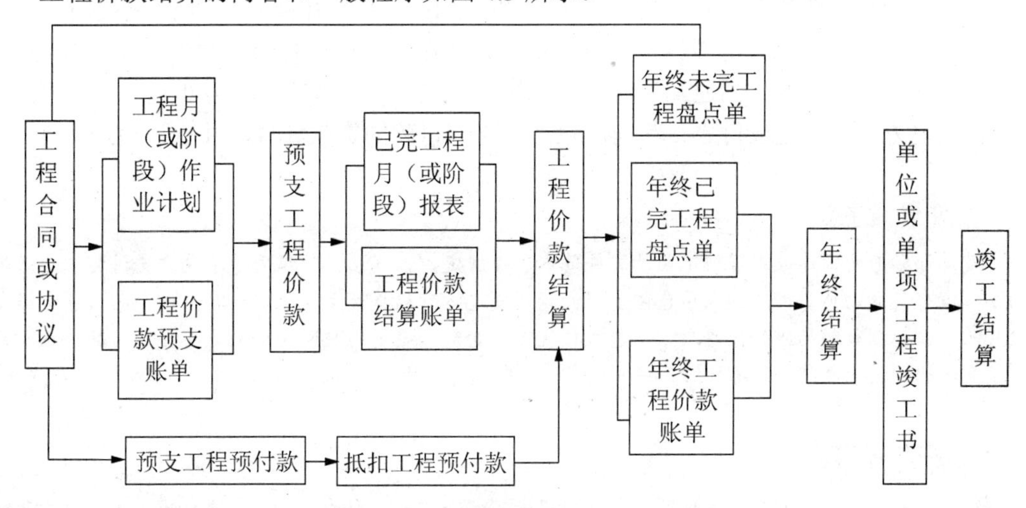

图 4.3 工程价款结算的一般程序

(1) 按工程承包合同或协议预支工程预付款。在具备施工条件的前提下，发包人应在双方签订合同后的一个月内或不迟于约定的开工日期前 7 天内预付工程款。包工包料工程的预付款按合同约定拨付，原则上预付比例不低于合同金额的 10%，不高于合同金额的 30%。重大工程项目应按年度工程计划逐年预付。

(2) 按照双方确定的结算方式开列月(阶段)施工作业计划和工程价款预支单，预支工程价款。

(3) 月末(阶段完成)呈报已完工程量报表和工程价款结算账单，提出支付工程进度款申请，14 天内发包人一般应按不低于工程价款的 60%、不高于工程价款的 90%向承包人支付工程进度款。工程进度款的计算内容包括：①以已完工程量和对应工程量清单或报价单的相应价格计算的工程款；②设计变更应调整的合同价款；③本期应扣回的工程预付款；④根据合同允许的调整合同价款的原因应补偿给承包人的款项和应扣减的款项；⑤经工程师批准的承包人索赔款；⑥其他应支付或扣回的款项。

(4) 跨年度工程年终进行已完、未完工程盘点和年终结算。

(5) 单位工程竣工时，编写单位工程竣工书，办理单位工程竣工结算。

(6) 单项工程竣工时，办理单项工程竣工结算。

(7) 最后一个单项工程竣工结算审查确认后 15 天内，汇总编写建设项目竣工总结算，送发包人后 30 天内审查完成。发包人根据确认的竣工结算报告向承包人支付竣工结算价款，保留 5%左右的质量保证(保修)金，待工程交付使用一年质保期到期后清算(合同另有约定的按合同约定)，质保期内如有返修，发生费用应在质量保证(保修)金内扣除。

4.4.3 工程预付款及其计算

施工企业承包工程，一般都实行包工包料，这就需要有一定数量的备料周转金。在工程承包合同条款中，一般要明文规定发包单位(甲方)在开工前拨付给承包单位(乙方)一定限额的工程预付备料款。此项付款构成了施工企业为该承包工程储备主要材料、构件所需的流动资金。

按照我国有关规定，实行工程预付款的，双方应当在专用条款内约定发包方向承包方预付工程款的时间和数额，开工后按约定的时间和比例逐次扣回。预付时间不迟于约定的开工日期前 7 天。发包方不按约定预付，承包方要在约定预付时间 7 天后向发包方发出要求预付的通知。发包方收到通知后，仍不能按要求预付，承包方可在发出通知后 7 天停止施工，发包方应从约定应付之日起向承包方支付应付款的贷款利息，并承担违约责任。

知识链接

建设部颁布的《建设工程施工招标文件范本》中规定，工程预付款仅用于承包方支付施工开始时与本工程有关的动员费用。如果承包方滥用此款，发包方有权将其立即收回。在承包方向发包方提交金额等于预付款数额的银行保函后，发包方按规定的金额和规定的时间向承包方支付预付款，在发包方全部扣回预付款之前，该银行保函将一直有效。当预付款被发包方扣回时，银行保函金额相应递减。

特别提示

对于工程预付款的额度，各地区、各部门规定不完全相同，因为其目的主要是为了保证施工所需材料和构件的正常储备。它一般是根据施工工期、建筑安装工程量、主要材料和构件费用占建筑安装工作量的比例及材料储备周期等因素经测算来确定。

1．工程预付款的支付

在实际工作中，工程预付款的数额要根据工程类型、合同工期、承包方式和供应体制等不同条件而定。

知识链接

工业项目中，钢结构和管道安装等占比重较大的工程，其主要材料所占比重比一般安装工程要高，因而备料款数额也要相应提高；工期短的工程比工期长的要高；材料由施工单位自购的比由建设单位供应主要材料的要高。对于包工不包料的工程项目，则可以不预付备料款。

工程预付款的数额可以采用以下 3 种方法计算。

1) 按合同中约定的数额

发包人根据工程特点、工期长短、市场行情、供求规律等因素，招标时在合同条件中约定工程预付款的比例，按此比例计算工程预付款数额。

2) 影响因素法

影响因素法是将影响工程预付款数额的因素作为参数，按其影响关系进行工程预付款数额的计算，计算公式为

$$A=\frac{B\cdot K}{T}\cdot t \tag{4-1}$$

式中，A——工程预付款数额；

B——年度建筑安装工程量；

K——材料比例，即主要材料和构件费占年度建筑安装工程量的比例；

T——计划工期；

t——材料储备时间，可根据材料储备定额或当地材料供应情况确定。

其中，$K=C/B$，C 为主要材料和构件费用，可根据施工图预算中的主要材料和构件费用确定。

3) 额度系数法

为了简化工程预付款的计算，将影响工程预付款数额的因素进行综合考虑确定为一个系数，即工程预付款额度系数 λ，其含义是工程预付款数额占年度建筑安装工作量的比例。其计算公式为

$$\lambda=\frac{A}{B}\times 100\% \tag{4-2}$$

式中，λ——工程预付款额度系数；

A——工程预付款数额；

B——年度建筑安装工作量。

于是，得出工程预付款数额，即

$$A=\lambda \cdot B \tag{4-3}$$

根据预付款额度系数，可以推算出工程预付款。一般情况下，各地区的工程预付款额度按工程类别、施工期限、建筑材料和构件生产供应情况统一测定。通常取 20%～30%。装配化程度高的项目需要的预制钢筋混凝土构件、金属构件等较多，工程预付款的额度也应适当增大。

2．工程预付款的扣回

工程是建设单位为了保证施工生产的顺利进行，而预支给承包人的一部分垫款。当施工进行到一定程度之后，材料和构配件的储备量将随工程的顺利进行而减少，需要的工程预付款也随之减少，此后在办理工程价款结算时，可以开始扣还工程预付款。

1) 工程预付款扣回的方法

(1) 工程预付款扣回由发包人和承包人通过洽商以合同的形式予以确定，采用等比率或等额扣款的方式，也可根据工程实际情况具体处理。

(2) 累计工作量法。从未施工工程尚需的主要材料及构件的价值相当于工程预付款数额时扣起，从每次中间结算工程价款中按材料及构件比重扣抵工程款，至竣工之前全部扣清。因此，确定起扣点是工程预付款起扣的关键。

(3) 工作量百分比法。在承包人完成工程款金额累计达到合同总价的一定比例后，由承包人开始向发包人还款，发包人从每次应付给承包人的金额中扣回工程预付款，发包人至少在合同规定的完工期前一段时间内将工程预付款的总计金额以按次分摊的办法扣回。

2) 工程预付款起扣点的确定

知识链接

工程预付款开始扣还时的工程进度状态被称为工程预付款的起扣点。工程预付款的起扣点，可以用累计完成建筑安装工作量的数额表示，称为累计工作量起扣点；也可以用累计完成建筑安装工作量与年度建筑安装工作量比例表示，称为工作量百分比起扣点。

根据未完成工程量所需主要材料和构件的费用等于工程预付款数额的原则，可以确定用下述两种方法表示的起扣点。

第一种方法是确定累计工作量起扣点。根据累计工作量起扣点的含义，即累计完成建筑安装工作量与起扣点工作量之差，未完工程的材料和构件费等于未完工作量乘以材料比例，即

$$(B-W)\cdot K=A \tag{4-4}$$

式中，W——累计工作量起扣点；

A——工程预付款数额；

B——年度建筑安装工程量；

K——材料比例，即主要材料和构件费占年度建筑安装工程量的比例。

所以，

$$W=B-\frac{A}{K} \tag{4-5}$$

第二种方法是确定工作量百分比起扣点。根据百分比起扣点的含义，即建筑安装工程累计完成的建筑安装工作量 W 占年度建筑安装工作量的百分比达到起扣点的百分比时，开始扣还工程预付款，设其为 R，则有

$$\begin{aligned}R&=\frac{W}{B}\times100\%\\&=\left(1-\frac{A}{K\cdot B}\right)\times100\%\end{aligned} \tag{4-6}$$

各字母含义同上。

3) 应扣工程预付款数额

应扣预付款数额有分次扣还法和一次扣还法两种方法。

按工程预付款起扣点进行扣还工程预付款时，应自起扣点开始，在每次工程价款结算中扣回工程预付款，这就是分次扣还法。抵扣的数量应该等于本次工程价款中材料和构件费的数额，即工程价款数额和材料比的乘积。但是，一般情况下工程预付款的起扣点与工程价款结算间隔点不一定重合。因此，第一次扣还工程预付款数额计算公式与其各次工程预付款扣还数额计算式略有区别。

(1) 第一次扣还工程预付款数额计算公式为

$$a_1=(\sum_{i=1}^{n}W_i-W)\cdot K \tag{4-7}$$

式中，a_1——第一次扣还工程预付款数额；

$\sum_{i=1}^{n}W_i$——累计完成建筑安装工程量之和；

W——累计工作量起扣点；

K——材料比例，即主要材料和构件费占年度建筑安装工程量的比例。

(2) 第二次以后各次扣还工程预付款数额计算公式为

$$a_i=W_i\cdot K \tag{4-8}$$

式中，a_i——第 i 次扣还工程预付款数额(i>1)；

W_i——第 i 次扣还工程预付款时，当次结算完成的建筑安装工作量。

4.4.4 工程进度款的支付

施工企业在施工过程中，按逐月(或形象进度、或控制界面等)完成的工程数量计算各项费用，向建设单位(业主)办理工程进度款的支付(中间结算)。

以按月结算为例，现行的中间结算办法是，施工企业在旬末或月中向建设单位提出预支工程款账单，预支一旬或半月的工程款，月终再提出工程款结算账单和已完工程量月报表，收取当月工程价款，并通过银行进行结算。按月进行结算，要对现场已施工完毕的工程逐一进行清点，资料提出后要交监理工程师和建设单位审查签证。为简化手续，多年来采用的办法是以施工单位提出的统计进度月报表作为支取工程款的凭证，即通常所说的工程进度款。工程进度款的支付步骤如图4.4所示。

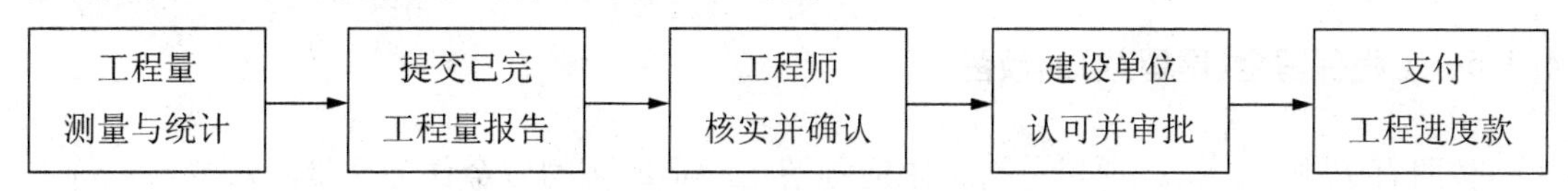

图4.4 工程进度款支付步骤

工程进度款支付过程中，应遵循以下要求。

1. 工程量确认

根据有关规定，工程量的确认应做到以下几点。

(1) 承包方应按约定时间，向工程师提交已完工程量的报告。工程师接到报告后7天内，按设计图纸核实已完工程量(计量)，并在24小时内通知承包方，承包方为计量提供便利条件并派人参加。若承包方不参加计量，则由发包方自行进行，计量结果有效，并可作为工程价款支付的依据。

(2) 工程师收到承包方报告后，7天内未进行计量的，从第8天起，承包方报告中开列的工程量即视为已被确认，作为工程价款支付的依据。工程师不按约定时间通知承包方，使承包方不能参加计量的，计量结果无效。

(3) 工程师对承包方超出设计图纸范围和因自身原因造成返工的工程量，不予计量。

2. 合同收入的组成

财政部制定的《企业会计准则——建造合同》中对合同收入的组成内容进行了解释。合同收入包括以下两部分内容。

(1) 合同中规定的初始收入，即建造承包商与客户在双方签订的合同中最初商订的合同总金额，它是构成合同收入的基本内容。

(2) 因合同变更、索赔、奖励等构成的收入。这部分收入并不构成合同双方在签订合同时已在合同中商订的合同总金额，而是在执行合同过程中由于合同变更、索赔、奖励等原因而形成的追加收入。

3. 工程进度款支付

建设部、国家工商行政管理总局印发的《建设工程施工合同(示范文本)》中对工程进度款支付作了如下详细规定。

(1) 在双方确认计量结果后 14 天内，发包方应向承包方支付工程款(进度款)。按约定时间发包方应扣回的预付款与工程款(进度款)同期结算。

(2) 符合规定范围的合同价款的调整，工程变更调整的合同价款及其他条款中约定的追加合同价款应与工程款(进度款)同期调整支付。

(3) 发包方超过约定的支付时间不支付工程款(进度款)，承包方可向发包方发出要求付款通知，发包方收到承包方通知后仍不能按要求付款，可与承包方协商签订延期付款协议，经承包方同意后可延期支付。协议须明确延期支付时间和从发包方计量结果确认后第 15 天起计算的应付款的贷款利息。

(4) 发包方不按合同约定支付工程款(进度款)，双方又未达成延期付款协议，导致施工无法进行，承包方可停止施工，由发包方承担违约责任。

4.4.5 工程保留金(尾留款)的预留

按照有关规定，工程项目总造价中应预留出一定比例的资金作为质量保修费用，待工程项目保修期结束后再支付。工程保留金的预留有以下两种方法。

1. 进度款支付余额法

当工程进度款拨付累计额达到该建筑安装工程造价的一定比例(一般为 95%～97%)时停止支付，预留造价部分作为保留金。《建设工程价款结算暂行办法》规定："发包人根据确认的竣工结算报告，向承保人支付工程竣工结算价款，保留 5%左右的质量保证(保修)金，待工程交付使用一年质保期到期后清算(合同另有约定的要从其约定)，质保期内如有返修，发生费用应在质量保证(保修)金内扣除。

2. 进度款比例法

我国的《标准施工招标文件》中规定，可以从发包方向承包方第一次支付的工程进度款开始，在每次承包方应得的工程款中扣留投标书附录中规定金额作为保留金，直至保留金总额达到投标书附录中规定的限额为止。

4.4.6 其他费用的支付

1. 安全施工方面的费用

承包人按工程质量、安全及消防管理有关规定组织施工，采取严格的安全防护措施，承担由于自身的安全措施不力造成事故的责任和因此发生的费用。由非承包人责任造成的安全事故由责任方承担责任和发生的费用。

发生重大伤亡及其他安全事故，承包人应按有关规定立即上报有关部门并通知工程师，同时按政府有关部门要求处理，发生的费用由事故责任方承担。

承包人在动力设备、输电线路、地下管道、密封防震车间、易燃易爆地段以及临街交通要道附近施工时，施工开始前应向工程师提出安全保护措施，经工程师认可后实施，防护措施费用由发包人承担。

实施爆破作业，在放射、毒害性环境中施工(含存储、运输、使用)及使用毒害性、腐蚀性物品施工时，承包人应在施工前 14 天以书面形式通知工程师，并提出相应的安全保护措施，经工程师认可后实施。安全保护措施费用由发包人承担。

2．专利技术及特殊工艺涉及的费用

发包人要求使用专利技术或特殊工艺，须负责办理相应的申报手续，承担申报、试验、使用等费用。承包人按发包人要求使用，并负责试验等有关工作。承包人提出使用专利技术或特殊工艺，报工程师认可后实施，由承包人负责办理申报手续并承担有关费用。

擅自使用专利技术侵犯他人专利权的，由责任者承担全部后果及所发生的费用。

3．文物和地下障碍物涉及的费用

在施工中发现古墓、古建筑遗址等文物及化石或其他有考古、地质研究等价值的物品时，承包人应立即保护好现场并于 4 小时内以书面形式通知工程师，工程师应于收到书面通知后 24 小时内报告当地文物管理部门，承包、发包双方按文物管理部门的要求采取妥善保护措施。发包人承担由此发生的费用，延误的工期相应顺延。

特别提示

如施工中发现古墓、古建筑遗址等文物及化石或其他有考古、地质研究等价值的物品，隐瞒不报致使文物遭受破坏的，责任方、责任人依法承担相应责任。

施工中发现影响施工的地下障碍物时，承包人应于 8 小时内以书面形式通知工程师，同时提出处置方案，工程师收到处置方案后 8 小时内予以认可或提出修正方案。发包人承担由此发生的费用，延误的工期相应顺延。

4.4.7 工程竣工结算及其审查

1．工程竣工结算的含义及要求

工程竣工结算是指施工企业按照合同规定的内容全部完成所承包的工程，经验收质量合格，并符合合同要求之后，向发包单位进行的最终工程价款结算。

知识链接

《建设工程施工合同(示范文本)》中对竣工结算做了详细规定。

(1) 工程竣工验收报告经发包方认可后 28 天内，承包方向发包方递交竣工结算报告及完整的结算资料，双方按照协议书约定的合同价款及专用条款约定的合同价款调整内容，进行工程竣工结算。

(2) 发包方收到承包方递交的竣工结算报告及结算资料后 28 天内进行核实，给予确认或者提出修改意见。发包方确认竣工结算报告后，通知经办银行向承包方支付工程竣工结算价款。承包方收到竣工结算价款后 14 天内将竣工工程交付发包方。

(3) 发包方收到竣工结算报告及结算资料后 28 天内无正当理由不支付工程竣工结算价款，从第 29 天起按承包方同期向银行贷款利率支付拖欠工程价款的利息，并承担违约责任。

(4) 发包方收到竣工结算报告及结算资料后 28 天内不支付工程竣工结算价款，承包方可以催告发包方支付结算价款。发包方在收到竣工结算报告及结算资料后 56 天内仍不支付的，承包方可以与发包方协议将该工程折价，也可以由承包方申请人民法院将该工程依法拍卖，承包方就该工程折价或者拍卖的价款优先受偿。

(5) 工程竣工验收报告经发包方认可后 28 天内，因承包方未能向发包方递交竣工结算报告及完整的结算资料而造成工程竣工结算不能正常进行或工程竣工结算价款不能及时支付，发包方要求交付工程的，承包方应当交付；发包方不要求交付工程的，承包方承担保管责任。

(6) 发包方和承包方就工程竣工结算价款发生争议时，按争议的约定处理。

在实际工作中，当年开工、当年竣工的工程，只需办理一次性结算。跨年度的工程，在年终办理一次年终结算，将未完工程结转到下一年度，此时的竣工结算等于各年度结算的总和。

2．工程竣工结算的审查

工程竣工结算审查是竣工结算阶段的一项重要工作。经审查核定的工程竣工结算是核定建设工程造价的依据，也是建设项目验收后编制竣工决算和核定新增固定资产价值的依据。因此，建设单位、监理公司以及审计部门等都十分关注竣工结算的审核把关，一般从以下几方面入手。

(1) 核对合同条款。首先，应该核对竣工工程内容是否符合合同条件要求、工程是否竣工验收合格，只有按合同要求完成全部工程并验收合格才能被列入竣工结算。其次，应按合同约定的结算方法、计价定额、取费标准、主材价格和优惠条款等对工程竣工结算进行审核。若发现合同开口或有漏洞，应请建设单位与施工单位认真研究，明确结算要求。

(2) 检查隐蔽验收记录。所有隐蔽工程均需进行验收、两人以上签证，实行工程监理的项目应经监理工程师签证确认。审核竣工结算时，应该对隐蔽工程施工记录和验收签证，手续完整、工程量与竣工图一致方可列入结算。

(3) 落实设计变更签证。设计修改变更应由原设计单位出具设计变更通知单和修改图纸，设计、校审人员签字并加盖公章，经建设单位和监理工程师审查同意、签证；重大设计变更应经原审批部门审批，否则不应列入结算。

(4) 按图核实工程数量。竣工结算的工程量应依据竣工图、设计变更单和现场签证等进行核算，并按国家统一规定的计算规则计算工程量。

(5) 认真核实单价。结算单价应按现行的计价原则和计价方法确定，不得违背有关现行制度和规定。

(6) 注意各项费用的计取。建筑安装工程的取费标准应符合合同要求。

(7) 防止各种计算误差。工程竣工结算子目多、篇幅大，往往会产生计算误差，应认真核算，尽量避免计算误差。

4.4.8 工程价款价差调整的主要方法

在经济发展过程中，物价水平是动态的、不断变化的，有时上涨快、有时上涨慢，有时甚至表现为下降。工程建设项目中合同周期较长的项目经常会随着时间的推移而受到物价浮动等多种因素的影响，其中主要是人工费、材料费、施工机械费、运费等的动态影响。这样就有必要在工程价款结算中充分考虑动态因素，也就是要把多种动态因素纳入结算过程中认真加以计算，使工程价款结算能够基本上反映工程项目的实际消耗费用。这对避免承包商(或业主)遭受不必要的损失，获取必要的调价补偿，从而维护合同双方的正当权益是十分必要的。

工程价款价差调整的方法有工程造价指数调整法、实际价格调整法、调价文件计算法、调值公式法等。下面分别对其进行介绍。

1．工程造价指数调整法

这种方法是甲乙方采用当时的预算(或概算)定额单价计算出承包合同价，待竣工时，根据合理的工期及当地工程造价管理部门所公布的该月度(或季度)的工程造价指数，对原承包合同价予以调整，重点调整那些由于实际人工费、材料费、施工机械费等费用上涨及工程变更因素造成的价差，并对承包商给以调价补偿。

【例 4.1】深圳市某建筑公司承建一职工宿舍楼(框架形)，工程合同价款为 500 万元，于 1996 年 1 月签订合同并开工，1996 年 10 月竣工。根据工程造价指数调整法对其进行动态结算，价差调整的款额应为多少？

解：自《深圳市建筑工程造价指数表》查得宿舍楼(框架形)1996 年 1 月的造价指数为 100.02，1996 年 10 月的造价指数为 100.27，公式为

$$500\times100.27/100.02=500\times1.0025=501.25(\text{万元})$$

则此工程价差调整额为 1.25 万元。

2．实际价格调整法

在我国，由于建筑材料需市场采购的范围越来越大，有些地区规定对钢材、木材、水泥等三大建材的价格采取按实际价格结算的方法。工程承包商可凭发票按实报销。这种方法方便而正确。但由于实报实销，承包商对降低成本不感兴趣。为了避免副作用，地方主管部门要定期发布最高限价，同时合同文件中应规定建设单位或工程师有权要求承包商选择更廉价的供应来源。

3．调价文件计算法

调价文件计算法是甲乙方按当时的预算价格承包，在合同工期内，按照造价管理部门调价文件的规定，进行抽料补差(在同一价格期内按所完成的材料用量乘以价差)。也有的地方定期发布主要材料供应价格和管理价格，对这一时期的工程进行抽料补差。

4．调值公式法

根据国际惯例，建设项目工程价款的动态结算一般采用调值公式法。事实上，在绝大多数国际工程项目中，甲乙双方在签订合同时就明确列出了这一调值公式，并以此作为价差调整的计算依据。

建筑安装工程费用价格调值公式一般包括固定部分、材料部分和人工部分。但当建筑安装工程的规模和复杂性增大时，公式也会变得更为复杂。调值公式一般为

$$P=P_0(a_0+a_1\frac{A}{A_0}+a_2\frac{B}{B_0}+a_3\frac{C}{C_0}+a_4\frac{D}{D_0}+\cdots) \tag{4-9}$$

式中，P——调值后合同价款或工程实际结算款；

P_0——合同价款中工程预算进度款；

a_0——固定要素，代表合同支付中不能调整的部分占合同总价的比重；

a_1，a_2，a_3，a_4，…——代表有关各项费用(如人工费用、钢材费用、水泥费用、运输费等)在合同总价中所占比重 $a_0+a_1+a_2+a_3+a_4+\cdots=1$；

A_0，B_0，C_0，D_0，…——投标截止日期前28天与 a_1，a_2，a_3，a_4，…对应的各项费用的基期价格指数或价格；

A，B，C，D，…——在工程结算月份与 a_1，a_2，a_3，a_4，…对应的各项费用的现行价格指数或价格。

特别提示

在运用调值公式进行工程价款价差调整中要注意如下几点。

(1) 固定要素通常的取值范围为0.15～0.35。固定要素对调价的结果影响很大，它与调价余额成反比关系。固定要素相当微小的变化，隐含着在实际调价时很大的费用变动，所以，承包商在调值公式中采用的固定要素取值要尽可能偏小。

(2) 调值公式中有关的各项费用，按一般国际惯例，只选择用量大、价格高且具有代表性的一些典型人工费和材料费，通常是大宗的水泥、沙石料、钢材、木材、沥青等，并用它们的价格指数变化综合代表材料费的价格变化，以便尽量与实际情况接近。

(3) 各部分成本的比重系数在许多招标文件中要求承包方在投标中提出，并在价格分析中予以论证。但也有的是由发包方(业主)在招标文件中即规定一个允许范围，由投标人在此范围内选定。例如，鲁布革水电站工程的标书即对外币支付项目各费用比重系数范围作了如下规定，外籍人员工资0.1～0.20，水泥0.10～0.16，钢材0.09～0.13，设备0.35～0.48，海上运输0.04～0.08，固定系数0.17；并规定允许投标人根据其施工方法在上述范围内选用具体系数。

(4) 调整有关各项费用要与合同条款规定相一致。例如，签订合同时，甲乙双方一般应商定调整的有关费用和因素，以及物价波动到何种程度才进行调整。在国际工程中，一般在±5%以上才进行调整。有的合同规定，在应调整金额不超过合同原始价5%时，由承包方自己承担；在5%～20%之间时，承包方负担10%，发包方(业主)负担90%；超过20%时，则必须另行签订附加条款。

(5) 调整有关各项费用应注意地点与时点。地点一般指工程所在地或指定的某地的市场价格。时点指的是某月某日的市场价格。这里要确定两个时点的市场价格(基础价格)和每次支付前的一定时间的时点价格。这两个时点就是计算调值的依据。

(6) 确定每个品种的系数和固定要素系数。品种的系数要根据品种价格对总造价的影响程度而定。各品种系数之和加上固定要素系数应该等于1。

【例4.2】某土建工程，合同规定结算款为100万元，合同原始报价日期为1995年3月，工程于1996年5月建成交付使用。请根据表4-2所列工程人工费、材料费构成比例及有关造价指数，计算工程实际结算款。

表4-2 工程人工费、材料费构成比例及有关造价指数

项目	人工费	钢材	水泥	集料	一级红砖	砂	木材	不调值费用
比例	45%	11%	11%	5%	6%	3%	4%	15%
1995年3月指数	100	100.8	102.0	93.6	100.2	95.4	93.4	—
1996年5月指数	110.1	98.0	112.9	95.9	98.9	91.1	117.9	—

解：实际结算价款 $=100\times(0.15+0.45\times\frac{110.1}{100}+0.11\times\frac{98.0}{100.08}+0.11\times\frac{112.9}{102.0}+0.05\times\frac{95.9}{93.6}$

$+0.06\times\frac{98.9}{100.2}+0.03\times\frac{91.1}{95.4}+0.04\times\frac{117.9}{93.4})$

$=100\times1.064=106.4$(万元)

总之，通过调整，1996年5月实际结算的工程价款为106.4万元，比原始合同高出6.4万元。

课题 4.5 投资控制

4.5.1 投资使用计划

1. 施工阶段编制投资使用计划的作用

建设工程周期长、规模大、造价高，施工阶段是资金投入量最集中、最大、效果最明显的阶段。施工阶段资金使用计划的编制与控制在整个建设管理中处于重要地位，它对工程造价有着重要的影响，表现在以下几个方面。

(1) 通过编制资金计划，可以合理地确定工程造价施工阶段的目标值，使工程造价控制有所依据，并为资金的筹集与协调打下基础。有了明确的目标值后，就能将工程实际支出与目标值进行比较，找出偏差，分析原因，采取措施纠正偏差。

(2) 通过资金使用计划，可以预测未来工程项目的资金使用和进度控制，减少不必要的资金浪费。

(3) 在建设项目进行中，通过执行资金使用计划，可以有效地控制工程造价，最大限度地节约投资。

2. 资金使用计划的编制

1) 按不同项目编制资金使用计划

一个建设项目往往有多个单项工程组成，每个单项工程又可能由多个单位工程组成，而单位工程又由若干个分部、分项工程组成。

对工程项目划分的粗细程度应根据具体实际需要而定，一般情况下，投资目标分解到单项工程、单位工程。

投资计划分解到单项工程、单位工程的同时，还应分解到建筑工程费、安装工程费、设备购置、工程建设其他费，这样有助于检查各项具体投资支出对象的落实情况。

2) 按时间进度编制资金使用计划

建设项目的投资总是分阶段、分期支出的。按时间进度编制资金使用计划就是将总目标按使用时间分解，确定分目标值。

按时间阶段编制的资金使用计划通常采用横道图、时标网络图、S 形曲线、香蕉图等形式。

(1) 横道图法是用不同的横道图标识已完工程计划投资、实际投资及拟完工程计划投资，横道图的长度与其数值成正比。横道图的优点是形象直观，但其所包含的信息量少。

(2) 时标网络图是在确定施工计划网络图的基础上，将施工进度与工期进度相结合而形成的网络图。

(3) S 形曲线即时间—投资累计曲线。

时标网络图和横道图将在投资偏差分析中详细介绍，在此只介绍 S 形曲线。

S 形曲线的绘制步骤如下。

① 确定工程进度计划。

② 根据每个单位时间内完成的实物工程量或投入的人力、物力和财力，计算单位时间(月、旬)的投资，见表 4-3。

表 4-3 单位时间的投资 单位：万元

时间	1 月	2 月	3 月	4 月	5 月	6 月	7 月	8 月	9 月	10 月	11 月	12 月
投资	100	200	300	500	600	800	800	800	600	400	300	200

③ 将各单位时间计划完成的投资累计额累计，得到计划累计完成的投资额，见表 4-4。

表 4-4 计划累计完成的投资 单位：万元

时间	1 月	2 月	3 月	4 月	5 月	6 月	7 月	8 月	9 月	10 月	11 月	12 月
投资	100	200	300	500	600	800	800	800	600	400	300	200
计划累计投资	100	300	600	1100	1700	2500	3300	4000	4600	5000	5300	5500

④ 绘制 S 形曲线如图 4.5 所示

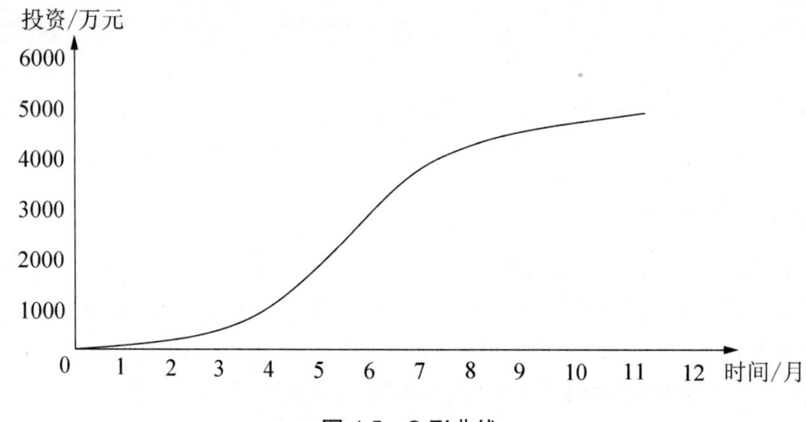

图 4.5 S 形曲线

每一条 S 形曲线都对应于某一特定的工程进度计划。

香蕉图的绘制方法与 S 形曲线相同，不同在于它是分别按最早开工时间和最迟开工时间绘制的曲线，两条曲线形成类似香蕉的曲线图，如图 4.6 所示。

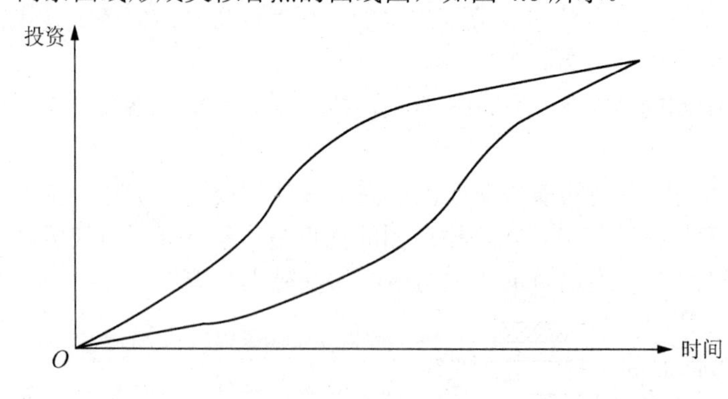

图 4.6 香蕉图

S 形曲线必然包括在香蕉图曲线内。

4.5.2 投资偏差分析与纠正

1. 偏差

在项目实施过程中，由于各种因素的影响，实际情况往往会与计划出现偏差，把投资的实际值与计划值的差异叫投资偏差，把实际工程进度与计划工程进度的差异叫做进度偏差。

投资偏差=已完工程实际投资−已完工程计划投资

进度偏差=已完工程实际时间−已完工程计划时间

进度偏差也可表示为

进度偏差=拟完工程实际投资−已完工程计划投资

式中，拟完工程计划投资为按原进度计划工作内容的投资。

【例 4.3】某工作计划完成工作量 200m^3，计划进度为 20m^3/天，计划投资为 10 元/m^3，到第 4 天实际完成 90m^3，实际投资 1000 元。则到第 4 天，实际完成工作量为 90m^3，计划完成 20×4=80(m^3)，求投资偏差和进度偏差。

解：拟完工程计划投资=80×10=800(元)

已完工程计划投资=90×10=900(元)

已完工程实际投资：1000 元

投资偏差=1000−900=100(元)

进度偏差=800−900=−100(元)

进度偏差为“正”表示工期拖延，为“负”表示工期提前；投资偏差“正”表示投资增加，“负”表示投资节约。

2. 偏差分析

常用的偏差分析方法有横道图分析法、时标网络图法、表格法和曲线法。

1) 横道图分析法

横道图分析法如图 4.7 所示。

项目编码	项目名称	投资对比	投资偏差	进度偏差	原因
011	土方工程	70 50 60	10	−10	
012	打桩工程	80 66 100	−20	−34	
013	基础工程	80 80 60	20	20	
	合计		10	−24	

注：已完工程实际投资　已完工程计划投资　拟完工程计划投资

图 4.7　横道图分析法

实际工程中，有时需要根据拟完工程计划和已完工程实际投资确定已完工程计划投资后，再确定投资偏差、进度偏差。

2) 时标网络图法

双代号网络图以水平时间坐标尺度表示工作时间，时标的时间单位根据需要可以是天、周、月等。时标网络计划中，实箭线表示工作，实箭线的长度表示工作持续时间，虚箭线表示虚工作，波浪线表示工作与其紧后工作的时间间隔。

【例 4.4】某工程的时标网络图如图 4.8 所示，工程进展到第 5 个月、第 10 个月、第 15 个月底时，分别检查了工程进度，相应绘制了 3 条前锋线，如图 4.8 中的粗虚线所示。分析第 5 个月和第 10 个月底的投资偏差，并根据第 5 个月、第 10 个月的实际进度前锋线分析工程进度情况。(工程每月投资数据统计见表 4-5)

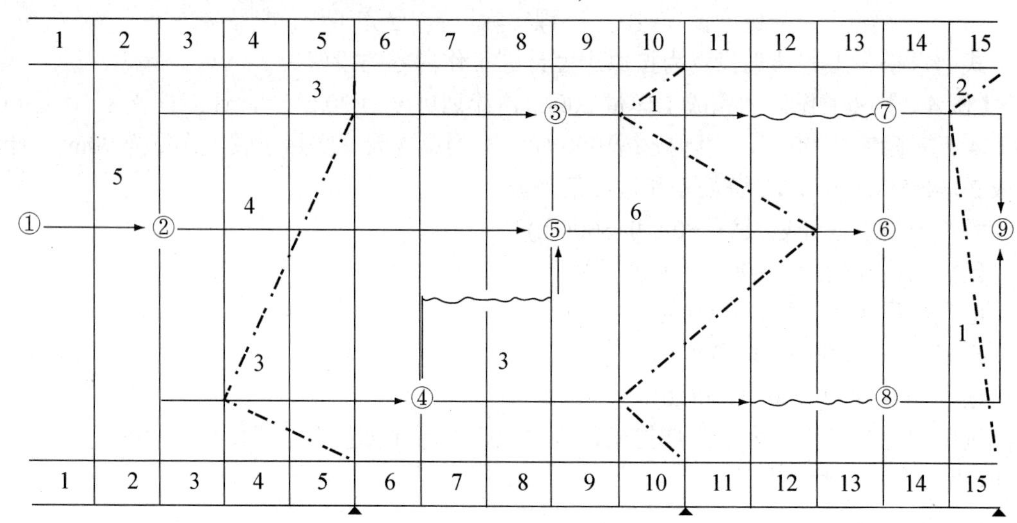

图 4.8 时标网络图

表 4-5 某工程每月投资数据统计

月份	1	2	3	4	5	6	7	8	9	10	11	12	13	14	15
累计拟完工程计划投资	5	10	20	30	40	50	60	70	80	90	100	106	112	115	118
累计已完工程实际投资	5	15	25	35	45	53	61	69	77	85	94	103	112	116	120

解：

第 5 个月月底：已完工程计划投资=2×5+3×3+4×2+3=30(万元)

投资偏差=已完工程实际投资−已完工程计划投资=45−30=15(万元)

投资增加 15 万元。

进度偏差=拟完工程计划投资−已完工程计划投资=40−30=10(万元)

进度拖延 10 万元。

第 10 个月月底：已完工程计划投资=5×2+3×6+4×6+3×4+1+6×4+3×3=98(万元)

投资偏差=已完工程实际投资−已完工程计划投资=85−98=−13(万元)

投资节约 13 万元。

进度偏差=拟完工程计划投资-已完工程计划投资=90-98=-8(万元)

进度提前8万元。

3) 表格法

表格法见表4-6。

表4-6　表格法偏差分析

序号				
(1)	项目编码	011	012	013
(2)	项目名称	土方工程	桩基工程	基础工程
(3)	计划单价			
(4)	拟完工程量			
(5)=(3)×(4)	拟完工程投资	50	66	80
(6)	已完工程量			
(7)=(6)×(4)	已完工程计划投资	60	10	60
(8)	实际单价			
(9)=(6)×(8)	已完工程实际投资	70	80	80
(10)=(9)-(7)	投资偏差	10	-20	20
(11)=(5)-(7)	进度偏差	-10	-34	20

4) 曲线法

曲线法是用投资时间曲线(S形曲线)进行分析的一种方法，通常有3条曲线，即已完工程实际投资曲线、已完工程计划投资曲线和拟完工程计划投资曲线。如图4.9所示，已完实际投资曲线与已完计划投资曲线两条曲线之间的竖向距离表示投资偏差，拟完计划投资曲线与已完计划投资曲线之间水平距离表示进度偏差。

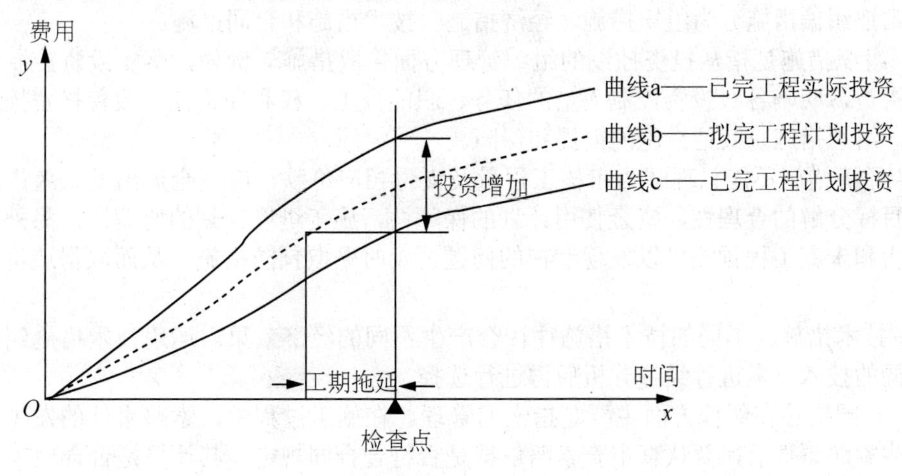

图4.9　曲线法偏差分析

3．偏差纠正

1) 引起偏差的原因

(1) 客观原因，包括人工费、材料费涨价，自然条件变化，国家政策法规变化等。

(2) 业主原因，如投资规划不当、建设手续不健全、因业主原因变更工程、业主未及时付款等。

(3) 设计原因，如设计错误、设计变更、设计标准变更等。

(4) 施工原因，如施工组织设计不合理、质量事故等。

客观原因是无法避免的，因此而造成的损失由施工单位负责，纠偏的主要对象是由于业主和设计原因造成的投资偏差。

2) 偏差的类型

偏差分为 4 种类型，如图 4.10 所示。

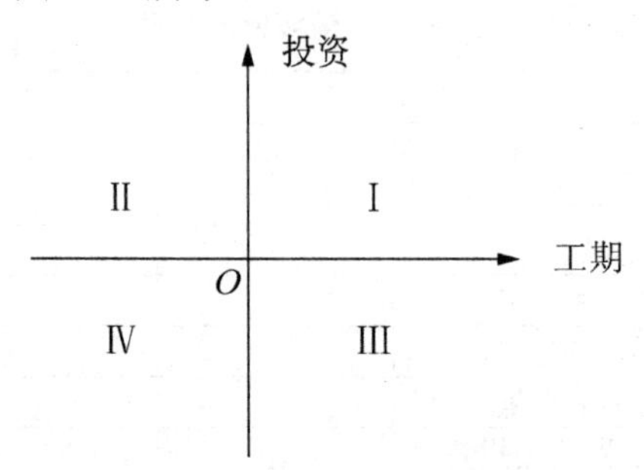

图 4.10　偏差类型示意图

(1) Ⅰ——投资增加且工期拖延。这种类型是纠正偏差的主要对象。

(2) Ⅱ——投资增加但工期提前。这种情况下要适当考虑工期提前带来的效益。如果增加的资金值超过增加的效益时，要采取纠偏措施；若这种收益与增加的投资大致相当甚至高于投资增加额，则不必采取纠偏措施。

(3) Ⅲ——工期拖延但投资节约。这种情况下是否采取纠偏措施要根据实际需要而定。

(4) Ⅳ——工期提前且投资节约。这种情况是最理想的，不需要采取任何纠偏措施。

3) 纠偏措施

通常把纠偏措施分为组织措施、经济措施、技术措施和合同措施。

(1) 组织措施是指从投资控制的组织管理方面采取措施。例如，落实投资控制的组织机构和人员，明确各级投资控制人员的任务、职能分工、权利和责任，改善投资控制工作流程等。组织措施是其他措施的前提和保障。

(2) 经济措施不能只理解为审核工程量及支付相应价款，应从全局出发来考虑，如检查投资目标分解的合理性，资金使用计划的保障性，施工进度计划的协调性。另外，通过偏差分析和未完工程预测可以发现潜在的问题，及时采取预防措施，从而取得造价控制的主动权。

(3) 技术措施。不同的技术措施往往会产生不同的经济效果。运用技术措施纠偏，需要对不同的技术方案进行经济分析后再进行选择。

(4) 合同措施在纠偏方面主要是指索赔管理。在施工过程中，索赔事件的发生是难免的，发生索赔事件后，要认真审查索赔依据是否符合合同规定、其计算是否合理等。

课题 4.6　施工阶段工程造价案例分析

4.6.1　案例 1

某房屋建筑工程项目，建设单位与施工单位按照《建设工程施工合同(示范文本)》签订了施工承包合同，施工合同中有如下规定。

(1) 设备由建设单位采购，施工单位安装。

(2) 由建设单位导致施工单位人员窝工，按 18 元/工日补偿，建设单位原因导致的施工单位设备闲置，按下表所列标准补偿，见表 4-7。

表 4-7 补偿标准

机械名称	台班单价/(元/台班)	补偿标准
大型起重机	1060	台班单价的 60%
自卸汽车(5t)	318	台班单价的 40%
自卸汽车(8t)	458	台班单价的 50%

(3) 施工过程中发生的设计变更，其价款按建标[2003]206 号文件的规定以工料单价法计价程序计价(以直接费为计算基础)，间接费费率为 10%，利润率为 5%，税率为 3.41%。该工程在施工过程中发生了以下事件。

事件 1：施工单位在土方填筑时，发现取土区的土壤含水量过大，必须经过晾晒后才能填筑，增加费用 30000 元，工期延误 10 天。

事件 2：基坑开挖深度为 3 米，施工组织设计中考虑的放坡系数为 0.3(已经监理工程师批准)。施工单位为避免塌方，开挖时，加大了放坡系数，使土方开挖量增加，导致费用超支 10 000 元，工期延误 3 天。

事件 3：施工单位在主体钢结构吊装安装阶段发现，钢筋砼结构上缺少相应的预埋件，经查实是由土建施工图遗漏该预埋件的错误所致，返工处理后，增加费用 20000 元，工期延误 8 天。

事件 4：建设单位采购的设备没有按计划时间到场，施工受到影响，施工单位 1 台大型起重机，两台自卸汽车(载重 5t、8t 各 1 台)闲置 5 天，工人窝工 86 工日，工期延误 5 天。

事件 5：某分项工程由于建设单位提出工程使用功能的调整，须进行设计变更。设计变更后，经确认，直接费增加 18000 元，措施费增加 2000 元。

上述事件发生后，施工单位及时向建设单位造价工程师提出索赔要求。

【问题】

(1) 分析以上事件中发生的工程变更，造价工程师应该批准施工单位的索赔要求吗？为什么？

(2) 对于工程施工过程中发生的工程变更，变更部分的合同价款应根据什么原则确定？

(3) 造价工程师应该批准的索赔金额是多少？工期顺延几天？

【案例分析】

(1) 事件 1 的索赔不应该被批准，因为这是施工单位应该预料到的，属于施工单位责任；事件 2 也不应该被批准，因为是施工单位为确保安全自行调整了施工方案，属于施工单位责任；事件 3 应该被批准，因为这是由土建施工图错误造成的，属于建设单位责任；事件 4 应该被批准，因为这一损失是因建设单位采购的设备没按计划时间到场造成的，属于建设单位责任；事件 5 应该被批准，因为这一损失是因建设单位设计变更造成的，属于建设单位责任。

(2) 变更价款确定的原则包括以下几个方面。

① 合同中已有适用于变更工程的价款，按合同已有的价格变更合同价款。

② 合同中只有类似于变更工程的价款，可以参照该价格变更。

③ 合同中没有适用或类似于变更工程的价格，由承包人提出适当的变更价格，经工程师确认后执行。

当双方不能通过协商确定工程变更的价款时，按合同争议解决处理。

(3) ① 造价工程师应该批准的索赔金额如下。

事件 3：返工费用 20000 元；

事件 4：机械台班费(1060×60%+318×40%+458×50%)×5=4961(元)

人工费 86×18=1548(元)

事件 5：直接费：18000+2000=20000(元)

间接费：20000×10%=2000(元)

利 润：(2000+2000)×5%=1100(元)

税 金：(20000+2000+1100)×3.41%=787.71(元)

应补偿：20000+2000+1100+787.71=23887.71(元)

合计：20000+4961+1548+23 887.71=50 396.71(元)

② 造价工程师应该批准的工程延期如下。

事件 3：8 天；

事件 4：5 天；

合计：13 天。

4.6.2 案例 2

某工程项目，业主与承包商签订的施工合同为 600 万元，工期从 3 月—10 月共 8 个月，合同规定如下。

(1) 工程备料款为合同价的 25%，主材比重 62.5%。

(2) 保留金为合同价的 5%，从第一次支付开始，每月按实际完成工程量价款的 10%扣留。

(3) 业主提供的材料和设备在发生当月的工程款中扣回。

(4) 施工中发生经确认的工程变更，在当月的进度款中予以增减。

(5) 当承包商每月累计实际完成工程量价款少于累计计划完成工程量价款占该月实际完成工程量价款的 20%及以上时，业主按当月实际完成工程量价款的 10%扣留，该扣留项在承包商赶上计划进度时退还。但若因非承包商原因停止时，这里的累计实际工程量价款按每停工 1 日计 2.5 万元。

(6) 若发生工期延误，每延误 1 天，责任方向对方赔偿合同价的 0.12%的费用，该款项在竣工时办理。

在施工过程中，3 月份业主要求设计变更，工期延误 10 天，共增加费用 25 万元；8 月份发生台风，停工 7 天；9 月份由于承包商的质量问题，造成返工，工期延误 13 天。最终工程于 11 月底完成，实际施工 9 个月。

经工程师认定的承包商在各月计划和实际完成的工程量价款及由业主直供的材料、设备的价值见表 4-8，表中未计入由于工程变更等原因造成的工程款的增减数额。

表4-8 承包商在各月计划和实际完成的工程量价款及由业主直供材料设备的价值 单位：万元

月份	3	4	5	6	7	8	9	10	11
计划完成工程量价款	60	80	100	70	90	30	100	70	
实际完成工程量价款	30	70	90	85	80	28	90	85	43
业主直供材料设备价	0	18	21	6	24	0	0	0	0

【问题】

(1) 备料款的起扣点是多少？

(2) 工程师每月实际签发的付款凭证金额为多少？

(3) 业主实际支付多少？如果本项目的建筑安装工程业主计划投资615万元，则投资偏差为多少？

【案例分析】

(1) 备料款：600×25%=150(万元)

备料款起扣点=600−150/62.5%=360(万元)

(2) 每月累计计划与实际工程量价款见表4-9。

表4-9 各月计划完成工程量、累计计划完成工程量、实际完成工程量、累计实际完成工程量及投资偏差 单位：万元

月份	3	4	5	6	7	8	9	10	11
计划完成工程量	60	80	100	70	90	30	100	70	
累计计划完成工程量	60	140	240	310	400	430	530	600	600
实际完成工程量	30	70	90	85	80	28	90	85	42
累计实际完成工程量	55	125	215	300	380	425.5	515.5	600.5	642.5
投资偏差	−5	−15	−25	−10	−20	−4.5	−14.5	0.5	42.5

表4-8中，累计实际完成工程量价款3月份应加上设计变更增加的25万元，即

30+25=55(万元)

8月份应加台风停工的计算款项：2.5×7=17.5(万元)

28+380+17.5=425.5(万元)

保修金总额：600×5%=30(万元)

各月签发的付款凭证金额如下。

3月份

应签证的工程款：30+25=55(万元)

签发付款凭证金额：55−30×10%=52(万元)

4月份

签发付款凭证金额：70−70×10%-18-70×10%=38(万元)

5月份

签发付款凭证金额：90−90×10%-21-90×10%=51(万元)

6月份

签发付款凭证金额：85−85×10%−6=70.5(万元)

到本月为止，保留金共扣27.5万元，下月还需扣留2.5万元。

7 月份

签发付款凭证金额=80−2.5−24−80×10%=45.5(万元)

8 月份

累计完成合同价 425.5 万元，扣回备料款。

签发付款凭证金额：28− (425.5−380)×62.5%=15.5(万元)

9 月份

签发付款凭证金额：90−90×62.5%=33.75(万元)

10 月份

本月进度赶上计划进度，应返还 4、5、7 月扣留的工程款。

签发付款凭证金额：85−85×62.5%+(70+90+80)×10%=55.875(万元)

11 月份

本月为工程延误期，按合同规定，设计变更承包商可以向业主索赔延误工期 10 天；台风为不可抗力，业主不赔偿费用损失，工期顺延 7 天；因承包商质量问题造成的返工损失应由承包商承担，索赔工期 10+7=17(天)，实际总工期 9 个月，拖延了 13 天，罚款 13×600×0.12%。

签发付款凭证金额：43−43×62.5%−13×600×0.12%=6.765(万元)

③ 本项目业主实际支出：600+25−600×0.12%×13=615.64(万元)。

投资偏差=615.64−615=0.64(万元)

单元小结

建设工程项目的施工阶段是将设计蓝图转化为工程实体的关键阶段，该阶段投入资金量大，影响工程造价的因素多，施工阶段造价管理面临的任务非常复杂和艰巨。

本单元分别阐述了工程变更的确认、处理及变更后合同价款的确定，工程索赔程序与计算，工程备料款的预付与扣回，工程款的支付与结算方法，工程投资偏差的分析与纠正。建设工程项目施工阶段的造价管理水平是最终经济目标实现的保障，也是工程项目管理能否成功的重要体现。

习　　题

一、选择题(每题至少有一个正确答案)

1．根据合同文本，工程变更价款通常由(　　)提出，报(　　)批准。

A．工程师；业主　　B．承包商；业主

C．承包商；工程师　　D．业主；承包商

2．某土方工程采用单价合同承包，价格为 20 元/m^3，其中人工费每工日平均标准为 30 元，估计工程量为 20000m^3。在开挖过程中，由于业主方原因造成施工方 10 人窝工 5 天，由于施工方原因造成 15 人窝工 2 天，施工方合理的人工费索赔应为(　　)元。

A．600　　B．1500　　C．2400　　D．2700

3. 如果甲方不按合同约定支付工程进度款，双方又未达成延期付款协议，致使施工无法进行，则(　　)。

A. 乙方仍应设法继续施工

B. 乙方如停止施工则应承担违约责任

C. 乙方可停止施工，甲方承担违约责任

C. 乙方可停止施工，由双方共同承担责任

4. 由业主原因设计变更导致工程停工一个月，则承包商可索赔的费用为(　　)。

A. 利润　　B. 人工窝工　　C. 机械设备闲置费

D. 增加的现场管理费　　E. 税金

5. 进度偏差可以表示为(　　)。

A. 已完工程计划投资－已完工程实际投资

B. 拟完工程计划投资－已完工程实际投资

C. 拟完工程计划投资－已完工程计划投资

D. 已完工程实际投资－已完工程计划投资

二、简答题

1. 简述施工阶段工程造价管理的工作内容。
2. 简述我国现行工程变更价款的确定方法。
3. 简述工程索赔的目的和分类。
4. 简述费用索赔的原则。
5. 对比分析费用索赔的计算方法。

三、案例分析题

1. 某项工程基础为整体底板，混凝土量为 840m^3，计划浇筑底板混凝土 24 小时连续施工需 4 天。在土方开挖时，发现地基与地质资料不符，业主与设计单位洽商后修改设计，确定局部基础加深，混凝土工程量增加 70m^3，问可补偿工期多少天？

2. 某工程合同价款总额为 300 万元，施工合同规定预付备料款为合同价款的 25%，主要材料为工程价款的 62.5%，在每月工程款中扣留 5%保修金，每月实际完成工程量见表 4-10。

表 4-10　每月实际完成工程量

月份	1	2	3	4	5	6
完成工作量/万元	20	50	70	75	60	25

求预付备料款、每月结算工程款。

单元5

建设工程竣工阶段的造价控制

教学目标

本单元介绍了建设项目竣工验收的概念、任务及作用，竣工验收的条件、范围及内容，竣工验收的方式及程序，建设项目竣工决算的概念，竣工决算的概念与依据，竣工决算的内容与编制，保修与保修费用的处理。通过对本单元的学习，了解建设工程竣工阶段工程造价管理的内容，初步掌握工程竣工结算、竣工决算的编制，熟悉工程竣工验收的内容与程序，掌握竣工结算、竣工决算的编制与审查方法，熟悉保修费用的处理方法。

教学要求

能力目标	知识要点	权重
了解竣工验收的概念，熟悉竣工验收的内容、方式及程序	竣工验收的概念、任务及作用；竣工验收的范围及内容；竣工验收的方式及程序	40%
了解竣工决算的概念，熟悉竣工决算的内容与编制	竣工决算的概念；建设项目竣工决算的内容；竣工决算的编制	40%
熟悉各类工程保修问题的处理原则	保修与保修费用的处理	20%

某建设单位根据建设工程的竣工及交付使用等工程完成情况，需要编制建设项目竣工决算。建设单位所掌握的资料包括该建设项目筹建过程中决策阶段经批准的可行性研究报告、投资估算书，设计阶段的设计概算、设计交底文件，招投标阶段的标底价格、开标、评标的相关记录文件，施工阶段与承包方所签订的承包合同以及施工过程中按照工程进度与承包方商定的工程价款的结算资料、工程师签发的工程变更记录单、工程竣工平面示意图等文件。

什么是竣工验收？竣工验收的范围及内容有哪些？该建设单位编制建设项目竣工决算所需要的资料是否完备？应该如何取得、管理编制竣工决算所需资料？竣工决算应该包括哪些内容？

课题5.1 建设项目竣工验收

建设项目竣工验收是全面考核工程建设成果、检查设计与工程建设质量是否合乎要求、审查投资使用是否合理的重要环节，是投资成果转入生产或使用的标志。竣工验收对促进建设项目及时投产、发挥投资效益、总结经验教训具有重要意义。

5.1.1 建设项目竣工验收的概念与作用

1. 建设项目竣工验收的概念

建设项目竣工验收是指由发包人、承包人和项目验收委员会以项目批准的设计任务书和设计文件，以及国家或部门颁发的施工验收规范和质量检验标准为依据，按照一定的程序和手续，在项目建成并试生产合格后(工业生产性项目)，对工程项目的总体进行检验和认证、综合评价和鉴定的活动。按照我国建设程序的规定，竣工验收是建设工程的最后阶段，是建设项目施工阶段和保修阶段的中间过程，是全面检验建设项目是否符合设计要求和工程质量检验标准的重要环节。只有经过竣工验收，建设项目才能实现由承包人管理向发包人管理的过渡，它标志着建设投资成果投入生产或使用，对促进建设项目及时投产或交付使用、发挥投资效果、总结建设经验有着重要的作用。

2. 建设项目竣工验收的作用

(1) 全面考核建设成果，检查设计、工程质量是否符合要求，确保建设项目按设计要求的各项技术经济指标正常使用。

(2) 通过竣工验收办理固定资产使用手续可以总结工程建设经验，为提高建设项目的经济效益和管理水平提供重要依据。

(3) 建设项目竣工验收是项目施工阶段的最后一个程序，是建设成果转入生产使用的标志，是审查投资使用是否合理的重要环节。

(4) 建设项目建成投产后能否取得良好的宏观效益需要经过国家权威管理部门按照相关技术规范、技术标准组织验收确认。通过建设项目验收，国家可以全面考核项目的建设成果，检验建设项目决策、设计、设备制造和管理水平及总结建设经验。因此，竣工验收是建设项目转入投产使用的必要环节。

5.1.2 建设项目竣工验收的条件与范围

1. 建设项目竣工验收的条件

《建设工程质量管理条例》规定，建设工程竣工验收应当具备以下条件。

(1) 完成建设工程设计和合同约定的各项内容。

(2) 有完整的技术档案和施工管理资料。

(3) 有工程使用的主要建筑材料、建筑构配件和设备的进场试验报告。

(4) 有勘察、设计、施工、工程监理等单位分别签署的质量合格文件。

(5) 有施工单位签署的工程保修书。

2. 建设项目竣工验收的范围

国家颁布的建设法规规定，凡新建、扩建、改建的基本建设项目和技术改造项目(所有列入固定资产投资计划的建设项目或单项工程)，已按国家批准的设计文件所规定的内容建成，符合验收标准，即工业投资项目经负荷试车考核，试生产期间能够正常生产出合格产品，形成生产能力的；非工业投资项目符合设计要求，能够正常使用的，无论其属于哪种建设性质，都应及时组织验收、办理固定资产移交手续。工期较长、建设设备装置较多的大型工程，为了及时发挥其经济效益，对其能够独立生产的单项工程，也可以根据建成时间的先后顺序分期分批地组织竣工验收；对能生产中间产品的一些单项工程，不能提前投料试车，可按生产要求与生产最终产品的工程同步建成竣工后，再进行全部验收。此外，对于某些特殊情况，工程施工虽未全部按设计要求完成，也应进行验收。这些特殊情况主要有以下几种。

(1) 少数非主要设备或某些特殊材料短期内不能解决，虽然工程内容尚未全部完成，但已可以投产或使用的工程项目。

(2) 按规定的内容已建完，但因外部条件的制约(如流动资金不足、生产所需原材料不能满足等)而使已建成工程不能投入使用的项目。

(3) 有些建设项目或单项工程，已形成部分生产能力或实际上生产单位已经使用，但近期内不能按原设计规模续建，应从实际情况出发经主管部门批准后，缩小规模对已完成的工程和设备组织竣工验收，移交固定资产。

5.1.3 建设项目竣工验收的任务与内容

1. 建设项目竣工验收的任务

建设项目通过竣工验收后，由承包人移交发包人使用，并办理各种移交手续。这标志着建设项目全部结束，即建设资金转化为使用价值。建设项目竣工验收的主要任务有以下几方面。

(1) 发包人、勘察和设计单位、承包人分别对建设项目的决策和论证、勘察和设计以及施工的全过程进行最后的评价，对各自在建设项目进展过程中的经验和教训进行客观的评价，以保证建设项目按设计要求和各项技术经济指标正常使用。

(2) 办理建设项目的验收和移交手续，并办理建设项目竣工结算和竣工决算，以及建设项目的档案资料的移交和保修手续费等，总结建设经验，提高建设项目的经济效益和管理水平。

(3) 承包人通过竣工验收应采取措施将该项目的收尾工作和包括市场需求、“三废”(废水、废气、废渣)治理、交通运输等问题在内的遗留问题尽快处理好，确保建设项目尽快发挥效益。

2．建设项目竣工验收的内容

不同的建设工程项目，其竣工验收的内容也不完全相同，但一般均包括工程资料验收和工程内容验收两部分。

1) 工程资料验收

工程资料验证收包括工程技术资料、工程综合资料和工程财务资料验收 3 个方面的内容。

(1) 工程技术资料验收的内容。

① 工程地质、水文、气象、地形、地貌、建筑物、构筑物及重要设备安装位置、勘察报告与记录。

② 初步设计、技术设计或扩大初步设计、关键的技术试验、总体规划设计。

③ 土质试验报告、基础处理。

④ 建筑工程施工记录、单位工程质量检验记录、管线强度、密封性试验报告、设备及管线安装施工记录及质量检查、仪表安装施工记录。

⑤ 设备试车、验收运转、维修记录。

⑥ 产品的技术参数、性能、图样、工艺说明、工艺规程、技术总结、产品检验与包装、工艺图。

⑦ 设备的图样、说明书。

⑧ 涉外合同、谈判协议、意向书。

⑨ 各单项工程及全部管网竣工图等资料。

(2) 工程综合资料验收的内容。

① 项目建议书及批件、可行性研究报告及批件、项目评估报告、环境影响评估报告书。

② 设计任务书、土地征用申报及批准的文件。

③ 招标投标文件、承包合同。

④ 项目竣工验收报告、验收鉴定书。

(3) 工程财务资料验收的内容。

① 历年建设资金供应(拨、贷) 情况和应用情况。

② 历年批准的年度财务决算。

③ 历年年度投资计划、财务收支计划。

④ 建设成本资料。

⑤ 支付使用的财务资料。

⑥ 设计概算、预算资料。

⑦ 竣工决算资料。

2) 工程内容验收

工程内容验收包括建筑工程验收、安装工程验收。

(1) 建筑工程验收内容。建筑工程验收主要指如何运用有关资料进行审查验收，主要包括以下方面。

① 建筑物的位置、标高及轴线是否符合设计要求。

② 对基础工程中的土石方工程、垫层工程及砌筑工程等资料的审查，因为这些工程在“交工验收”时已验收。

③ 对结构工程中的砖木结构、砖混结构、内浇外砌结构及钢筋混凝土结构的审查验收。

④ 对屋面工程的木基、望板油毡、屋面瓦、保温层及防水层等的审查验收。

⑤ 对门窗工程的审查验收。

⑥ 对装修工程(抹灰、油漆等工程)的审查验收。

(2) 安装工程验收内容。安装工程验收分为建筑设备安装工程、工艺设备安装工程及动力设备安装工程验收。

① 建筑设备安装工程(民用建筑物中的上、下水管道，暖气，煤气，通风，电气照明等安装工程) 应检查设备的规格、型号、数量、质量是否符合设计要求，检查安装时的材料、材质、材种，检查试压、闭水试验、照明。

② 工艺设备安装工程包括生产、起重、传动及试验等设备的安装，以及附属管线敷设和油漆、保温等。

工艺设备安装工程主要检查设备的规格、型号、数量、质量，设备安装的位置、标高，机座尺寸、质量，单机试车，无负荷联动试车，有负荷联动试车，管道的焊接质量，洗清，吹扫，试压，试漏，油漆，保温等及各种阀门。

③ 动力设备安装工程是指对自备电厂的项目或变配电室(所) 、动力配电线路的验收。

5.1.4 建设项目竣工验收的方式与程序

1. 建设项目竣工验收的方式

为了保证建设项目竣工验收的顺利进行，验收必须遵循一定的程序，并按照建设项目总体计划的要求以及施工进展的实际情况分阶段进行。项目施工达到验收条件的验收方式可分为单位工程竣工验收、单项工程验收和全部工程验收三大类，见表 5-1。

表 5-1 不同阶段的工程验收

类 型	验收条件	验收组织
中间验收	(1) 按照施工承包合同的约定，施工完成到某一阶段后要进行中间验收。 (2) 主要的工程部位施工已完成了隐蔽前的准备工作，该工程部位将置于无法查看的状态	由监理单位组织，业主和承包商派人参加。该部位的验收资料将作为最终验收的依据
单项工程验收(交工验收)	(1) 建设项目中的某个合同工程已全部完成。 (2) 合同内约定有分部分项移交的工程已达到竣工标准，可移交给业主投入试运行	由业主组织，会同施工单位、监理单位、设计单位及使用单位等有关部门共同进行
全部工程竣工验收(动用验收)	(1) 建设项目按设计规定全部建成，达到竣工验收条件。 (2) 初验结果全部合格。 (3) 竣工验收所需资料已准备齐全	大、中型和限额以上项目由国家发展和改革委员会或由其委托项目主管部门或地方政府部门组织验收。小型和限额以下项目由项目主管部门组织验收。业主、监理单位、施工单位、设计单位和使用单位参加验收工作

1) 单位工程竣工验收

单位工程竣工验收(又称中间验收)是承包人以单位工程或某专业工程为对象，独立签订建设工程施工合同，达到竣工条件后，承包人可单独交工，发包人根据竣工验收的依据和标准，按施工合同约定的工程内容组织竣工验收。这阶段工作由监理单位组织，发包人和承包人派人参加验收工作，单位工程验收资料是最终验收的依据。

2) 单项工程竣工验收

单项工程竣工验收是在一个总体建设项目中，一个单项工程已完成设计图纸规定的工程内容，能满足生产要求或具备使用条件，承包人向监理单位提交“工程竣工报告”和“工程竣工报验单”，经鉴认后向发包人发出“交付竣工验收通知书”，说明工程完工情况、竣工验收准备情况及设备无负荷单机试车情况，具体约定单项工程竣工验收的有关工作。此阶段工作由发包人组织，会同承包人、监理单位、设计单位和使用单位等有关部门完成。

3) 全部工程的竣工验收

全部工程的竣工验收是建设项目已按设计规定全部建成、达到竣工验收条件，由发包人组织设计、施工、监理等单位和档案部门进行全部工程的竣工验收。

2．建设项目竣工验收的程序

建设项目全部建成，经过各单项工程的验收符合设计的要求，并具备竣工图表、竣工决算和工程总结等必要的文件资料，由建设项目主管部门或发包人向负责验收的单位提出竣工验收申请报告，按程序验收。工程验收报告应经项目经理和承包有关负责人审核签字。竣工验收的一般程序如下。

1) 承包人申请交工验收

承包人在完成了合同工程或按合同约定可分部移交工程的，可申请交工验收。交工验收一般为单项工程，但在某些特殊情况下也可以是单位工程的施工内容，如特殊基础处理工程、发电站单机机组完成后的移交等。承包人施工的工程达到竣工条件后，应先进行预检验，对不符合要求的部位和项目确定修补措施和标准，修补有缺陷的工程部位；对于设备安装工程，要与发包人和监理工程师共同进行无负荷的单机和联动试车。承包人在完成了上述工作和准备好竣工资料后，即可向发包人提交“工程竣工报验单”。

2) 监理工程师现场初步验收

监理工程收到“工程竣工报验单”后，应由监理工程师组成验收组，对竣工的工程项目的竣工资料和各专业工程的质量进行初验，在初验中发现的质量问题要及时书面通知承包人，令其修理甚至返工。经整改合格后，监理工程师签署“工程竣工报验单”，并向发包人提出质量评估报告，至此现场初步验收工作结束。

3) 单项工程验收

单项工程验收又称交工验收，即验收合格后发包人方可投入使用。由发包人组织的交工验收由监理单位、设计单位、承包人及工程质量监督站等参加，主要依据国家颁布的有关技术规范和施工承包合同，对以下几方面进行检查或检验。

(1) 检查、核实竣工项目准备移交给发包人的所有技术资料的完整性、准确性。

(2) 按照设计文件和合同，检查已完工程是否有漏项。

(3) 检查工程质量、隐蔽工程验收资料，关键部位的施工记录等，考查施工质量是否达到合同要求。

(4) 检查试车记录及试车中所发现的问题是否已得到改正。

(5) 在交工验收中发现需要返工、修补的工程，明确规定完成期限。

(6) 其他相关问题。

验收合格后，发包人和承包人共同签署“交工验收证书”，然后由发包人将有关技术资料和试车记录、试车报告及交工验收报告一并上报主管部门，经批准后该部分工程即可投入使用。验收合格的单项工程，在全部工程验收时，原则上不再办理验收手续。

4) 全部工程的竣工验收

全部施工过程完成后，由国家主管部门组织的竣工验收，又称为动用验收。发包人参与全部工程竣工验收分为验收准备、预验收和正式验收 3 个阶段。

(1) 验收准备。发包人、承包人和其他有关单位均应进行验收准备，验收准备的主要工作内容如下。

① 收集、整理各类技术资料并分类装订成册。

② 核实建筑安装工程的完成情况，列出已交工工程和未完工工程一览表，包括单位工程名称、工程量、预算估价以及预计完成时间等内容。

③ 提交财务决算分析。

④ 检查工程质量，查明须返工或补修的工程并提出具体的时间安排，预申报工程质量等级的评定，做好相关材料的准备工作。

⑤ 整理汇总项目档案资料，绘制工程竣工图。

⑥ 登载固定资产，编制固定资产构成分析表。

⑦ 落实生产准备各项工作，提出试车检查的情况报告，总结试车考评情况。

⑧ 编写竣工结算分析报告和竣工验收报告。

(2) 预验收。建设项目竣工验收准备工作结束后，由发包人或上级主管部门会同监理单位、设计单位、承包人及有关单位或部门组成预验收组进行预验收。预验收的主要工作包括以下内容。

① 核实竣工验收准备工作内容，确认竣工项目所有档案资料的完整性和准确性。

② 检查项目建设标准、评定质量，对竣工验收准备过程中有争议的问题和有隐患及遗留问题提出处理意见。

③ 检查财务账表是否齐全并验证数据的真实性。

④ 检查试车情况和生产准备情况。

⑤ 编写竣工预验收报告和移交生产准备情况报告，在竣工预验收报告中应说明项目的概况、对验收过程进行阐述、对工程质量做出总体评价。

(3) 正式验收。建设项目的正式竣工验收是由国家、地方政府、建设项目投资商或开发商以及有关单位领导和专家参加的最终整体验收。大、中型和限额以上的建设项目的正式验收由国家投资主管部门或其委托项目主管部门或地方政府组织验收，一般由竣工验收委员会(或验收小组) 主任(或组长) 主持，具体工作可由总监理工程师组织实施。国家重点工程的大型建设项目由国家有关部委邀请有关方面参加，组成工程验收委员会，进行验收。小型和限额以下的建设项目由项目主管部门组织，发包人、监理单位、承包人、设计单位和使用单位共同参加验收工作。

① 发包人、勘察设计单位分别汇报工程合同履约情况以及在工程建设各环节执行法

律、法规等工程建设强制性标准的情况。

② 听取承包人汇的报建设项目的施工情况、自验情况和竣工情况。

③ 听取监理单位汇报的建设项目监理内容和监理情况及对项目竣工的意见。

④ 组织竣工验收小组全体人员进行现场检查，了解项目现状、查验项目质量，及时发现存在和遗留的问题。

⑤ 审查竣工项目移交生产使用的各种档案资料。

⑥ 评审项目质量，对主要工程部位的施工质量进行复验、鉴定，对工程设计的先进性、合理性和经济性进行复验和鉴定，按设计要求和建筑安装工程施工的验收规范和质量标准进行质量评定验收。在确认工程符合竣工标准和合同条款规定后，签发竣工验收合格证书。

⑦ 审查试车规程，检查投产试车情况，核定收尾工程项目，对遗留问题提出处理意见。

⑧ 签署竣工验收鉴定书，对整个项目做出总的验收鉴定。

整个建设项目进行竣工验收后，发包人应及时办理固定资产交付使用手续。在进行竣工验收时，对验收过的单项工程可以不再办理验收手续，但应将单项工程交工验收证书作为最终验收的附件而加以说明。发包人在竣工验收过程中如发现工程不符合竣工条件，应责令承包人进行返修，并重新组织竣工验收，直到通过验收。

5.1.5 建设项目竣工验收的组织

建设项目竣工验收的组织按国家发展和改革委员会、住房和城乡建设部关于《建设项目(工程)竣工验收办法》的规定组成。大、中型和限额以上基本建设和技术改造项目(工程)，由国家发展计划部门或国家发展计划部门委托项目主管部门、地方政府部门组织验收。小型和限额以下基本建设和技术改造项目(工程)，由项目(工程)主管部门或地方政府部门组织验收。竣工验收要根据工程规模大小、复杂程度组成验收委员会或验收组。验收委员会或验收组应由银行、物资、环保、劳动、消防及其他有关部门组成。建设主管部门和发包人、接管单位、承包人、勘察设计单位及工程监理单位也应参加验收工作。某些比较重大的项目应报省、国家组成验收组织进行验收。

课题 5.2 建设项目竣工决算

5.2.1 建设项目竣工决算概述

1. 建设项目竣工决算的概念

竣工决算是以实物数量和货币指标为计量单位，综合反映竣工项目从筹建开始到项目竣工交付使用为止的全部建设费用、建设成果和财务情况的总结性文件，是竣工验收报告的重要组成部分。竣工决算是正确核定新增固定资产价值、考核分析投资效果、建立健全经济责任制的依据，是反映建设项目实际造价和投资效果的文件。

为严格落实执行基本建设项目竣工验收制度、正确核定新增固定资产价值、考核投资效果、建立健全项目法人责任制，按照国家关于基本建设项目竣工验收的规定，所有的新建、扩建、改建和恢复项目竣工后都要编制竣工决算。根据建设项目规模的大小，可分为大、中型建设项目竣工决算和小型建设项目竣工决算两大类。

施工企业为了总结经验，提高自身经营管理水平，在单位工程(或单项工程)竣工后，也要编制单位工程(或单项工程)竣工成本决算，用作预算和实际成本的核算比较，但其与竣工决算在概念和内容上有着很大的差异。

2．工程竣工结算与竣工决算的比较

建设项目竣工决算是以工程竣工结算为基础进行编制的。在整个建设项目竣工结算基础上，加上从筹建开始到工程全部竣工有关基本建设其他工程和费用支出，便构成了建设项目竣工决算的主体。它们的主要区别见表 5-2。

表 5-2　竣工结算与竣工决算的比较一览表

名　称	竣 工 结 算	竣 工 决 算
含义	竣工结算是由施工单位根据合同价格和实际发生的费用的增减变化情况进行编制，并经发包方或委托方签字确认的，能够正确反映该项工程最终实际造价，并作为向发包单位进行最终结算工程款的经济文件	建设项目竣工决算是指所有建设项目竣工后，建设单位按照国家有关规定，由建设单位报告项目建设成果和财务状况的总结性文件
特点	属于工程款结算，因此是一项经济活动	反映竣工项目从筹建开始到项目竣工交付使用为止的全部建设费用、建设成果和财务情况的总结性文件
编制单位	由施工单位编制	由建设单位编制
编制范围	单位或单项工程竣工结算	整个建设项目全部竣工决算

5.2.2　建设项目竣工决算的依据

建设项目竣工决算的编制依据主要有以下几个。

(1) 建设项目计划任务书和有关文件。

(2) 建设项目总概算书及单项工程综合概算书。

(3) 建设项目设计施工图纸，包括总平面图、建筑工程施工图、安装工程施工图以及相关资料。

(4) 设计交底或图纸会审纪要。

(5) 招投标文件、工程承包合同以及工程结算资料。

(6) 施工记录或施工签证以及其他工程中发生的费用记录，如工程索赔报告和记录、停(交)工报告等。

(7) 竣工图纸及各种竣工验收资料。

(8) 设备、材料调价文件和相关记录。

(9) 历年基本建设资料和财务决算及其批复文件。

(10) 国家和地方主管部门颁布的有关建设工程竣工决算的文件。

5.2.3　建设项目竣工决算的内容

建设项目竣工决算应包括从筹集到竣工投产全过程的全部实际费用，即包括建筑工程费，安装工程费，设备、工器具购置费用及预备费和投资方向调节税等费用。按照财政部、国家发展和改革委员会和住房和城乡建设部的有关文件规定，竣工决算由竣工财务决算说明书、竣工财务决算报表、工程竣工图和工程造价对比分析等4个部分组成的。其中，竣工财务决算说明书和竣工财务决算报表又合称为建设项目竣工财务决算，它是竣工决算的核心内容。

1．竣工报告说明书

竣工报告说明书主要包括以下内容。

(1) 建设项目概况，对工程总的评价。

(2) 资金来源及运用等财务分析。

(3) 基本建设收入、投资包干结余、竣工结余资金的上交分配情况。

(4) 各项经济技术指标的分析。

(5) 工程建设的经验、项目管理和财务管理工作以及竣工财务决算中有待解决的问题。

(6) 需要说明的其他事项。

2．竣工财务决算报表

建设项目竣工财务决算报表要根据大、中型建设项目和小型建设项目分别制定。大、中型建设项目竣工决算报表包括建设项目竣工财务决算审批表，大、中型建设项目概况表，大、中型建设项目竣工财务决算表，大、中型建设项目交付使用资产总表；小型建设项目竣工财务决算报表包括建设项目竣工财务决算审批表，竣工财务决算总表和建设项目交付使用资产明细表。

1) 建设项目竣工财务决算审批表

建设项目竣工财务决算审批表见表5-3。

表5-3　建设项目竣工财务决算审批表

<table>
<tr><td>建设项目法人(建设单位)</td><td></td><td>建设性质</td><td></td></tr>
<tr><td>建设项目名称</td><td></td><td>主管部门</td><td></td></tr>
<tr><td colspan="4">开户银行意见：
盖章
年　月　日</td></tr>
<tr><td colspan="4">专员办(审批) 审核意见：
盖章
年　月　日</td></tr>
<tr><td colspan="4">主管部门和地方财政部门审批意见：
盖章
年　月　日</td></tr>
</table>

该表作为竣工决算上报有关部门审批时使用，其格式按照中央级小型项目审批要求设计，地方级项目可按审批要求作适当修改，大、中、小型项目均要按照下列要求填报此表。

(1) 表中“建设性质”按照新建、改建、扩建、迁建和恢复建设项目等分类填列。

(2) 表中“主管部门”是指建设单位的主管部门。

(3) 所有建设项目均须经过开户银行签署意见后，按照有关要求进行报批：中央级小型项目由主管部门签署审批意见；中央级大、中型建设项目报所在地财政监察专员办事机构签署意见后，再由主管部门签署意见报财政部审批；地方级项目由同级财政部门签署审批意见。

(4) 已具备竣工验收条件的项目，3 个月内应及时填报审批表，如 3 个月内不办理竣工验收和固定资产移交手续的视同项目已正式投产，其费用不得从基本建设投资中支付，所实现的收入作为经营收入，不再作为基本建设收入管理。

2) 大、中型基本建设项目概况表

大、中型基本建设项目概况表见表 5-4。该表综合反映了大、中型建设项目的基本概况，其内容包括该项目总投资、建设起止时间、新增生产能力、主要材料消耗、建设成本、完成主要工程量和主要技术经济指标及基本建设支出情况，能够为全面考核和分析投资效果提供依据，可按下列要求填写。

表 5-4　大、中型基本建设项目概况表

<table>
<tr><td>建设项目(单项工程) 名称</td><td colspan="2"></td><td>建设地址</td><td colspan="2"></td><td rowspan="8">基建支出</td><td>项目</td><td>概算</td><td>实际</td><td>备注</td></tr>
<tr><td>主要设计单位</td><td colspan="2"></td><td>主要的施工企业</td><td colspan="2"></td><td>建筑安装工程</td><td></td><td></td><td></td></tr>
<tr><td rowspan="2">占地面积</td><td>计划</td><td>实际</td><td rowspan="2">总投资/万元</td><td>设计</td><td>实际</td><td>设备、工具、器具</td><td></td><td></td><td></td></tr>
<tr><td></td><td></td><td></td><td></td><td>其中：建设单位管理费</td><td></td><td></td><td></td></tr>
<tr><td rowspan="2">新增生产能力</td><td colspan="3">能力(效益) 名称</td><td>设计</td><td>实际</td><td>其他投资</td><td></td><td></td><td></td></tr>
<tr><td colspan="3"></td><td></td><td></td><td>待核销基建支出</td><td></td><td></td><td></td></tr>
<tr><td>建设起止时间</td><td>设计</td><td colspan="4">从　年　月开工至　年　月竣工</td><td rowspan="2">合计</td><td rowspan="2"></td><td rowspan="2"></td><td rowspan="2"></td></tr>
<tr><td>建设起止时间</td><td>实际</td><td colspan="4">从　年　月开工至　年　月竣工</td></tr>
<tr><td>初步设计和概算批准日期、文号</td><td colspan="10"></td></tr>
<tr><td rowspan="3">完成主要工程量</td><td colspan="5">建筑面积/m²</td><td colspan="5">设备/(台、套、吨)</td></tr>
<tr><td colspan="2">设计</td><td colspan="3">实际</td><td colspan="2">设计</td><td colspan="3">实际</td></tr>
<tr><td colspan="2"></td><td colspan="3"></td><td colspan="2"></td><td colspan="3"></td></tr>
<tr><td rowspan="2">收尾工程</td><td colspan="2">工程内容</td><td colspan="3">拟完成投资额</td><td colspan="2">尚需投资额</td><td colspan="3">完成投资额</td></tr>
<tr><td colspan="2"></td><td colspan="3"></td><td colspan="2"></td><td colspan="3"></td></tr>
</table>

(1) 建设项目名称、建设地址、主要设计单位和主要施工单位要按全称填列。

(2) 表中各项目的设计、概算和计划等指标应根据批准的设计文件和概算、计划等确定的数字填列。

(3) 表中所列新增生产能力、完成主要工程量、主要材料消耗的实际数据应根据建设单位统计资料和施工单位提供的有关成本核算资料填列。

(4) 表中基建支出是指建设项目从开工起至竣工为止发生的全部基本建设支出，包括形成资产价值的交付使用资产，如固定资产、流动资产、无形资产和其他资产支出，还包括不形成资产价值、按照规定应核销的非经营项目的待核销基建支出和转出投资。上述支出应根据财政部门历年批准的“基建投资表”中的有关数据填列。

(5) 表中“初步设计和概算批准日期、文号”按最后经批准的日期和文件号填列。

(6) 表中收尾工程是指全部工程项目验收后尚遗留的少量收尾工程，在表中应明确填写收尾工程内容、完成时间，这部分工程的实际成本可根据实际情况进行估算并加以说明，完工后不再编制竣工决算。

3) 大、中型建设项目竣工财务决算表

大、中型建设项目竣工财务决算表见表5-5。

大、中型建设项目竣工财务决算表是用来反映竣工的大、中型建设项目从开工起到竣工为止全部资金来源和资金运用的情况的，它是考核和分析投资效果、落实结余资金、并作为报告上级核销基本建设支出和基本建设拨款的依据。此表采用平衡表形式，即资金来源合计等于资金支出合计，其具体编制方法如下。

表5-5 大、中型建设项目竣工财务决算表 单位：元

资金来源	金额	资金占用	金额
一、基建拨款		一、基本建设支出	
1.预算拨款		1.交付使用资产	
2.基建基金拨款		2.在建工程	
其中：国债专项资金 拨款		3.待核销基建支出	
3.专项建设基金拨款		4.非经营项目转出投资	
4.进口设备转账拨款		二、应收生产单位投资	
5.器材转账拨款		三、拨付所属投资借款	
6.煤代油专用基金拨款		四、器材	
7.自筹资金拨款		其中：待处理器材损失	
8.其他拨款		五、货币资金	
二、项目资本		六、预付及应收款	
1.国家资本		七、有价证券	
2.法人资本		八、固定资产	
3.个体资本		减：累计折旧	
4.外商资本		固定资产净值	
三、项目资本公积		固定资产清理	
四、基建借款		待处理固定资产损失	
其中：国债转贷			
五、上级拨入投资借款			
六、企业债券资金			
七、待冲基建资金			
八、应付款			
九、未交款			
1.未交税金			
2.其他未交款			
十、上级拨入资金			
十一、留成收入			
合计		合计	

注：补充资料为基建投资借款期末余额。

应收生产单位投资借款期末数基建结余资金如下。

(1) 资金来源包括基建拨款、项目资本金、项目资本公积金、基建借款、上级拨入投资借款、企业债券资金、待冲基建支出、应付款和未交款以及上级拨入资金和企业留成收入等。

① 项目资本金是指经营性项目投资者按国家有关项目资本金的规定筹集并投入项目

的非负债资金，在项目竣工后，其相应转为生产经营企业的国家资本金、法人资本金、个人资本金和外商资本金。

② 项目资本公积金是指经营性项目对投资者实际缴付的出资额超过其资金的差额(包括发行股票的溢价净收入)，资产评估确认价值或者合同、协议约定价值与原账面净值的差额，接收捐赠的财产、资本汇率折算差额，在项目建设期间作为资本公积金，在项目建成交付使用并办理竣工决算后，转为生产经营企业的资本公积金。

③ 基建收入是基建过程中形成的各项工程建设副产品变价净收入、负荷试车的试运行收入以及其他收入。在表中，基建收入以实际销售收入扣除销售过程中所发生的费用和税后的实际纯收入填写。

(2) 表中“交付使用资产”、“预算拨款”、“自筹资金拨款”、“其他拨款”、“项目资本”、“基建投资借款”及“其他借款等项目”，是指自开工建设起至竣工为止的累计数，上述有关指标应根据历年批复的年度基本建设财务决算和竣工年度的基本建设财务决算中资金平衡表相应项目的数字进行汇总填写。

(3) 表中其余项目费用办理竣工验收时的结余数应根据竣工年度财务决算中资金平衡表的有关项目期末数填写。

(4) 资金支出反映建设项目从开工准备到竣工全过程资金支出的情况，其内容包括基建支出、应收生产单位投资借款、库存器材、货币资金、有价证券和预付及应收款以及拨付所属投资借款和库存固定资产等，资金支出总额应等于资金来源总额。

(5) 补充材料的“基建投资借款期末余额”反映竣工时尚未偿还的基本投资借款额，应根据竣工年度资金平衡表内的“基建投资借款”项目期末数填写；“应收生产单位投资借款期末数”应根据竣工年度资金平衡表内的“应收生产单位投资借款”项目的期末数填写；“基建结余资金”反映竣工的结余资金，应根据竣工决算表中有关项目计算填写。

(6) 基建结余资金可以按下列公式计算。

基建结余资金=基建拨款+项目资本+项目资本公积金+基建投资借款+企业债券基金
+待冲基建支出−基本建设支出−应收生产单位投资借款

4) 大中型建设项目交付使用资产总表

大、中型建设项目交付使用资产表见表 5-6。

表 5-6 大、中型建设项目交付使用资产总表 单位：元

序号	单项工程	总计	固定资产				流动资产	无形资产	递延资产
			建安工程	设备	其他	合计			

交付单位： 负责人： 接收单位： 负责人：
盖 章 年 月 日 盖 章 年 月 日

该表反映建设项目建成后新增固定资产、流动资产、无形资产和递延资产价值的情况和价值，作为财产交接、检查投资计划完成情况和分析投资效果的依据。小型项目不编制“交付使用资产总表”，直接编制“交付使用资产明细表”；大、中型项目在编制“交付使用资产总表”的同时，还需编制“交付使用资产明细表”。大、中型建设项目交付使用资产总表具体编制方法如下。

(1) 表中各栏目数据根据“交付使用明细表”的固定资产、流动资产、无形资产和递延资产各相应项目的汇总数分别填写，表中总计栏的总计数应与竣工财务决算表中的交付

使用资产的金额一致。

(2) 表中第7、8、9、10栏的合计数，应分别与竣工财务决算表交付使用的固定资产、流动资产、无形资产及其他资产的数据相符。

5) 建设项目交付使用资产明细表

建设项目交付使用资产明细表见表5-7.

表5-7 建设项目交付使用资产明细表

单项工程项目名称	建筑工程			设备、工具、器具、家具						流动资产		无形资产		递延资产	
	结构	面积/m²	价值/元	名称	规格型号	单位	数量	价值/元	设备安装费/元	名称	价值/元	名称	价值/元	名称	价值/元

交付单位：　　　　　　　　　　　　　　　　接收单位：

盖 章　　　年　　月　　日　　　　　　　　盖 章　　　年　　月　　日

该表反映了交付使用的固定资产、流动资产、无形资产和递延资产及其价值的明细情况，是办理资产交接的依据和接收单位登记资产账目的依据，是使用单位建立资产明细账和登记新增资产价值的依据。大、中型和小型建设项目均需编制此表。编制此表时，要做到齐全完整、数字准确，各栏目价值应与会计账目中相应科目的数据保持一致。建设项目交付使用资产明细表具体编制方法如下。

(1) 表中“建筑工程”项目应按单项工程名称填列其结构、面积和价值。其中，“结构”指项目按钢结构、钢筋混凝土结构和混合结构等结构形式填写，面积则按各项目实际完成面积填列，价值按交付使用资产的实际价值填写。

(2) 表中“固定资产”部分要在逐项盘点后，根据盘点实际情况填写，工具、器具和家具等低值易耗品可分类填写。

(3) 表中“流动资产”、“无形资产”和“递延资产”项目应根据建设单位实际交付的名称和价值分别填列。

6) 小型建设项目竣工财务决算总表

小型建设项目竣工财务决算总表见表5-8。由于小型建设项目内容比较简单，因此可将工程概况与财务情况合并编制一张“竣工财务决算总表”。该表主要反映小型建设项目的全部工程和财务情况。此表在具体编制时可参照大、中型建设项目概况表指标和大、中型建设项目竣工财务决算表指标口径填写。

表5-8 小型建设项目竣工财务决算总表

<table>
<tr><td>建设项目名称</td><td colspan="3"></td><td colspan="2">建设地址</td><td colspan="2"></td><td colspan="2">资金来源</td><td colspan="2">资金运用</td></tr>
<tr><td>初步设计概算批准文件号</td><td colspan="7"></td><td>项目</td><td>金额/元</td><td>项目</td><td>金额/元</td></tr>
<tr><td rowspan="4">占地面积</td><td rowspan="2">计划</td><td rowspan="2">实际</td><td rowspan="4">总投资/万元</td><td colspan="2" rowspan="2">设计</td><td colspan="2" rowspan="2">实际</td><td rowspan="2">一、基建拨款
其中:预算拨款</td><td rowspan="2"></td><td>一、交付使用资产</td><td></td></tr>
<tr><td>二、待核销基建支出</td><td></td></tr>
<tr><td rowspan="2"></td><td rowspan="2"></td><td rowspan="2">固定资产</td><td rowspan="2">流动资产</td><td rowspan="2">固定资产</td><td rowspan="2">流动资产</td><td>二、项目资本</td><td></td><td rowspan="2">三、非经营项目转出投资</td><td rowspan="2"></td></tr>
<tr><td>三、项目资本公积</td><td></td></tr>
</table>

续表

<table>
<tr><td rowspan="2">新增生产能力</td><td>能力(效益)名称</td><td>设计</td><td>实际</td><td>四、基建借贷</td><td></td><td rowspan="2">四、应收生产单位投资借款</td><td rowspan="2"></td></tr>
<tr><td></td><td></td><td></td><td>五、上级拨入借款</td><td></td></tr>
<tr><td>建设起止时间</td><td>设计</td><td colspan="2">从 年 月开工
至 年 月竣工</td><td>六、待冲基建支出</td><td></td><td>五、拨付所属投资借款</td><td></td></tr>
<tr><td>建设起止时间</td><td>实际</td><td colspan="2">从 年 月开工
至 年 月竣工</td><td>七、企业债券资金</td><td></td><td>六、器材</td><td></td></tr>
<tr><td rowspan="8">基建支出</td><td>项目</td><td>概算</td><td>实际</td><td>八、应付款</td><td></td><td>七、货币资金</td><td></td></tr>
<tr><td>建筑安装工程</td><td></td><td></td><td rowspan="3">九、未交款
其中：未交基建收入
未交包干结余</td><td rowspan="3"></td><td>八、预付及应收款</td><td></td></tr>
<tr><td>设备、工具、器具</td><td></td><td></td><td>九、有价证券</td><td></td></tr>
<tr><td rowspan="2">待摊投资
其中：建设单位管理费</td><td rowspan="2"></td><td rowspan="2"></td><td>十、原有固定资产</td><td></td></tr>
<tr><td>十、上级拨入资金</td><td></td><td></td><td></td></tr>
<tr><td>其他投资</td><td></td><td></td><td>十一、留成收入</td><td></td><td></td><td></td></tr>
<tr><td>待摊销基建支出</td><td></td><td></td><td rowspan="2"></td><td rowspan="2"></td><td rowspan="2"></td><td rowspan="2"></td></tr>
<tr><td>非经营性项目转出投资</td><td></td><td></td></tr>
<tr><td>合计</td><td></td><td></td><td>合计</td><td></td><td>合计</td><td></td></tr>
</table>

3．建设工程竣工图

建设工程竣工图是真实地记录各种地上、地下建筑物和构筑物等情况的技术文件，是工程进行交工验收、维护改建和扩建的依据，是国家的重要技术档案，其具体要求如下。

(1) 凡按图样竣工没有变动的，由施工单位在原施工图上加盖“竣工图”标志后，即作为竣工图。

(2) 凡在施工过程中，虽有一般性设计变更，但能将原施工图加以修改补充作为竣工图的，可不重新绘制，由施工单位负责在原施工图(必须是新蓝图) 上注明修改的部分，并附以设计变更通知单和施工说明，加盖“竣工图”标志后，作为竣工图。

(3) 凡结构形式改变、施工工艺改变、平面布置改变、项目改变以及有其他重大改变，不宜再在原施工图上修改、补充的，应重新绘制改变后的竣工图。施工单位负责在新图上加盖“竣工图”标志，并附有关记录和说明，作为竣工图。

(4) 为了满足竣工验收和竣工决算需要，还应绘制反映竣工工程全部内容的工程设计平面示意图。

4．工程造价比较分析

批准的概算是考核建设工程造价的依据。在分析时，可先对比整个项目的总概算，然后将建筑安装工程费，设备、工器具费和其他工程费用逐一与竣工决算表中所提供的实际数据和相关资料及批准的概算、预算指标、实际的工程造价进行对比分析，以确定竣工项目总造价是节约还是超支，并在对比的基础上，总结先进经验，找出节约和超支的内容和原因，提出改进措施。在实际工作中，应主要分析以下内容。

(1) 主要实物工程量。对于实物工程量出入比较大的情况，必须查明原因。

(2) 主要材料消耗量。考核主要材料消耗量，要按照竣工决算表中所列明的三大材料实际超概算的消耗量，查明是在工程的哪个环节超出量最大，再进一步查明超耗的原因。

(3) 考核建设单位管理费、措施费和间接费的取费标准。建设单位管理费、措施费和间接费的取费标准要按照国家和各地的有关规定，把竣工决算报表中所列的建设单位管理费与概预算所列的建设单位管理费数额进行比较，依据规定查明是否存在多列或少列的费用项目，确定其节约(或超支)的数额，并查明原因。

5.2.4 建设项目竣工决算的编制

1．竣工决算的编制依据

(1) 经批准的可行性研究报告、投资估算书、初步设计或扩大初步设计、修正总概算及其批复文件。

(2) 经批准的施工图设计及其施工图预算书。

(3) 设计交底或图样会审会议纪要。

(4) 设计变更记录、施工记录或施工签证单及其他施工发生的费用记录。

(5) 经批准的施工图预算或标底造价、承包合同和工程结算等有关资料。

(6) 历年基建计划、历年财务决算及批复文件。

(7) 设备、材料调价文件和调价记录。

(8) 有关财务核算制度、办法和其他有关资料。

2．竣工决算的编制要求

为了严格执行建设项目竣工验收制度，正确核定新增固定资产价值，考核分析投资效果，建立、健全经济责任制，所有新建、扩建和改建等建设项目竣工后，都应及时、完整、正确地编制好竣工决算。

(1) 按照有关规定组织竣工验收，保证竣工决算的及时性。及时组织竣工验收是对建设工程的全面考核。所有的建设项目(或单项工程)按照批准的设计文件所规定的内容建成后，具备投产和使用条件的，都要及时组织验收。对于竣工验收中发现的问题，应及时查明原因，采取措施加以解决，以保证建设项目按时交付使用和及时编制竣工决算。

(2) 积累、整理竣工项目资料，保证竣工决算的完整性。积累、整理竣工项目资料是编制竣工决算的基础工作，它关系到竣工决算的完整性和质量的好坏。因此，在建筑工程造价管理中，建设单位必须随时收集项目建设的各种资料，并在竣工验收前对各种资料进行系统整理、分类立卷，为编制竣工决算提供完整的数据资料，为投产后加强固定资产管理提供依据，在工程竣工时，建设单位应将各种基础资料与竣工决算一起移交给生产单位或使用单位。

(3) 清理、核对各项账目，保证竣工决算的正确性。工程竣工后，建设单位要认真核实各项交付使用资产的建设成本；做好各项账务、物资以及债权的清理结余工作，应偿还的及时偿还，该收回的应及时收回，对各种结余的材料、设备、施工机械工具等，要逐项清点核实，妥善保管，按照国家有关规定进行处理，不得任意侵占；对竣工后的结余资金，要按规定上交财政部门或上级主管部门。做完上述工作后，在核实各项数字的基础上，正确编制从年初起到竣工月份为止的竣工年度财务决算，以便根据历年的财务决算和竣工年度财务决算进行整理汇总，编制建设项目决算。

按照规定，竣工决算应在竣工项目办理验收交付手续后 1 个月内编好，并上报主管部门，有关财务成本部分还应送银行审查签证。主管部门和财政部门对报送的竣工决算进行审批后，建设单位即可办理决算调整和结束有关工作。

3．竣工决算的编制步骤

(1) 收集、整理和分析有关依据资料。在编制竣工决算文件之前，应系统整理所有的技术资料、工料结算的经济文件、施工图样和各种变更与签证资料，并分析它们的准确性。完整、齐全的资料是准确而迅速编制竣工决算的必要条件。

(2) 清理各项财务、债务和结余物资。在收集、整理和分析有关资料的过程中，要特别注意建设工程从筹建到竣工投产或使用的全部费用的各项账务、注意债权和债务的清理，做到工程完毕账目清晰，既要核对账目，又要查点库存实物的数量，做到账与物相等，账与账相符，对结余的各种材料、工器具和设备要逐项清点核实，妥善管理，并按规定及时处理，收回资金。对各种往来款项要及时进行全面清理，为编制竣工决算提供准确的数据和结果。

(3) 对照、核实工程变动情况。将竣工资料与原设计图样进行查对、核实，必要时可进行实地测量，确认实际变更情况，根据经审定的施工单位竣工结算等原始资料，按照有关规定对原概(预) 算进行增减调整，重新核定工程造价。

(4) 编制建设工程竣工决算说明书。按照建设工程竣工决算说明的内容要求，根据编制依据材料填写在报表中的结果，编写文字说明。

(5) 填写竣工决算报表。按照建设工程决算表格中的内容，根据编制依据中的有关资料进行统计或计算各个项目和数量，并将其结果填到相应表格的栏目内，完成所有报表的填写，这是编制工程竣工决算的主要工作。

(6) 进行工程造价对比分析。

(7) 清理、装订好竣工图。

(8) 上报主管部门审查。按照国家规定上报审批、存档。

上述编写的文字说明和填写的表格经核对无误后，装订成册，即为建设工程竣工决算文件。将其上报主管部门审查，并把其中财务成本部分送交开户银行签证。竣工决算在上报主管部门的同时，抄送有关设计单位。大、中型建设项目的竣工决算还应抄送财政部，建设银行总行和省、市、自治区的财政局和建设银行分行各一份。建设工程竣工决算的文件，由建设单位负责组织人员编写，在建设项目竣工办理验收使用 1 个月之内完成。

课题 5.3　建设工程质量保证(保修)金的处理

5.3.1　保修与保修费用

1．保修的概念

保修是指建设工程办理完交工验收手续后，在规定的保修期限内(按合同有关保修期的规定)，因勘察设计、施工、材料等原因造成的质量缺陷，应由责任单位负责维修。

建设项目保修是项目竣工验收交付使用后，在一定期限内由施工单位对建设单位或用户进行回访，对于工程发生的确实是由于施工单位责任造成的建筑物使用功能不良或无法使用的问题，由施工单位负责修理，直到达到正常使用的标准。保修回访制度属于建筑工程竣工后的管理范畴。

由于建设产品在竣工验收后仍可能存在质量缺陷和隐患，在使用过程中才能逐步暴露出来，如屋面漏雨、墙体渗水、建筑物基础超过规定的不均匀沉降、采暖系统供热不佳、设备及安装工程达不到国家或行业现行的技术标准等，需要在使用过程中检查、观测和维修。为了使建设项目达到最佳状态，确保工程质量，降低生产或使用费用，发挥最大的投资效益，业主应督促设计单位、施工单位、设备材料供应单位认真做好保修工作，并加强保修期间的造价控制。

根据国务院颁布的《建设工程质量管理条例》的规定，建设工程承包单位在向建设单位提交工程竣工验收报告时，应向建设单位出具质量保修书，质量保修书中应明确建设工程的保修范围、保修期限和保修责任等。

建设工程质量保修制度是国家所确定的重要法律制度，对于促进承包方加强质量管理、保护用户及消费者的合法权益起着重要的作用。

2．保修的范围和最低保修期限

1) 保修的范围

建筑工程的保修范围应包括地基基础工程、主体结构工程、屋面防水工程和其他土建工程，以及电气管线、上下水管线的安装工程，供热、供冷系统工程等项目。

2) 保修的期限

保修的期限应当按照保证建筑物合理寿命内正常使用，维护使用者合法权益的原则确定。具体的保修范围和最低保修期限，按照国务院《建设工程质量管理条例》第四十条规定执行。

(1) 基础设施工程、房屋建筑的地基基础工程和主体结构工程，为设计文件规定的该工程的合理使用年限。

(2) 屋面防水工程、有防水要求的卫生间、房间和外墙面的防渗漏期为5年。

(3) 供热与供冷系统为2个采暖期和供冷期。

(4) 电气管线、给排水管道、设备安装和装修工程为2年。

(5) 其他项目的保修范围和保修期限由承发包双方在合同中规定。建设工程的保修期自竣工验收合格之日算起。

建设工程在保修期内发生质量问题的，承包人应当履行保修义务，并对造成的损失承担赔偿责任。凡是由于用户使用不当而造成的建筑功能不良或损坏，不属于保修范围；凡属工业产品项目发生问题，也不属保修范围。以上两种情况应由建设单位自行组织修理。

3．保修费用

保修费用是指对保修期间和保修范围内所发生的维修、返工等各项费用的支出。保修费用应按合同和有关规定合理确定和控制。保修费用一般可参照建筑安装工程造价的确定程序和方法计算，也可以按照建筑安装工程造价或承包工程合同价的一定比例(目前取5%)计算。

5.3.2 保修与保修费用的处理

根据《中华人民共和国建筑法》的规定，在保修费用的处理问题上，必须根据修理项目的性质、内容以及检查修理等多种因素的实际情况区别保修责任的承担问题。对于保修的经济责任的确定，应当由有关责任方承担，由建设单位和施工单位共同商定经济处理办法。

(1) 因承包单位未按国家有关规范、标准和设计要求施工而造成的质量缺陷，由承包单位负责返修并承担经济责任。

(2) 由于设计方面的原因造成的质量缺陷，由设计单位承担经济责任，可由施工单位负责维修，其费用按有关规定通过建设单位向设计单位索赔，不足部分由建设单位负责协同有关各方解决。

(3) 因建筑材料、建筑构配件和设备质量不合格引起的质量缺陷，属于承包单位采购的或经其验收同意的，由承包单位承担经济责任；属于建设单位采购的，由建设单位承担经济责任。

(4) 因使用单位使用不当造成的损坏问题，由使用单位自行负责。

(5) 因地震、洪水、台风等不可抗力造成的损坏问题，施工单位、设计单位不承担经济责任，由建设单位负责处理。

(6) 根据《中华人民共和国建筑法》第七十五条的规定，建筑施工企业违反该法规定，不履行保修义务的，责令改正，可以处以罚款。若在保修期期间发现屋顶、墙面渗漏、开裂等质量缺陷，有关责任企业应当依据实际损失给予实物或价值补偿。若质量缺陷是因勘察设计原因、监理原因或者建筑材料、建筑构配件和设备等原因造成的，根据民法规定，施工企业可以在保修和赔偿损失之后向有关责任者追偿。因建设工程质量不合格而造成损害的，受损害人有权向责任者要求赔偿。因建设单位或者勘察设计的原因、施工的原因、监理的原因产生的建设质量问题造成他人损失的，以上单位应当承担相应的赔偿责任。受损害人可以向任何一方要求赔偿，也可以向以上各方提出共同赔偿要求。有关各方之间在赔偿后，可以在查明原因后向真正责任人追偿。

(7) 涉外工程的保修问题，除参照上述办法处理外，还应依照原合同条款的有关规定执行。

课题 5.4 工程竣工阶段造价控制案例分析

5.4.1 案例 1

某建设单位编制某工业生产项目的竣工决算。

该建设工程包括甲、乙两个主要生产车间和 A、B、C、D 共 4 个辅助生产车间，以及部分附属办公、生活建筑工程。在该建设项目的建设期内，以各单项工程为单位进行核算。

各单项工程竣工决算数据见表 5-9。

建设工程其他费用支出包括以下内容。

(1) 支付土地使用权出让金650万元。

(2) 支付土地征用费和拆迁补偿费600万元。

(3) 建设单位管理经费560万元，其中400万元可以构成固定资产。

(4) 勘察设计费280万元。

(5) 商标权费40万元、专利权费70万元。

(6) 职工提前进厂费20万元、生产职工培训费55万元、生产线联合试运转费30万元，同时出售试生产期间生产的产品，获得收入4万元。

(7) 建设项目剩余钢材价值20万元，木材价值15万元。

表5-9 建设工程竣工决算统计表 单位：万元

项目名称	建筑工程投资	安装工程投资	需要安装设备	不需要安装设备	生产器具
甲生产车间	1500	450	1600	300	100
乙生产车间	1000	300	1200	210	80
辅助生产车间	1500	200	800	120	50
其他建筑物	500	50		20	
小计	4500	1000	3600	650	230

【问题】

(1) 什么是建设项目的竣工决算？建设项目的竣工决算由哪些内容构成？

(2) 建设项目的竣工决算由谁来编制？编制依据包括哪些内容？

(3) 建设项目的新增资产分别有哪些内容？确定甲生产车间的新增固定资产的价值。

(4) 确定该建设工程的无形资产、流动资产和其他资产的价值。

【案例分析】

上面的案例是在考核建设项目竣工决算的有关内容，对建设新增资产的确认及新增资产价值的核算。

(1)、(2)建设项目的竣工决算、竣工决算的组成内容、编制单位、编制依据等知识点，已经在正文中进行了详细的介绍(可参考作答)。

(3) 建设项目的新增资产按其性质可分为固定资产、无形资产、流动资产和其他资产。

① 新增固定资产价值主要包括已经投入生产或者交付使用的建筑安装工程价值，达到固定资产使用标准的设备、工具及器具的购置费用，预备费，增加固定资产价值的其他费用，新增固定资产建设期间的融资费用。

同时还要注意应由固定资产价值分摊的费用：新增固定资产的其他费用，属于两个以上单项工程的，在计算新增固定资产价值时，应在各单项工程中按比例分摊。一般情况下，建设单位管理费按建筑工程、安装工程、需要安装设备价值占价值总额的一定比例分摊，而土地征用费、勘察设计费等费用则按建筑工程造价分摊。

② 新增无形资产主要包括专利权、非专利技术、商标权、土地使用权出让金等。

③ 新增流动资产价值是指未达到固定资产使用状态的工具，器具，货币资金，库存材料等项目。

④ 新增其他资产价值是指建设单位管理费中未计入固定资产的费用、职工提前进厂费和劳动培训费等费用支出。

(4) 该建设工程的无形资产、流动资产和其他资产的价值计算如下。

① 确定甲车间新增固定资产价值。

分摊建设单位管理费：2400×[(1500+450+1600)/(4500+1000+3600)]=156(万元)。

分摊土地征用、土地补偿及勘察设计费：(600+280+30−4)×(1500/4500)=302(万元)。

甲车间新增固定资产价值：(1500+450+1600+300)+156+302=4308(万元)。

② 新增无形资产价值：650+40+70=760(万元)。

③ 新增流动资产价值：230+20+15=265(万元)。

④ 新增其他资产价值：160+20+55=235(万元)

5.4.2 案例 2

远方公司与某省第一建筑公司签订了一项建设合同。该项目为生产用厂房以及部分职工宿舍、食堂等。施工范围包括土建工程和水、电、通风等安装工程。合同总价款为 5300 万元，建设期为 2 年。按照合同约定，建设单位向施工单位支付备料款和进度款，并进行工程结算。第一年已经完成 2500 万元，第二年应完成 2800 万元。

合同规定如下。

(1) 业主应向承包商支付当年合同价款 25%的工程预付款。

(2) 施工单位应按照合同要求完成建设项目，并收集保管重要资料，工程交付使用后作为建设单位编制竣工决算的依据。

(3) 除设计变更和其他不可抗力因素外，合同价款不做调整。

(4) 施工过程中，施工单位根据施工要求购置合格的设备、工器具以及建筑材料。

(5) 双方按照国务院颁布的 279 号令《建设工程质量管理条件》第 40 条规定确定建设项目的保修期限。

项目经过两年建设按期完成，办理相应竣工结算手续后，交付远方公司。建设项目中两个生产用厂房、职工宿舍、食堂发生的费用见表 5-10。

表 5-10 项目费用表　　单位：万元

项目名称	建筑工程	安装工程	机械工程	生产工具
生产厂房	1900	300	320	40
职工宿舍	1100	180		20
职工食堂	900	150	120	30
合计	3900	630	440	90

其中，生产工具未达到固定资产预计可使用状态，另外建设单位支付土地征用补偿费用 450 万元，购买一项专利权 300 万元，商标权 25 万元。

【问题】

(1) 建设单位第二年应向施工单位支付的工程预付款金额是多少？

(2) 如果施工单位在施工过程中经工程师批准进行了工程变更，该项变更为一般性设计变更，与原施工图相比变动较小。建设单位编制竣工决算时，应如何处理竣工平面示意图？

(3) 建设单位编制竣工决算时，施工单位应该向其提供哪些资料？

(4) 如果该建设项目为小型建设项目，竣工财务决算报表中应该包括哪些内容？

(5) 建设项目的新增资产分别有哪些内容？

(6) 生产厂房的新增固定资产价值应该是多少？

(7) 建设项目的无形资产价值是多少？

(8) 如果该项目在正常使用一年半后出现排水管道排水不畅等故障，建设单位应该如何处理？

(9) 该项目所在地为沿海城市，在一次龙卷风袭击后发生厂房部分毁损，发生维修费用 40 万元，建设单位应该如何处理？

【案例分析】

(1) 第二年向施工单位支付工程预付款：2800×25%=700(万元)。

(2) 按照有关规定，在施工过程中，虽有一般的设计变更，但能将原施工图加以修改补充作为竣工图的，由施工单位负责在原施工图上注明修改的部分，并附以设计变更通知和施工说明，加盖“竣工图”标志后，作为竣工图。

(3) 施工单位向建设单位提交的资料包括所有的技术资料、工料结算的经济资料、施工图纸、施工记录和各种变更与签证资料等。

(4) 小型建设项目竣工财务决算报表的内容包括工程项目竣工财务决算审批表、小型项目竣工财务决算总表和工程项目交付使用资产明细表。

(5) 建设项目的新增资产包括新增固定资产和新增无形资产。

(6) 生产厂房新增固定资产的价值包括以下部分。

分摊土地补偿费：450×(1900/3900)=219(万元)。

生产厂房的新增固定资产价值：1900+300+320+219=2739(万元)。

(7) 新增无形资产价值：450+300=750(万元)。

(8) 该故障发生于建设工程的最低保修期的期限内，建设单位应该组织施工单位进行修理并查明故障出现的原因，由责任人支付保修费用。

(9) 由于不可抗力造成的质量问题和损失所发生的维修、处理费用，应由建设单位自行承担经济责任。

单元小结

建设项目竣工决算是建设项目竣工交付使用的最后一个环节，因此也是建设项目建设过程中进行工程造价控制的最后一个环节。工程竣工决算是建设项目经济效益的全面反映，是建设单位掌握建设项目实际造价的重要文件。因此，工程竣工决算应包括竣工财务决算说明书、竣工财务决算报表、竣工工程平面示意图、工程造价比较分析 4 个部分的内容。其中，竣工财务决算说明书和竣工财务决算报表是竣工决算的核心部分。编制竣工财务决算报表应该分别按照大、中型项目和小型项目的编制要求进行编写。在编制建设项目竣工决算时，应该按照编制依据、根据编制步骤进行编写，以保证竣工决算的完整性和准确性。

建设项目竣工交付使用后，施工单位还应定期对建设单位和建设项目的使用者进行回访，如果建设项目出现质量问题应及时进行维修和处理。建设项目保修的期限应当按照保证建筑物在合理寿命内正常使用和维护消费者合法权益的原则确定。建设项目保修费用一般按照“谁的责任由谁负责”的原则处理。

本单元的教学目标是了解竣工验收的概念，熟悉竣工验收的内容、任务及程序；了解竣工决算的概念，熟悉竣工决算的内容与编制；了解建设项目的最低保修期限，熟悉建设项目保修费用的处理原则。

习　题

一、单项选择题

1．建设项目竣工结算是指(　　)。

A．建设单位与施工单位的最后决算

B．建设项目竣工验收时建设单位和承包商的结算

C．建设单位从建设项目开始到竣工交付使用为止发生的全部建设支出

D．业主与承包商签订的建筑安装合同终结的凭证

2．在建设项目交付使用资产总表中，融资费用应列入(　　)。

A．固定资产　　B．无形资产　　C．流动资产　　D．其他资产

3．建设项目竣工决算是建设工程经济效益的全面反映，是(　　)核定各类新增资产价值、办理交付使用的依据。

A．建设项目主管单位　　B．施工单位

C．项目法人　　D．国有资产管理部门

4．(　　)是施工单位将所承包的工程按照合同规定全部完工交付时，向建设单位进行最终工程价款结算的凭证。

A．建设单位编制的竣工决算　　B．建设单位编制的竣工结算

C．施工单位编制的竣工决算　　D．施工单位编制的竣工结算

5．建设项目竣工决算是建设工程从筹建到竣工交付使用全过程中所发生的所有(　　)。

A．计划支出　　B．实际支出　　C．收入金额　　D．费用金额

6．在建设项目竣工决算中，作为无形资产入账的是(　　)。

A．项目建设期间的融资费用

B．为了取得土地使用权缴纳的土地使用权出让金

C．企业通过政府无偿划拨土地使用权

D．企业的开办费和职工培训费

7．建设项目竣工财务决算说明书和(　　)是竣工决算的核心部分。

A．竣工工程平面示意图

B．建设项目主要技术经济指标分析

C. 竣工财务决算报表

D. 工程造价比较分析

8. 以下不属于竣工决算编制步骤的是(　　)。

A. 收集原始资料　　B. 填写设计变更单

C. 编制竣工决算报表　　D. 做好工程造价对比分析

9. 根据《建设工程质量管理条件》的有关规定，电气管线、给排水管道、设备安装和装修工程的保修期为(　　)。

A. 建设工程的合理使用年限　　B. 2 年

C. 5 年　　D. 按双方协商的年限

10. 某地因发生地震，对建设项目造成了损失，所发生的维修费用根据保修费用的处理原则规定，应由(　　)支付。

A. 设计单位　　B. 施工单位

C. 建设单位　　D. 政府主管建设的部门

二、多项选择题

1. 竣工决算是建设工程经济效益的全面反映，具体包括(　　)。

A. 竣工财务决算报表　　B. 工程造价比较分析

C. 建设项目竣工结算　　D. 竣工工程平面示意图

E. 竣工财务决算说明书

2. 建设项目建成后形成的新增资产按性质可划分为(　　)。

A. 著作权　　B. 无形资产　　C. 固定资产

D. 流动资产　　E. 其他资产

3. 在竣工决算中，以下属于建设项目新增固定资产价值的有(　　)。

A. 生产准备费用　　B. 建设单位管理费用

C. 研究试验费用　　D. 工程监理费用

E. 土地使用权出让金

4. 建设项目竣工决算的主要作用有(　　)。

A. 正确反映建设工程的计划支出

B. 正确反映建设工程的实际造价

C. 正确反映建设工程的实际投资效果

D. 建设单位确定各类新增资产价值的依据

E. 建设单位总结经验、提高未来建设工程投资效益的重要资料

5. 建设项目竣工决算的编制依据是(　　)。

A. 经批准的可行性研究报告、投资估算书以及施工图预算等文件

B. 设计交底或图纸会审纪要

C. 竣工平面示意图、竣工验收资料

D. 招投标标底价格、工程结算资料

E. 施工记录、施工签证单及其他在施工过程中的有关记录

6. 企业应该作为无形资产核算的内容包括(　　)。

A. 著作权　　B. 商标权　　C. 非专利技术

D．政府无偿划拨给企业的土地使用权　E．专利权

7．小型建设项目竣工财务决算报表由(　　)构成。

A．工程项目交付使用资产总表

B．建设项目进度结算表

C．工程项目竣工财务决算审批表

D．工程项目交付使用资产明细表

E．建设项目竣工财务决算总表

8．大、中型项目竣工财务决算报表与小型项目竣工财务决算报表相同的部分有(　　)。

A．工程项目竣工财务决算审批表

B．工程项目交付使用资产明细表

C．大、中型项目概况表

D．建设项目竣工财务决算表

E．建设项目交付使用资产总表

9．按照国务院颁布的《建设工程质量管理条件》的有关规定，对建设工程的最低保修期限描述正确的有(　　)。

A．基础设施工程、房屋建筑的地基基础工程，为 10 年

B．供热与供冷系统，为 2 个采暖期、供冷期

C．给排水管道、设备安装和装修工程，为 3 年

D．屋面防水工程、有防水要求的卫生间，为 5 年

E．涉及其他项目的保修期限应由承包方与业主在合同中规定

10．关于建设项目工程保修费用处理原则正确的有(　　)。

A．由勘查、设计的原因造成的质量缺陷，由建设单位承担经济责任

B．由于建设单位采购的材料、设备质量不合格引起的质量缺陷，由建设单位承担经济责任

C．由不可抗力或者其他自然灾害造成的质量问题和损失，由建设单位和施工单位共同承担

D．由于业主或使用人在项目竣工验收后使用不当造成的质量问题，由设计单位承担经济责任

E．由于施工单位未按施工质量验收规范、设计文件要求组织施工而造成的质量问题，由施工单位承担经济责任

三、判断题

1．竣工结算由建设单位负责编制，竣工决算由施工单位负责编制。　(　　)

2．竣工决算是建设项目从筹建到竣工交付使用为止所发生的全部建设费用。　(　　)

3．竣工决算的编制步骤中，第 3 步为收集、分析、整理有关原始资料。　(　　)

4．建设项目新增资产，按性质分为固定资产、流动资产、无形资产和其他资产四类。　(　　)

5．企业在取得土地使用权时，在交纳了土地使用权出让金后，应将土地确认为企业的固定资产。　(　　)

6．企业的著作权、商标权、专利权、非专利技术、工器具等均确认为企业的无形

资产。 ( )

7．确定新增固定资产价值能够反映一定范围内固定资产的规模与生产速度。 ( )

8．建设项目保修的期限中，供热系统为5个采暖期。 ( )

9．由于勘查、设计的原因造成的质量问题，由勘查、设计单位负责并承担经济责任，由施工单位负责维修或处理。 ( )

10．因不可抗力对建设项目造成的质量问题，由建设单位承担经济责任。 ( )

四、简答题

1．简述建设工程竣工决算的作用。

2．简述建设工程竣工决算与工程竣工结算的区别。

3．简述新增固定资产的价值构成以及确定价值的作用。

4．简述建设工程项目保修期的规定。

5．简述建设工程发生保修费用支出时的处理方法。

五、案例分析题

某建设项目办理竣工结算交付使用后，办理竣工决算，实际总投资为50000万元。其中，建筑安装工程费30000万元，设备购置费4500万元，工器具购置费200万元，建设单位管理费及勘察设计费1200万元，土地使用权出让金1600万元，开办费及劳动培训费1000万元，专利开发费1600万元，库存材料150万元。

问题

按资产性质分类并计算新增固定资产、无形资产、流动资产、其他资产的价值。

H市某饭店工程竣工交付使用后，经有关部门审计，饭店实际投资为50800万元，其中，设备购置费4500万元，建筑安装工程费35000万元，工器具购置费300万元，土地使用权出让金4000万元，企业开办费2500万元，专利技术开发及申报登记费650万元，垫支的流动资金3900万元。

经项目可行性研究结果预计，项目交付使用后年营业收入为31000万元，年总成本为24000万元，年销售税金及附加950万元。

【问题】

(1) 按照资产性质划分项目的新增资产类型。

(2) 分别计算新增资产的价值。

(3) 确定该项目的年投资利润率和年投资利税率。

参 考 文 献

[1] 全国造价工程师职业资格考试培训教材编审组. 工程造价计价与控制 [M]. 北京：中国计划出版社，2009.
[2] 崔武文. 工程造价管理 [M]. 北京：中国建材工业出版社，2010.
[3] 王春梅. 工程造价案例分析 [M]. 北京：清华大学出版社，2010.
[4] 姜早龙. 工程造价案例分析 [M]. 大连：大连理工大学出版社，2007.
[5] 车春鹏，杜春燕. 工程造价管理 [M]. 北京：北京大学出版社，2006.
[6] 张加瑄. 工程技术经济学 [M]. 北京：中国电力出版社，2009.
[7] 程鸿群，等. 工程造价管理 [M]. 武汉：武汉大学出版社，2004.
[8] 刘元芳. 建设工程造价管理 [M]. 北京：中国电力出版社，2008.
[9] 崔武文. 土木工程造价管理 [M]. 北京：中国建材工业出版社，2006.
[10] 周国恩. 工程造价管理 [M]. 北京：北京大学出版社.2011.
[11] 马楠. 建设工程造价管理 [M]. 北京：清华大学出版社，2006.
[12] 斯庆. 工程造价控制 [M]. 北京：北京大学出版社，2009.
[13] 李洪军. 工程项目招投标与合同管理 [M]. 北京：北京大学出版社，2009.
[14] 吴现立. 工程造价控制与管理 [M]. 武汉：武汉理工大学出版社，2004.
[15] 陈海英. 工程造价控制 [M]. 北京：石油工业出版社，2008.
[16] 宋春岩，付庆向. 建设工程招投标与合同管理 [M]. 北京：北京大学出版社，2008.
[17] 胡新萍，王芳. 工程造价控制与管理 [M]. 北京：北京大学出版社，2011.

北京大学出版社高职高专土建系列规划教材

序号	书名	书号	编著者	定价	出版时间	印次	配套情况	
			基础课程					
1	工程建设法律与制度	978-7-301-14158-8	唐茂华	26.00	2012.7	6	ppt/pdf	
2	建设工程法规	978-7-301-16731-1	高玉兰	30.00	2012.8	10	ppt/pdf/答案/素材	★
3	建筑工程法规实务	978-7-301-19321-1	杨陈慧等	43.00	2012.1	3	ppt/pdf	★
4	建筑法规	978-7-301-19371-6	董伟等	39.00	2012.4	2	ppt/pdf	★
5	建设工程法规	978-7-301-20912-7	王先恕	32.00	2012.7	1	ppt/ pdf	
6	AutoCAD 建筑制图教程	978-7-301-14468-8	郭 慧	32.00	2012.4	12	ppt/pdf/素材	★
7	AutoCAD 建筑绘图教程	978-7-301-19234-4	唐英敏等	41.00	2011.7	2	ppt/pdf	★
8	建筑 CAD 项目教程(2010 版)	978-7-301-20979-0	郭 慧	38.00	2012.9	1	pdf/素材	
9	建筑工程专业英语	978-7-301-15376-5	吴承霞	20.00	2012.11	7	ppt/pdf	★
10	建筑工程专业英语	978-7-301-20003-2	韩薇等	24.00	2012.1	1	ppt/ pdf	★
11	建筑工程应用文写作	978-7-301-18962-7	赵立等	40.00	2012.6	2	ppt/pdf	★
12	建筑构造与识图	978-7-301-14465-7	郑贵超等	45.00	2012.9	11	ppt/pdf/答案	★
13	建筑构造(新规范)	978-7-301-21267-7	肖 芳	34.00	2012.9	1	ppt/ pdf	
14	房屋建筑构造	978-7-301-19883-4	李少红	26.00	2012.1	2	ppt/pdf	★
15	建筑工程制图与识图	978-7-301-15443-4	白丽红	25.00	2012.8	8	ppt/pdf/答案	★
16	建筑制图习题集	978-7-301-15404-5	白丽红	25.00	2012.4	6	pdf	
17	建筑制图	978-7-301-15405-2	高丽荣	21.00	2012.4	6	ppt/pdf	★
18	建筑制图习题集	978-7-301-15586-8	高丽荣	21.00	2012.4	5	pdf	
19	建筑工程制图(第 2 版)(附习题册)(新规范)	978-7-301-21120-5	肖明和	48.00	2012.8	5	ppt/pdf	
20	建筑制图与识图	978-7-301-18806-4	曹雪梅等	24.00	2012.2	4	ppt/pdf	★
21	建筑制图与识图习题册	978-7-301-18652-7	曹雪梅等	30.00	2012.4	3	pdf	★
22	建筑制图与识图	978-7-301-20070-4	李元玲	28.00	2012.8	2	ppt/pdf	★
23	建筑制图与识图习题集	978-7-301-20425-2	李元玲	24.00	2012.3	2	ppt/pdf	★
24	新编建筑工程制图(新规范)	978-7-301-21140-3	方筱松	30.00	2012.8	1	ppt/ pdf	★
25	新编建筑工程制图习题集(新规范)	978-7-301-16834-9	方筱松	22.00	2012.9	1	pdf	
			建筑施工类					
1	建筑工程测量	978-7-301-16727-4	赵景利	30.00	2012.8	7	ppt/pdf /答案	★
2	建筑工程测量	978-7-301-15542-4	张敬伟	30.00	2012.4	8	ppt/pdf /答案	★
3	建筑工程测量	978-7-301-19992-3	潘益民	38.00	2012.2	1	ppt/ pdf	★
4	建筑工程测量实验与实习指导	978-7-301-15548-6	张敬伟	20.00	2012.4	7	pdf/答案	
5	建筑工程测量	978-7-301-13578-5	王金玲等	26.00	2011.8	3	pdf	
6	建筑工程测量实训	978-7-301-19329-7	杨凤华	27.00	2012.4	2	pdf	★
7	建筑工程测量(含实验指导手册)	978-7-301-19364-8	石 东等	43.00	2012.6	2	ppt/pdf/答案	★
8	建筑施工技术(新规范)	978-7-301-21209-7	陈雄辉	39.00	2012.9	1	ppt/pdf	★
9	建筑施工技术	978-7-301-12336-2	朱永祥等	38.00	2012.4	7	ppt/pdf	
10	建筑施工技术	978-7-301-16726-7	叶 雯等	44.00	2012.7	4	ppt/pdf /素材	
11	建筑施工技术	978-7-301-19499-7	董伟等	42.00	2011.9	2	ppt/pdf	
12	建筑施工技术	978-7-301-19997-8	苏小梅	38.00	2012.1	1	ppt/pdf	
13	建筑工程施工技术(第 2 版)(新规范)	978-7-301-21093-2	钟汉华等	48.00	2013.1	8	ppt/pdf	★
14	基础工程施工	978-7-301-20917-2	董伟等	35.00	2012.7	1	ppt/pdf	★
15	建筑施工技术实训	978-7-301-14477-0	周晓龙	21.00	2012.4	5	pdf	★
16	建筑力学(第 2 版) (新规范)	978-7-301-21965-8	石立安	46.00	2013.1	7	ppt/pdf	★
17	土木工程实用力学	978-7-301-15598-1	马景善	30.00	2012.1	3	pdf/ppt	★
18	土木工程力学	978-7-301-16864-6	吴明军	38.00	2011.11	2	ppt/pdf	★
19	PKPM 软件的应用	978-7-301-15215-7	王 娜	27.00	2012.4	4	pdf	★
20	建筑结构	978-7-301-17086-1	徐锡权	62.00	2011.8	2	ppt/pdf /答案	★
21	建筑结构	978-7-301-19171-2	唐春平等	41.00	2012.6	2	ppt/pdf	
22	建筑结构基础	978-7-301-21125-0	王中发	36.00	2012.8	1	ppt/pdf	★
23	建筑结构原理及应用	978-7-301-18732-6	史美东	45.00	2012.8	1	ppt/pdf	★
24	建筑力学与结构	978-7-301-15658-2	吴承霞	40.00	2012.4	9	ppt/pdf/答案	★
25	建筑力学与结构(少学时)	978-7-301-21730-6	吴承霞	30.00	2013.1	1	ppt/pdf/答案	★
26	建筑力学与结构	978-7-301-20988-2	陈水广	32.00	2012.8	1	pdf/ppt	
27	生态建筑材料	978-7-301-19588-2	陈剑峰等	38.00	2011.10	1	ppt/pdf	
28	建筑材料	978-7-301-13576-1	林祖宏	35.00	2012.6	9	ppt/pdf	★
29	建筑材料与检测	978-7-301-16728-1	梅 杨等	26.00	2012.11	8	ppt/pdf/答案	★
30	建筑材料检测试验指导	978-7-301-16729-8	王美芬等	18.00	2012.4	4	pdf	
31	建筑材料与检测	978-7-301-19261-0	王 辉	35.00	2012.6	3	ppt/pdf	★
32	建筑材料与检测试验指导	978-7-301-20045-8	王 辉	20.00	2012.1	1	ppt/pdf	★
33	建设工程监理概论(第 2 版) (新规范)	978-7-301-20854-0	徐锡权等	43.00	2012.7	1	ppt/pdf /答案	
34	建设工程监理	978-7-301-15017-7	斯 庆	26.00	2012.7	5	ppt/pdf /答案	★
35	建设工程监理概论	978-7-301-15518-9	曾庆军等	24.00	2012.12	5	ppt/pdf	

序号	书名	书号	编著者	定价	出版时间	印次	配套情况	
36	工程建设监理案例分析教程	978-7-301-18984-9	刘志麟等	38.00	2011.7	1	ppt/pdf	★
37	地基与基础	978-7-301-14471-8	肖明和	39.00	2012.4	7	ppt/pdf/答案	★
38	地基与基础	978-7-301-16130-2	孙平平等	26.00	2012.1	2	ppt/pdf	
39	建筑工程质量事故分析	978-7-301-16905-6	郑文新	25.00	2012.10	4	ppt/pdf	★
40	建筑工程施工组织设计	978-7-301-18512-4	李源清	26.00	2012.9	4	ppt/pdf	★
41	建筑工程施工组织实训	978-7-301-18961-0	李源清	40.00	2012.11	3	ppt/pdf	★
42	建筑施工组织与管理	978-7-301-15359-8	翟丽旻等	32.00	2012.7	8	ppt/pdf/答案	★
43	建筑施工组织与进度控制	978-7-301-21223-3	张廷瑞	36.00	2012.9	1	ppt/pdf	★
44	建筑施工组织项目式教程	978-7-301-19901-5	杨红玉	44.00	2012.1	1	ppt/pdf/答案	
45	钢筋混凝土工程施工与组织	978-7-301-19587-1	高　雁	32.00	2012.5	1	ppt/pdf	
46	钢筋混凝土工程施工与组织实训指导(学生工作页)	978-7-301-21208-0	高　雁	20.00	2012.9	1	ppt	
	工 程 管 理 类							
1	建筑工程经济	978-7-301-15449-6	杨庆丰等	24.00	2012.7	10	ppt/pdf/答案	★
2	建筑工程经济	978-7-301-20855-7	赵小娥等	32.00	2012.8	1	ppt/pdf	
3	施工企业会计	978-7-301-15614-8	辛艳红等	26.00	2012.2	4	ppt/pdf/答案	★
4	建筑工程项目管理	978-7-301-12335-5	范红岩等	30.00	2012. 4	9	ppt/pdf	★
5	建设工程项目管理	978-7-301-16730-4	王　辉	32.00	2012.4	3	ppt/pdf/答案	★
6	建设工程项目管理	978-7-301-19335-8	冯松山等	38.00	2012.8	2	pdf/ppt	
7	建设工程招投标与合同管理(第 2 版) (新规范)	978-7-301-21002-4	宋春岩	38.00	2012.8	1	ppt/pdf/答案/试题/教案	★
8	建筑工程招投标与合同管理	978-7-301-16802-8	程超胜	30.00	2012.9	1	pdf/ppt	★
9	建筑工程商务标编制实训	978-7-301-20804-5	钟振宇	35.00	2012.7	1	ppt	★
10	工程招投标与合同管理实务	978-7-301-19035-7	杨甲奇等	48.00	2011.8	2	pdf	★
11	工程招投标与合同管理实务	978-7-301-19290-0	郑文新等	43.00	2012.4	2	ppt/pdf	★
12	建设工程招投标与合同管理实务	978-7-301-20404-7	杨云会等	42.00	2012.4	1	ppt/pdf/答案/习题库	
13	工程招投标与合同管理	978-7-301-17455-5	文新平	37.00	2012.9	1	ppt/pdf	★
14	工程项目招投标与合同管理	978-7-301-15549-3	李洪军等	30.00	2012.11	6	ppt	★
15	工程项目招投标与合同管理	978-7-301-16732-8	杨庆丰	28.00	2012.4	5	ppt	★
16	建筑工程安全管理	978-7-301-19455-3	宋　健等	36.00	2011.9	1	ppt/pdf	
17	建筑工程质量与安全管理	978-7-301-16070-1	周连起	35.00	2012.1	3	ppt/pdf/答案	
18	施工项目质量与安全管理	978-7-301-21275-2	钟汉华	45.00	2012.10	1	ppt/pdf	
19	工程造价控制	978-7-301-14466-4	斯　庆	26.00	2012.11	8	ppt/pdf	★
20	工程造价管理	978-7-301-20655-3	徐锡权等	33.00	2012.7	1	ppt/pdf	
21	工程造价控制与管理	978-7-301-19366-2	胡新萍等	30.00	2012.1	1	ppt/pdf	★
22	建筑工程造价管理	978-7-301-20360-6	柴　琦等	27.00	2013.1	2	ppt/pdf	
23	建筑工程造价管理	978-7-301-15517-2	李茂英等	24.00	2012.1	4	pdf	
24	建筑工程计量与计价	978-7-301-15406-9	肖明和等	39.00	2012.8	10	ppt/pdf/答案/教案	★
25	建筑工程计量与计价实训	978-7-301-15516-5	肖明和等	20.00	2012.11	6	pdf	
26	建筑工程计量与计价——透过案例学造价	978-7-301-16071-8	张　强	50.00	2012.7	4	ppt/pdf	★
27	安装工程计量与计价	978-7-301-15652-0	冯　钢等	38.00	2012.9	8	ppt/pdf/答案	★
28	安装工程计量与计价实训	978-7-301-19336-5	景巧玲等	36.00	2012.7	2	pdf/素材	★
29	建筑水电安装工程计量与计价(新规范)	978-7-301-21198-4	陈连姝	36.00	2012.9	1	ppt/pdf	★
30	建筑与装饰装修工程工程量清单	978-7-301-17331-2	翟丽旻等	25.00	2012.8	3	pdf/ppt/答案	
31	建筑工程清单编制	978-7-301-19387-7	叶晓容	24.00	2011.8	1	ppt/pdf	★
32	建设项目评估	978-7-301-20068-1	高志云等	32.00	2012.1	1	ppt/pdf	★
33	钢筋工程清单编制	978-7-301-20114-5	贾莲英	36.00	2012.2	1	ppt / pdf	
34	混凝土工程清单编制	978-7-301-20384-2	顾　娟	28.00	2012.5	1	ppt / pdf	
35	建筑装饰工程预算	978-7-301-20567-9	范菊雨	38.00	2012.5	1	pdf/ppt	★
36	建设工程安全监理	978-7-301-20802-1	沈万岳	28.00	2012.7	1	pdf/ppt	★
37	建筑工程安全技术与管理实务	978-7-301-21187-8	沈万岳	48.00	2012.9	1	pdf/ppt	★
38	建筑工程资料管理	978-7-301-17456-2	孙　刚等	36.00	2012.9	1	pdf/ppt	